# 2026

# 화물운송종사 **필기**

## 초단기완성

2026

**화물운송종사**
초단기완성

**인쇄일** 2026년 2월 1일 2판 1쇄 인쇄
**발행일** 2026년 2월 5일 2판 1쇄 발행
**등   록** 제17-269호
**판   권** 시스컴2026

ISBN 979-11-6941-892-8 13550
**정   가** 13,000원

**발행처** 시스컴 출판사
**발행인** 송인식
**지은이** 타임 자격시험연구소

**주소** 서울시 금천구 가산디지털1로 225, 514호(가산포휴)  |  **홈페이지** www.nadoogong.com
**E-mail** siscombooks@naver.com  |  **전화** 02)866-9311  |  Fax 02)866-9312

# PREFACE

화물자동차 운전자의 전문성 확보를 통해 운송서비스 개선, 안전운행 및 화물운송업의 건전한 육성을 도모하기 위해 한국교통안전공단이 국토교통부로부터 사업을 위탁받아 화물운송종사 자격시험을 시행하고 있습니다. 화물운송 자격시험 제도를 도입하여 화물종사자의 자질을 향상시키고 과실로 인한 교통사고를 최소화시키기 위함인데, 사업용(영업용) 화물자동차(용달 · 개별 · 일반화물) 운전자는 반드시 화물운송종사자격을 취득 후 운전하여야 합니다.

이에 따라 저희 시스컴에서는 기존의 출간된 수많은 필기시험 대비 도서들과는 차별점을 두어 수험생들을 보다 가깝게 합격으로 이끌 수 있는 문제집을 출간하게 되었습니다. 한국교통안전공단의 문제은행식 출제기준에 맞추어 수험생들의 불필요한 공부를 최소한으로 하고자 하였습니다.

이 책의 특징을 정리하면 다음과 같습니다.

**첫째**, 시험대비의 기초를 이루는 과목별 핵심요약을 수록하였습니다.

**둘째**, 문제은행식 출제유형에 맞추어 문제를 수록하였습니다.

**셋째**, 문제와 해설을 엮은 CBT 기출복원문제를 수록하였습니다.

**넷째**, 각 과목별로 자주 출제되는 빈출 문제를 수록하였습니다.

**다섯째**, 문제마다 꼼꼼한 해설을 수록하여 문제를 풀면서 익히도록 하였습니다.

본 교재는 자격증을 준비하며 어려움을 느끼는 수험생분들께 조금이나마 도움을 드리고자 필기시험에서 빈출되는 문제들을 중심으로 교재를 집필하였습니다. 지난 기출문제를 취합 · 분석하여 출제경향에 맞춰 구성하였기에 본서에 수록된 과목별 적중문제를 반복하여 학습한다면 충분히 합격하실 수 있을 것입니다.

이 책을 통하여 화물운송종사 자격시험을 준비하시는 모든 수험생들이 꼭 합격할 수 있기를 기원하며 저희 시스컴이 든든한 지원자와 동반자가 될 수 있기를 바랍니다.

## 취득방법

① **시행처** : TS한국교통안전공단(www.kotsa.or.kr)

② **자격 취득 대상자** : 사업용(영업용) 화물자동차(용달 · 개별 · 일반화물) 운전자는 반드시 화물운송종사자격을 취득 후 운전하여야 함

③ **시험과목 및 합격기준**

| 교통 및 화물 관련 법규<br>25문항 | 화물취급요령<br>15문항 | 안전운행요령<br>25문항 | 운송서비스<br>15문항 |
|---|---|---|---|
| **합격기준** | 총점 100점 중 60점(총 80문제 중 48문제) 이상 획득 시 합격 | | |

④ **시험 시간(회차별)**

| 1회차 | 2회차 | 3회차 | 4회차 |
|---|---|---|---|
| 09:20~10:40 | 11:00~12:20 | 14:00~15:20 | 16:00~17:20 |

⑤ **접수기간**

㉠ **시험등록**: 시작 20분 전 / 시험시간 : 80분

㉡ **상시 CBT 필기시험일** (토요일, 공휴일 제외)

| CBT 전용 상설 시험장 | 정밀검사장 활용 CBT 비상설 시험장 |
|---|---|
| · 서울구로, 경기남부(수원), 인천, 대전, 대구, 부산, 광주, 전북(전주), 울산, 경남(창원), 강원(춘천), 화성 (12개 지역)<br>· 매일 4회(오전2회, 오후2회) | · 서울성산, 서울노원, 서울송파, 경기북부(의정부), 충북(청주), 제주, 대구(상주), 대전(홍성) (8개 지역)<br>· 매주 화, 목 오후 2회(시험장 상황에 따라 변동 가능) |

㉢ 상설 시험장의 경우, 지역 특성을 고려하여 시험 시행 횟수는 조정가능(소속별 자율 시행)

㉣ **1회차**: 09:20~10:40, 2회차: 11:00~12:20, 3회차: 14:00~15:20, 4회차: 16:00~17:20

㉤ 접수인원 초과(선착순)로 접수 불가능 시 타 지역 또는 다음 차수 접수 가능

㉥ 시험 당일 준비물 : 운전면허증

## 자격취득 안내

### 컴퓨터 시험(CTB)용 체계도

① 응시조건 및 시험 일정 확인 → ② 시험접수 → ③ 시험응시 → 합격 → ④ 합격자 법정교육 [8시간] (본인인증 수단 필요) → ⑤ 자격증 교부

불합격

### ① 응시조건 및 시험일정 확인

㉠ 제1종 운전면허 또는 제2종 보통면허 소지자

㉡ 연령: 만 20세 이상

㉢ 운전경력(시험일 기준 운전면허 보유기간이며, 취소ㆍ정지기간 제외)

· 자가용: 2년 이상(운전면허 취득기간부터)
· 사업용: 1년 이상(버스, 택시 운전경력 있을 시)

㉣ 운전적성정밀검사(신규검사)에 적합(시험일 기준)

㉤ 화물자동차운수사업법 제9조의 결격사유에 해당되지 않는 사람

### ② 시험접수

㉠ 인터넷 접수 (신청ㆍ조회 〉화물운송 〉예약접수 〉원서접수)
 * 사진은 그림파일 JPG 로 스캔하여 등록

㉡ 방문접수: 전국 19개 시험장

㉢ 운전경력(시험일 기준 운전면허 보유기간이며, 취소ㆍ정지기간 제외)
 * 현장 방문접수 시에는 응시 인원마감 등으로 시험 접수가 불가할 수도 있으므로 가급적 인터넷으로 시험 접수현황을 확인하고 방문할 것

㉣ 시험응시 수수료: 11,500원

㉤ 준비물: 운전면허증, 6개월 이내 촬영한 3.5 x 4.5cm 컬러사진(미제출자에 한함)

### ③ 시험응시

ㄱ 각 지역본부 시험장(시험시작 20분 전까지 입실)

ㄴ 시험과목(4과목, 회차별 80문제)

- 1회차: 09:20 ~ 10:40
- 2회차: 11:00 ~ 12:20
- 3회차: 14:00 ~ 15:20
- 4회차: 16:00 ~ 17:20

\* 지역본부에 따라 시험 횟수가 변경될 수 있음

### ④ 합격자 법정교육

ㄱ 합격자 온라인 교육 신청(신청 · 조회 〉 화물운송 〉 교육신청 〉 합격자교육(온라인))

ㄴ 합격자(총점 60%이상)에 한해 별도 안내

ㄷ 합격자 교육준비물

- 교육수수료: 11,500원
- 본인인증 수단(휴대폰 본인인증 불가 시 아이핀 또는 선불유심칩 이용)

### ⑤ 자격증 교부

ㄱ 신청 방법: 인터넷 · 방문신청

ㄴ 수수료: 10,000원(인터넷의 경우 우편료 포함하여 온라인 결제)

ㄷ 인터넷 신청: 신청일로부터 5~10일 이내 수령가능(토 · 일요일, 공휴일 제외)

ㄹ 방문 발급: 한국교통안전공단 전국 19개 시험장 및 7개 검사소 방문 · 교부장소

ㅁ 준비물: 운전면허증, 전체기간 운전경력증명서(시험 합격 후 7일 경과 시), 6개월 이내 촬영한 3.5×4.5cm 컬러사진(미제출자에 한함)

## 수험생 유의사항

### ① 운전면허증 지참

㉠ 시험 당일 응시자는 반드시 운전면허증(필수지참)을 지참하여야 하며, 시험 시간 중에는 운전면허증(필수지참)을 책상 위에 놓아야 함

㉡ 운전면허증 필수지참(응시자격 요건 확인을 위함)

### ② 답안지 작성요령

㉠ 답안은 반드시 80문제 모두 풀어 정답을 체크해야 한다.

㉡ 수험번호, 성명, 교시명 등 작성된 기록은 반드시 확인해야 한다.

㉢ 80분이 경과하면 문제를 다 풀지 못해도 자동으로 제출되고, 응시자는 더 이상 답안을 작성할 수 없다.

### ③ 부정행위안내

부정행위를 한 수험자에 대하여는 당해 시험을 무효로 하고 한국교통안전공단에서 시행되는 국가자격시험 응시자격을 2년 제한 등의 조치를 하게 된다.

### 〈부정행위 유형〉

· 시험 중 다른 사람의 답안을 엿보거나 자신의 답안을 타인에게 보여 주는 행위

· 시험 관련 서적이나 미리 준비한 메모를 참조하는 행위

· 핸드폰, MP3, 무전기, 전자사전, 웨어러블 기기 등 전자기기를 소지하거나 이를 사용하는 행위

· 신분증이나 응시표 등의 서류를 위 · 변조하여 시험을 치르는 행위

· 대리시험을 치르거나 치르도록 하는 행위 · 시험 문제를 메모 또는 녹음하여 유출하거나 타인에게 전달하는 행위

· 시험 진행에 방해되는 행위를 하거나 감독관의 정당한 지시에 불응하는 경우

· 기타 (사후 적발에 의해 부정행위로 판명된 경우 포함)

## 시험장소

### ① 전용 상시 CBT 필기시험장(12개 지역)

\* 주차시설 없으므로 대중교통 이용 필수

| 시험장소 | 주소 | 안내전화 |
|---|---|---|
| 서울본부(구로) | (08265) 서울 구로구 경인로 113(오류동) | 02)372-5347 |
| 경기남부본부(수원) | (16431) 경기 수원시 권선구 수인로 24(서둔동) | 031)297-9123 |
| 인천본부 | (21544) 인천 남동구 백범로 357 한국교직원공제회(간석동) | 032)830-5930 |
| 대전충남본부 | (34301) 대전 대덕구 대덕대로 1417번길 31(문평동) | 042)933-4328 |
| 대구경북본부 | (42258) 대구 수성구 노변로 33(노변동) | 053)794-3816 |
| 부산본부 | (47016) 부산 사상구 학장로 256(주례3동) | 051)315-1421 |
| 광주전남본부 | (61738) 광주 남구 송암로 96 (송하동) | 062)606-7631 |
| 전북본부(전주) | (54885) 전북 전주시 덕진구 신행로 44(팔복동3가) | 063)212-4743 |
| 울산본부 | (44721) 울산 남구 번영로 90-1 7층 | 052)256-9373 |
| 경남본부(창원) | (51391) 경남 창원시 의창구 차룡로48번길 44(팔용동) 창원스마트타워 2층 | 055)270-0550 |
| 강원본부(춘천) | (24397) 강원 춘천시 동내로 10(석사동) | 033)240-0101 |
| 화성드론자격센터 | (18247) 경기 화성시 송산면 삼촌로 200(삼촌리) | 031)645-2100 |

## ② 운전정밀검사장 활용 CBT 필기시험장(8개지역)

* 주차시설 없으므로 대중교통 이용 필수

| 시험장소 | 주소 | 안내전화 |
|---|---|---|
| 서울본부(성산) | (03937) 서울 마포구 월드컵로 220(성산동) | 02)375-1271 |
| 서울본부(노원) | (01806) 서울 노원구 공릉로 62길 41 (하계동 252) 노원검사소 내 2층 | 02)973-0586 |
| 서울본부(송파) | (01806) 서울 송파구 올림픽로 319, 교통회관 1층 | 02)423-0269 |
| 경기북부본부(의정부) | (11708) 경기 의정부시 평화로 287(호원동) | 031)837-7602 |
| 홍성검사소 | (32244) 충남 홍성군 충서로 1207(남장리 217) | 041)632-4328 |
| 충북본부(청주) | (28455) 충북 청주시 흥덕구 사운로 386번길 21(신봉동) | 043)266-5400 |
| 제주본부 | (63326) 제주시 삼봉로 79(도련2동) | 064)723-3111 |
| 상주체험교육센터 | (37257) 경북 상주시 청리면 마공공단로 80-15(마공리) | 054)530-0100 |

## 합격자 발표

① 합격 판정: 100점 기준으로 60점 이상을 얻어야 함(4과목 총 80문제 / 각 1.25점)

② 합격자 발표: 시험 종료 후 시험 시행 장소에서 합격자 발표

# 구성 및 특징

**핵심 정복! 단원별 핵심요약**

단원별로 놓치지 말아야 할 핵심 개념들을 간단명료하게
요약하여 짧은 시간에 이해, 암기, 복습이 가능하도록 하
였으며, 시험대비의 시작뿐만 아니라 끝까지 활용할 수
있습니다.

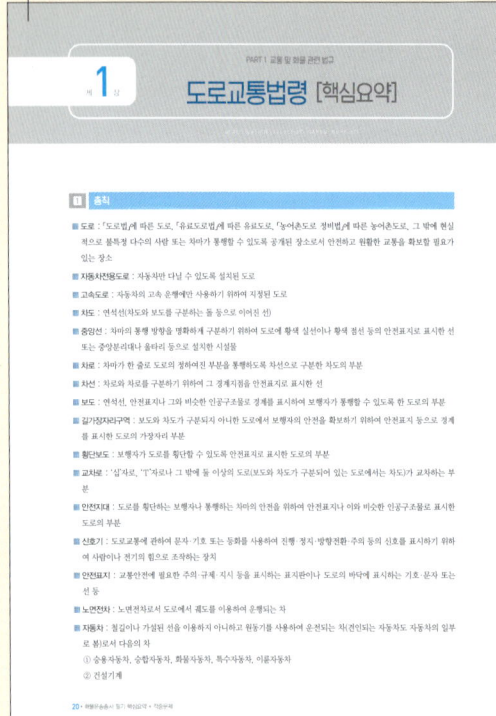

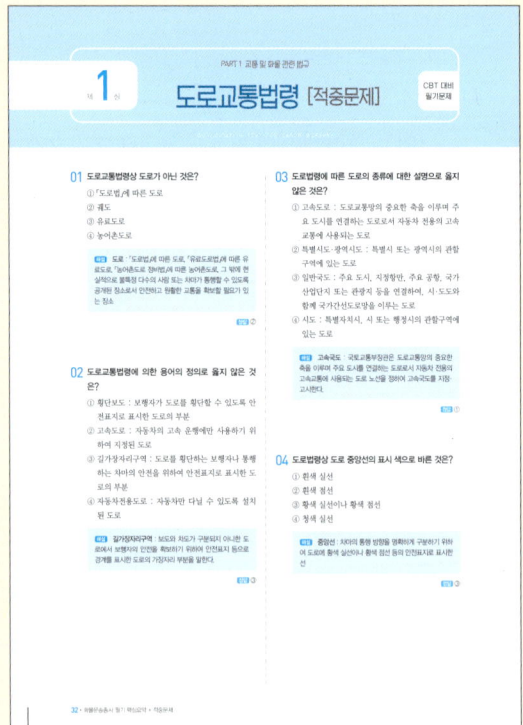

**유형 파악! CBT 기출복원 적중문제**

기존의 출제된 기출문제를 복원한 CBT 기출복원문제와
실전문제를 통해 필기시험의 유형을 제대로 파악할 수
있도록 과목별 적중문제를 수록하였습니다.

### 필기는 실전이다! 실전문제

실제 CBT 필기시험과 유사한 형태의 실전문제를 통해
실제로 시험을 마주하더라도 문제없이 시험에 응시할 수
있도록 과목별 적중문제를 수록하였습니다.

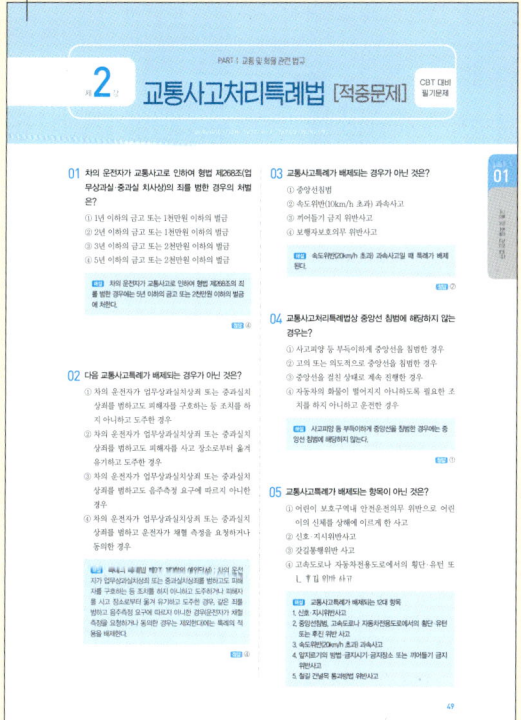

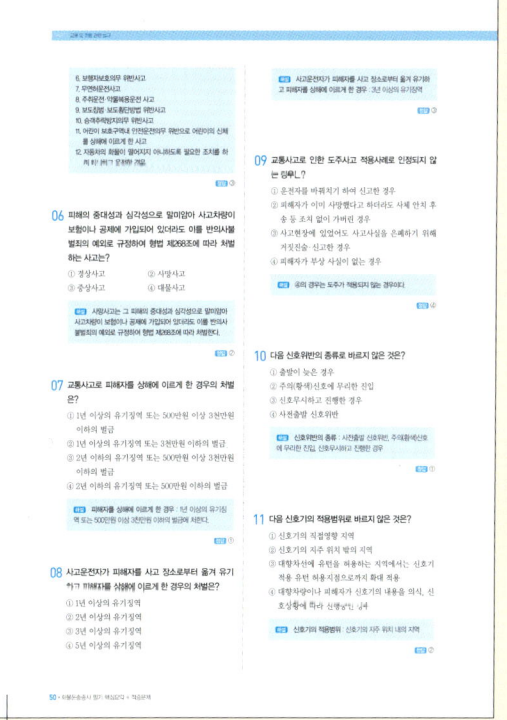

### 개념 콕콕! 섬세한 해설

단원별 핵심요약 이외에도 CBT 기출복원문제와 실전모
의고사 문제의 바탕이 되는 핵심 개념을 골라 이해를 돕
기 위한 더욱 섬세한 해설을 확인할 수 있습니다.

# 목 차

PART 1

## 교통 및 화물 관련 법규

PART 2

## 화물취급요령

# 교통안전표시

## 주의표지

|  |  |
|---|---|
| 101 | +자형교차로 |
| 102 | T자형교차로 |
| 103 | Y자형교차로 |
| 104 | ㅏ자형교차로 |
| 105 | ㅓ자형교차로 |
| 106 | 우선도로 |
| 107 | 우합류도로 |
| 108 | 좌합류도로 |
| 109 | 회전형교차로 |
| 110 | 철길건널목 |
| 111 | 우로굽은도로 |
| 112 | 좌로굽은도로 |
| 113 | 우좌로이중굽은도로 |
| 114 | 좌우로이중굽은도로 |
| 115 | 2방향통행 |
| 116 | 오르막경사 |
| 117 | 내리막경사 |
| 118 | 도로폭이좁아짐 |
| 119 | 우측차로없어짐 |
| 120 | 좌측차로없어짐 |
| 121 | 우측방통행 |
| 122 | 양측방통행 |
| 123 | 중앙분리대시작 |
| 124 | 중앙분리대끝남 |
| 125 | 신호기 |
| 126 | 미끄러운도로 |
| 127 | 강변도로 |
| 128 | 노면고르지못함 |
| 129 | 과속방지턱 |
| 130 | 낙석도로 |
| 132 | 횡단보도 |
| 133 | 어린이보호 |
| 134 | 자전거 |
| 135 | 도로공사중 |
| 136 | 비행기 |
| 137 | 횡풍 |
| 138 | 터널 |
| 139 | 야생동물보호 |
| 140 | 위험 DANGER |

## 규제표지

|  |  |
|---|---|
| 201 | 통행금지 |
| 202 | 자동차통행금지 |
| 203 | 화물자동차통행금지 |
| 204 | 승합자동차통행금지 |
| 205 | 이륜자동차및원동기장치자전거통행금지 |
| 206 | 자동차·이륜자동차및원동기장치자전거통행금지 |
| 207 | 경운기·트랙터및손수레통행금지 |
| 210 | 자전거통행금지 |
| 211 | 진입금지 |
| 212 | 직진금지 |
| 213 | 우회전금지 |
| 214 | 좌회전금지 |
| 216 | 유턴금지 |
| 217 | 앞지르기금지 |
| 218 | 정차·주차금지 |
| 219 | 주차금지 |
| 220 | 차중량제한 5.5t |
| 221 | 차높이제한 3.5m |
| 222 | 차폭제한 2.2m |
| 223 | 차간거리확보 50m |
| 224 | 최고속도제한 50 |
| 225 | 최저속도제한 30 |
| 226 | 서행 천천히 SLOW |
| 227 | 일시정지 정지 STOP |
| 228 | 양보 YIELD |
| 230 | 보행자보행금지 |
| 231 | 위험물적재차량통행금지 |

## 지시표지

|  |  |
|---|---|
| 301 | 자동차전용도로 |
| 302 | 자전거전용도로 |
| 303 | 자전거및보행자겸용도로 |
| 304 | 회전교차로 |
| 305 | 직진 |
| 306 | 우회전 |
| 307 | 좌회전 |
| 308 | 직진및우회전 |
| 309 | 직진및좌회전 |
| 310 | 좌우회전 |
| 311 | 우턴 |
| 312 | 양측통행 |
| 313 | 우측면통행 |
| 314 | 좌측면통행 |
| 315 | 진행방향별통행구분 |
| 316 | 우회로 |
| 317 | 자전거및보행자통행구분 |
| 318 | 자전거전용도로 |
| 319 | 주차장 P |
| 320 | 자전거주차장 |
| 321 | 보행자전용도로 |
| 322 | 횡단보도 |
| 323 | 노인보호(노인보호구역) |
| 324 | 어린이보호(어린이보호구역) |
| 324-2 | 장애인보호(장애인보호구역) |
| 325 | 자전거횡단도 |
| 326 | 일방통행 |
| 327 | 일방통행 |
| 328 | 일방통행 |
| 329 | 비보호좌회전 |
| 330 | 버스전용차로 |
| 331 | 다인승차량전용차로 |
| 332 | 통행우선 |
| 333 | 자전거나란히통행허용 |

## 보조표지

|  |  |
|---|---|
| 401 | 거리 100m 앞부터 |
| 402 | 거리 여기부터 500m |
| 403 | 구역 시내전역 |
| 404 | 일자 일요일·공휴일제외 |
| 405 | 시간 08:00~20:00 |
| 406 | 시간 1시간이내 차둘수있음 |
| 407 | 신호등화상태 적신호시 |
| 408 | 전방우선도로 앞에 우선도로 |
| 409 | 안전속도 30 |
| 410 | 기상상태 안개지역 |
| 411 | 노면상태 노면상태 |
| 412 | 교통규제 차로엄수 |
| 413 | 통행규제 건너가지마시오 |
| 414 | 차량한정 승용차에한함 |
| 415 | 통행주의 속도를줄이시오 |
| 416 | 표지설명 터널길이258m |
| 417 | 구간시작 구간시작 200m |
| 418 | 구간내 구간내 400m |
| 419 | 구간끝 구간끝 600m |
| 420 | 우방향 |
| 421 | 좌방향 |
| 422 | 전방 전방 50M |
| 423 | 중량 3.5t |
| 424 | 노폭 3.5m |
| 425 | 거리 100m |
| 427 | 해제 |
| 428 | 견인지역 |
| 429 | 어린이보호구역 |

## 표지판 종류

- 주의표지
- 규제표지
- 지시표지
- 보조표지

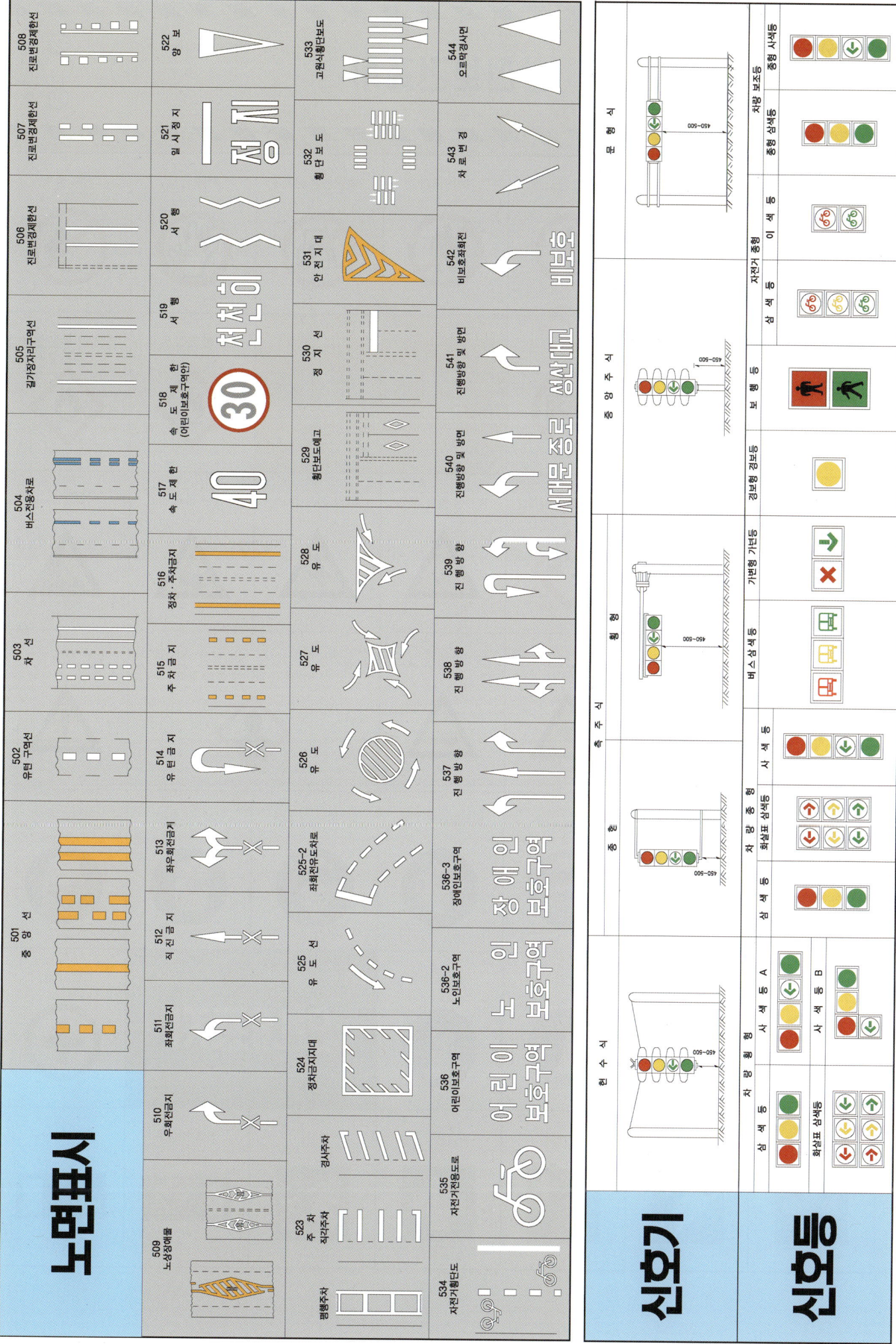

# 안전보건표지

| 금지표지  | 출입 금지  | 보행 금지  | 차량통행 금지 | 사용 금지 | 탑승 금지  |
|---|---|---|---|---|---|

| 금연  | 화기 금지  | 물체 이동 금지  | 경고표지 | 인화성 물질 경고  | 산화성 물질 경고  |
|---|---|---|---|---|---|

| 폭발성 물질 경고  | 급성 독성 물질 경고  | 부식성 물질 경고  | 방사성 물질 경고 | 고압 전기 경고 | 매달린 물체 경고 | 낙하물 경고  |
|---|---|---|---|---|---|---|

| 고온 경고 | 저온 경고 | 몸 균형 상실 경고 | 레이저 광선 경고 | 발암성 · 변이원성 · 생식독성 · 전신독성 · 호흡기 과민성 물질 경고 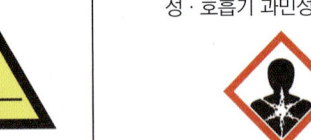 | 위험 장소 경고 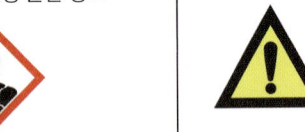 |
|---|---|---|---|---|---|

| 지시표지 | 보안경 착용 | 방독마스크 착용  | 방진마스크 착용  | 보안면 착용 | 안전모 착용  |
|---|---|---|---|---|---|

| 귀마개 착용  | 안전화 착용  | 안전장갑 착용  | 안전복 착용  | 안내표지 | 녹십자 표지  |
|---|---|---|---|---|---|

| 응급구호 표지 | 들것 | 세안장치 | 비상용 기구 | 비상구 | 좌측 비상구  | 우측 비상구  |
|---|---|---|---|---|---|---|

Qualification Test for Cargo Workers

PART 1

# 교통 및 화물 관련 법규

Qualification Test for Cargo Workers

# 도로교통법령 [핵심요약]

QUALIFICATION TEST FOR CARGO WORKERS

## 1 총칙

■ **도로** : 「도로법」에 따른 도로, 「유료도로법」에 따른 유료도로, 「농어촌도로 정비법」에 따른 농어촌도로, 그 밖에 현실적으로 불특정 다수의 사람 또는 차마가 통행할 수 있도록 공개된 장소로서 안전하고 원활한 교통을 확보할 필요가 있는 장소

■ **자동차전용도로** : 자동차만 다닐 수 있도록 설치된 도로

■ **고속도로** : 자동차의 고속 운행에만 사용하기 위하여 지정된 도로

■ **차도** : 연석선(차도와 보도를 구분하는 돌 등으로 이어진 선)

■ **중앙선** : 차마의 통행 방향을 명확하게 구분하기 위하여 도로에 황색 실선이나 황색 점선 등의 안전표지로 표시한 선 또는 중앙분리대나 울타리 등으로 설치한 시설물

■ **차로** : 차마가 한 줄로 도로의 정하여진 부분을 통행하도록 차선으로 구분한 차도의 부분

■ **차선** : 차로와 차로를 구분하기 위하여 그 경계지점을 안전표지로 표시한 선

■ **보도** : 연석선, 안전표지나 그와 비슷한 인공구조물로 경계를 표시하여 보행자가 통행할 수 있도록 한 도로의 부분

■ **길가장자리구역** : 보도와 차도가 구분되지 아니한 도로에서 보행자의 안전을 확보하기 위하여 안전표지 등으로 경계를 표시한 도로의 가장자리 부분

■ **횡단보도** : 보행자가 도로를 횡단할 수 있도록 안전표지로 표시한 도로의 부분

■ **교차로** : '십'자로, 'T'자로나 그 밖에 둘 이상의 도로(보도와 차도가 구분되어 있는 도로에서는 차도)가 교차하는 부분

■ **안전지대** : 도로를 횡단하는 보행자나 통행하는 차마의 안전을 위하여 안전표지나 이와 비슷한 인공구조물로 표시한 도로의 부분

■ **신호기** : 도로교통에 관하여 문자·기호 또는 등화를 사용하여 진행·정지·방향전환·주의 등의 신호를 표시하기 위하여 사람이나 전기의 힘으로 조작하는 장치

■ **안전표지** : 교통안전에 필요한 주의·규제·지시 등을 표시하는 표지판이나 도로의 바닥에 표시하는 기호·문자 또는 선 등

■ **노면전차** : 노면전차로서 도로에서 궤도를 이용하여 운행되는 차

■ **자동차** : 철길이나 가설된 선을 이용하지 아니하고 원동기를 사용하여 운전되는 차(견인되는 자동차도 자동차의 일부로 봄)로서 다음의 차
① 승용자동차, 승합자동차, 화물자동차, 특수자동차, 이륜자동차
② 건설기계

▨ **긴급자동차** : 소방차, 구급차, 혈액 공급차량, 그 밖에 대통령령으로 정하는 자동차

▨ **주차** : 운전자가 승객을 기다리거나 화물을 싣거나 차가 고장 나거나 그 밖의 사유로 차를 계속 정지 상태에 두는 것 또는 운전자가 차에서 떠나서 즉시 그 차를 운전할 수 없는 상태에 두는 것

▨ **정차** : 운전자가 5분을 초과하지 아니하고 차를 정지시키는 것으로서 주차 외의 정지 상태

▨ **운전** : 도로(술에 취한 상태에서의 운전금지, 과로한 때 등의 운전금지, 사고발생시의 조치 등은 도로 외의 곳을 포함)에서 차마 또는 노면전차를 그 본래의 사용방법에 따라 사용하는 것(조종을 포함)

▨ **서행** : 운전자가 차 또는 노면전차를 즉시 정지시킬 수 있는 정도의 느린 속도로 진행하는 것

▨ **앞지르기** : 차의 운전자가 앞서가는 다른 차의 옆을 지나서 그 차의 앞으로 나가는 것

▨ **일시정지** : 차 또는 노면전차의 운전자가 그 차의 바퀴를 일시적으로 완전히 정지시키는 것

▨ **도로법에 따른 도로** : 일반의 교통에 공용되는 도로로서 고속국도, 일반국도, 특별시도·광역시도, 시·도도, 시도, 군도, 구도로 그 노선이 지정 또는 인정된 도로를 말하는 바, 이러한 요건을 갖추지 못한 것은 도로법상의 도로가 아니다.

▨ **유료도로법에 따른 유료도로** : 도로법에 따른 도로로서 통행료 또는 사용료를 받는 도로를 말한다.

▨ **농어촌도로 정비법에 따른 농어촌도로** : 농어촌지역 주민의 교통 편익과 생산·유통활동 등에 공용되는 공로 중 고시된 도로를 말한다.
① 면도 : 군도 및 그 상위 등급의 도로(군도 이상의 도로)와 연결되는 읍·면지역의 기간도로
② 이도 : 군도 이상의 도로 및 면도와 갈라져 마을 간이나 주요 산업단지 등과 연결되는 도로
③ 농도 : 경작지 등과 연결되어 농어민의 생산활동에 직접 공용되는 도로

## ② 신호기 및 안전표지

▨ **신호기가 표시하는 신호의 종류 및 신호의 뜻(시행규칙 별표2)**

| 구분 | | 신호의 종류 | 신호의 뜻 |
|---|---|---|---|
| 차량<br>신호등 | 원형<br>등화 | 녹색의 등화 | 1. 차마는 직진 또는 우회전할 수 있다.<br>2. 비보호좌회전표지 또는 비보호좌회전표시가 있는 곳에서는 좌회전할 수 있다. |
| | | 황색의 등화 | 1. 차마는 정지선이 있거나 횡단보도가 있을 때에는 그 직전이나 교차로의 직전에 정지하여야 하며, 이미 교차로에 차마의 일부라도 진입한 경우에는 신속히 교차로 밖으로 진행하여야 한다.<br>2. 차마는 우회전할 수 있고 우회전하는 운전자는 보행자의 횡단을 방해하지 못한다. |
| | | 적색의 등화 | 1. 차마는 정지선, 횡단보도 및 교차로의 직전에서 정지해야 한다.<br>2. 차마는 우회전하려는 경우 정지선, 횡단보도 및 교차로의 직전에서 정지한 후 신호에 따라 진행하는 다른 차마의 교통을 방해하지 않고 우회전할 수 있다.<br>3. 차마는 우회전 삼색등이 적색의 등화인 경우 우회전할 수 없다. |
| | | 황색 등화의 점멸 | 차마는 다른 교통 또는 안전표지의 표시에 주의하면서 진행할 수 있다. |
| | | 적색 등화의 점멸 | 차마는 정지선이나 횡단보도가 있을 때에는 그 직전이나 교차로의 직전에 일시정지한 후 다른 교통에 주의하면서 진행할 수 있다. |

| 구분 | | 신호의 종류 | 신호의 뜻 |
|---|---|---|---|
| 차량<br>신호등 | 화살표<br>등화 | 녹색화살표의 등화 | 차마는 화살표시 방향으로 진행할 수 있다. |
| | | 황색화살표의 등화 | 화살표시 방향으로 진행하려는 차마는 정지선이 있거나 횡단보도가 있을 때에는 그 직전이나 교차로의 직전에 정지하여야 하며, 이미 교차로에 차마의 일부라도 진입한 경우에는 신속히 교차로 밖으로 진행하여야 한다. |
| | | 적색화살표의 등화 | 화살표시 방향으로 진행하려는 차마는 정지선, 횡단보도 및 교차로의 직전에서 정지하여야 한다. |
| | | 황색화살표등화의 점멸 | 차마는 다른 교통 또는 안전표지의 표시에 주의하면서 화살표시 방향으로 진행할 수 있다. |
| | | 적색화살표등화의 점멸 | 차마는 정지선이나 횡단보도가 있을 때에는 그 직전이나 교차로의 직전에 일시정지한 후 다른 교통에 주의하면서 화살표시 방향으로 진행할 수 있다. |
| 보행<br>신호등 | | 녹색의 등화 | 보행자는 횡단보도를 횡단할 수 있다. |
| | | 녹색 등화의 점멸 | 보행자는 횡단을 시작하여서는 아니 되고, 횡단하고 있는 보행자는 신속하게 횡단을 완료하거나 그 횡단을 중지하고 보도로 되돌아와야 한다. |
| | | 적색의 등화 | 보행자는 횡단보도를 횡단하여서는 아니 된다. |

■ **안전표지의 종류** : 주의표지, 규제표지, 지시표지, 보조표지, 노면표시

■ **안전표지** : 교통안전에 필요한 주의·규제·지시 등을 표시하는 표지판이나 도로의 바닥에 표시하는 기호·문자 또는 선 등

■ **주의표지** : 도로상태가 위험하거나 도로 또는 그 부근에 위험물이 있는 경우에 필요한 안전조치를 할 수 있도록 이를 도로사용자에게 알리는 표지

■ **규제표지** : 도로교통의 안전을 위하여 각종 제한·금지 등의 규제를 하는 경우에 이를 도로 사용자에게 알리는 표지

■ **지시표지** : 도로의 통행방법·통행구분 등 도로교통의 안전을 위하여 필요한 지시를 하는 경우에 도로사용자가 이를 따르도록 알리는 표지

■ **보조표지** : 주의표지·규제표지 또는 지시표지의 주기능을 보충하여 도로사용자에게 알리는 표지

■ **노면표시**

① 도로교통의 안전을 위하여 각종 주의·규제·지시 등의 내용을 노면에 기호·문자 또는 선으로 도로사용자에게 알리는 표시

② 노면표시에 사용되는 각종 선에서 점선은 허용, 실선은 제한, 복선은 의미의 강조를 나타낸다.

③ 노면표시의 기본색상 중

　㉠ 백색은 동일방향의 교통류 분리 및 경계 표시

　㉡ 황색은 반대방향의 교통류 분리 또는 도로이용의 제한 및 지시

　㉢ 청색은 지정방향의 교통류 분리 표시

　㉣ 적색은 어린이보호구역 또는 주거지역 안에 설치하는 속도제한표시의 테두리선 및 소방시설 주변 정차·주차 금지표시에 사용

**3 차마의 통행**

■ 차로에 따른 통행차의 기준

| 도로 | | 차로 구분 | 통행할 수 있는 차종 |
|---|---|---|---|
| 고속도로 외의 도로 | | 왼쪽 차로 | • 승용자동차 및 경형 · 소형 · 중형 승합자동차 |
| | | 오른쪽 차로 | • 대형승합자동차, 화물자동차, 특수자동차, 법 제2조 제18호 나목에 따른 건설기계, 이륜자동차, 원동기장치자전거 |
| 고속도로 | 편도 2차로 | 1차로 | • 앞지르기를 하려는 모든 자동차. 다만, 차량통행량 증가 등 도로상황으로 인하여 부득이하게 시속 80킬로미터 미만으로 통행할 수밖에 없는 경우에는 앞지르기를 하는 경우가 아니라도 통행할 수 있다. |
| | | 2차로 | • 모든 자동차 |
| | 편도 3차로 이상 | 1차로 | • 앞지르기를 하려는 승용자동차 및 앞지르기를 하려는 경형 · 소형 · 중형 승합자동차. 다만, 차량통행량 증가 등 도로상황으로 인하여 부득이하게 시속 80킬로미터 미만으로 통행할 수밖에 없는 경우에는 앞지르기를 하는 경우가 아니라도 통행할 수 있다. |
| | | 왼쪽 차로 | • 승용자동차 및 경형 · 소형 · 중형 승합자동차 |
| | | 오른쪽 차로 | • 대형 승합자동차, 화물자동차, 특수자동차, 건설기계 |

■ 차로에 따른 통행차의 기준에 의한 통행방법

① 차마의 운전자는 보도와 차도가 구분된 도로에서는 차도를 통행하여야 한다.

② 도로 외의 곳으로 출입할 때 차마의 운전자는 보도를 횡단하기 직전에 일시정지하여 좌측과 우측 부분 등을 살핀 후 보행자의 통행을 방해하지 아니하도록 횡단하여야 한다.

③ 차마의 운전자는 도로의 중앙 우측 부분을 통행하여야 한다.

④ 차마의 운전자는 다음의 어느 하나에 해당하는 경우에는 도로의 중앙이나 좌측 부분을 통행할 수 있다.

㉠ 도로가 일방통행인 경우

㉡ 도로의 파손, 도로공사나 그 밖의 장애 등으로 도로의 우측 부분을 통행할 수 없는 경우

㉢ 도로 우측 부분의 폭이 6미터가 되지 아니하는 도로에서 다른 차를 앞지르려는 경우

㉣ 도로 우측 부분의 폭이 차마의 통행에 충분하지 아니한 경우

㉤ 가파른 비탈길의 구부러진 곳에서 교통의 위험을 방지하기 위하여 시·도경찰청장이 필요하다고 인정하여 구간 및 통행방법을 지정하고 있는 경우에 그 지정에 따라 통행하는 경우

⑤ 차마의 운전자는 안전지대 등 안전표지에 의하여 진입이 금지된 장소에 들어가서는 아니 된다.

⑥ 차마의 운전자는 안전표지로 통행이 허용된 장소를 제외하고는 자전거도로 또는 길가장자리구역으로 통행하여서는 아니 된다.

⑦ 앞지르기를 할 때에는 지정된 차로의 왼쪽 바로 옆 차로로 통행할 수 있다.

⑧ 도로의 진출입 부분에서 진출입하는 때와 정차 또는 주차한 후 출발하는 때의 상당한 거리 동안은 차로에 따른 통행차의 기준에 따르지 아니할 수 있다.

⑨ 차로에 따른 통행차 기준 중 승합자동차의 차종구분은 「자동차관리법 시행규칙」에 따른다.

⑩ 도로의 가장 오른쪽에 있는 차로로 통행 : 자전거, 우마, 덤프트럭, 아스팔트살포기, 노상안정기, 콘크리트믹서트럭, 콘크리트펌프, 천공기 이외의 건설기계, 위험물 등을 운반하는 자동차, 사람 또는 가축의 힘이나 그 밖의 동력으로 도로에서 운행되는 것

⑪ 좌회전 차로가 2차로 이상 설치된 교차로에서 좌회전하려는 차는 그 설치된 좌회전 차로 내에서 차로에 따른 통행차 기준 중 고속도로 외의 도로에서의 차로 구분에 따라 좌회전하여야 한다.

⑫ 안전거리확보 등

⑬ 진로양보의무

### ■ 승차 또는 적재의 방법과 제한

① 모든 차의 운전자는 승차 인원, 적재중량 및 적재용량에 관하여 운행상의 안전기준을 넘어서 승차시키거나 적재한 상태로 운전하여서는 아니 된다.

② 모든 차 또는 노면전차의 운전자는 운전 중 타고 있는 사람 또는 타고 내리는 사람이 떨어지지 아니하도록 하기 위하여 문을 정확히 여닫는 등 필요한 조치를 하여야 한다.

③ 모든 차의 운전자는 운전 중 실은 화물이 떨어지지 아니하도록 덮개를 씌우거나 묶는 등 확실하게 고정될 수 있도록 필요한 조치를 하여야 한다.

④ 모든 차의 운전자는 영유아나 동물을 안고 운전 장치를 조작하거나 운전석 주위에 물건을 싣는 등 안전에 지장을 줄 우려가 있는 상태로 운전하여서는 아니 된다.

⑤ 시·도경찰청장은 도로에서의 위험을 방지하고 교통의 안전과 원활한 소통을 확보하기 위하여 필요하다고 인정하는 경우에는 차의 운전자에 대하여 승차 인원, 적재중량 또는 적재용량을 제한할 수 있다.

### ■ 운행상의 안전기준 및 안전기준을 넘는 승차 및 적재의 허가

① 운행상의 안전기준

　㉠ 화물자동차의 적재중량은 구조 및 성능에 따르는 적재중량의 110퍼센트 이내

　㉡ 화물자동차의 적재용량은 다음의 구분에 따른 기준을 넘지 아니할 것

　　ⓐ 길이 : 자동차 길이에 그 길이의 10분의 1을 더한 길이

　　ⓑ 너비 : 자동차의 후사경으로 뒤쪽을 확인할 수 있는 범위의 너비

　　ⓒ 높이 : 화물자동차는 지상으로부터 4미터, 소형 3륜자동차는 지상으로부터 2.5미터, 이륜자동차는 지상으로부터 2미터의 높이

② 승차 또는 적재의 방법과 제한 중 경찰서장의 허가는 다음 어느 하나에 해당하는 경우에 한한다.

　㉠ 전신·전화·전기공사, 수도공사, 제설작업 그 밖에 공익을 위한 공사 또는 작업을 위하여 부득이 화물자동차의 승차정원을 넘어서 운행하고자 하는 경우

　㉡ 분할할 수 없어 화물자동차의 적재중량 및 적재용량에 따른 기준을 적용할 수 없는 화물을 수송하는 경우

　㉢ 안전기준을 넘는 화물의 적재허가를 받은 사람은 그 길이 또는 폭의 양끝에 너비 30센티미터, 길이 50센티미터 이상의 빨간 헝겊으로 된 표지를 달아야 한다.

**4** **자동차등의 속도(규칙 제19조)**

▓ 도로별 차로 등에 따른 속도

| 도로구분 | | | 최고속도 | 최저속도 |
|---|---|---|---|---|
| 일반도로 | 주거지역 · 상업지역 및 공업지역 | | 매시 50km 이내 | 제한 없음 |
| | 지정한 노선 또는 구간의 일반도로 | | 매시 60km 이내 | |
| | 주거지역 · 상업지역 및 공업지역 외 편도 2차로 이상 | | 매시 80km 이내 | |
| | 주거지역 · 상업지역 및 공업지역 외 편도 1차로 | | 매시 60km 이내 | |
| 고속도로 | 편도 2차로 이상 | 고속도로 | • 매시 100km(적재중량 1.5톤 초과 화물자동차)<br>• 매시 80km(특수자동차, 위험물운반자동차, 건설기계) | 매시 50km |
| | | 지정 · 고시한 노선 또는 구간의 고속도로 | • 매시 120km 이내<br>• 매시 90km 이내(특수자동차, 위험물운반자동차, 건설기계) | |
| | 편도 1차로 | | 매시 80km | 매시 50km |
| 자동차 전용도로 | | | 매시 90km | 매시 30km |

▓ 이상 기후 시의 운행 속도

| 이상기후 상태 | 운행속도 |
|---|---|
| ① 비가 내려 노면이 젖어있는 경우<br>② 눈이 20mm 미만 쌓인 경우 | 최고속도의 20/100을 줄인 속도 |
| ① 폭우 · 폭설 · 안개 등으로 가시거리가 100m 이내인 경우<br>② 노면이 얼어붙은 경우<br>③ 눈이 20mm 이상 쌓인 경우 | 최고속도의 50/100을 줄인 속도 |

## 5 서행 및 일시정지 등(법 제31조)

| 구분 | 내용 | 이행해야 할 장소 |
|---|---|---|
| 서행 | 차 또는 노면전차가 즉시 정지할 수 있는 느린 속도로 진행하는 것을 의미(위험 예상한 상황적 대비) | 〈서행하여야 하는 경우〉<br>① 교차로에서 좌·우회전할 때 각각 서행<br>② 교통정리를 하고 있지 아니하는 교차로에 들어가려고 하는 차의 운전자는 그 차가 통행하고 있는 도로의 폭보다 교차하는 도로의 폭이 넓은 경우에는 서행<br>③ 모든 차 또는 노면전차의 운전자는 도로에 설치된 안전지대에 보행자가 있는 경우와 차로가 설치되지 아니한 좁은 도로에서 보행자의 옆을 지나는 경우에는 안전한 거리를 두고 서행<br>〈서행하여야 하는 장소〉<br>① 교통정리를 하고 있지 아니하는 교차로<br>② 도로가 구부러진 부근<br>③ 비탈길의 고갯마루 부근<br>④ 가파른 비탈길의 내리막<br>⑤ 시·도경찰청장이 안전표지로 지정한 곳<br>⑥ 모든 차 또는 노면전차의 운전자는 다음의 어느 하나에 해당하는 곳에서는 일시정지하여야 한다.<br>　㉠ 교통정리를 하고 있지 아니하고 좌우를 확인할 수 없거나 교통이 빈번한 교차로<br>　㉡ 시·도경찰청장이 도로에서의 위험을 방지하고 교통의 안전과 원활한 소통을 확보하기 위하여 필요하다고 인정하여 안전표지로 지정한 곳 |
| 일시정지 | 반드시 차가 멈추어야 하되, 얼마간의 시간동안 정지 상태를 유지해야 하는 교통상황의 의미(정지상황의 일시적 전개) | ① 차마의 운전자는 보도와 차도가 구분된 도로에서 도로 외의 곳을 출입할 때에는 보도를 횡단하기 직전에 일시정지<br>② 모든 차의 운전자는 신호기 등이 표시하는 신호가 없는 철길 건널목을 통과하려는 경우에는 철길 건널목 앞에서 일시정지<br>③ 모든 차의 운전자는 보행자(자전거에서 내려서 자전거를 끌고 통행하는 자전거 운전자를 포함)가 횡단보도를 통행하고 있을 때에는 보행자의 횡단을 방해하거나 위험을 주지 아니하도록 그 횡단보도 앞(정지선이 설치되어 있는 곳에서는 그 정지선)에서 일시정지<br>④ 보행자전용도로의 통행이 허용된 차마의 운전자는 보행자를 위험하게 하거나 보행자의 통행을 방해하지 아니하도록 차마를 보행자의 걸음 속도로 운행하거나 일시정지(<br>⑤ 모든 차의 운전자는 교차로나 그 부근에서 긴급자동차가 접근하는 경우에는 교차로를 피하여 일시정지<br>⑥ 모든 차의 운전자는 교통정리를 하고 있지 아니하고 좌우를 확인할 수 없거나 교통이 빈번한 교차로에서는 일시정지<br>⑦ 시·도경찰청장이 필요하다고 인정하여 안전표지로 지정한 곳<br>⑧ 어린이가 보호자 없이 도로를 횡단할 때, 어린이가 도로에서 앉아 있거나 서 있을 때 또는 어린이가 도로에서 놀이를 할 때 등 어린이에 대한 교통사고의 위험이 있는 것을 발견한 경우, 앞을 보지 못하는 사람이 흰색 지팡이를 가지거나 장애인보조견을 동반하는 등의 조치를 하고 횡단하고 있는 경우, 지하도나 육교 등 도로 횡단시설을 이용할 수 없는 지체장애인이나 노인 등이 도로를 횡단하고 있는 경우에는 일시정지<br>⑨ 차량신호등이 적색등화의 점멸인 경우 차마는 정지선이나 횡단보도가 있을 때에는 그 직전이나 교차로의 직전에 일시정지 |

## 6 교차로 통행방법

**■ 교차로 통행방법(법 제25조)**

① **좌회전** : 미리 도로의 중앙선을 따라 서행하면서 교차로의 중심 안쪽을 이용하여 좌회전하여야 한다.

② **우회전** : 미리 도로의 우측 가장자리를 서행하면서 우회전하여야 한다.

③ 우회전이나 좌회전을 하기 위하여 손이나 방향지시기 또는 등화로써 신호를 하는 차가 있는 경우에 그 뒤차의 운전자는 신호를 한 앞차의 진행을 방해하여서는 아니 된다.

④ 모든 차 또는 노면전차의 운전자는 신호기로 교통정리를 하고 있는 교차로에 들어가려는 경우에는 진행하려는 진로의 앞쪽에 있는 차의 상황에 따라 교차로에 정지하게 되어 다른 차의 통행에 방해가 될 우려가 있는 경우에는 그 교차로에 들어가서는 아니 된다.

⑤ 모든 차의 운전자는 교통정리를 하고 있지 아니하고 일시정지나 양보를 표시하는 안전표지가 설치되어 있는 교차로에 들어가려고 할 때에는 다른 차의 진행을 방해하지 아니하도록 일시정지하거나 양보하여야 한다.

### ▒ 교통정리가 없는 교차로에서의 양보운전

① 교통정리를 하고 있지 아니하는 교차로에 들어가려고 하는 차의 운전자는 이미 교차로에 들어가 있는 다른 차가 있을 때에는 그 차에 진로를 양보하여야 한다.

② 교통정리를 하고 있지 아니하는 교차로에 들어가려고 하는 차의 운전자는 그 차가 통행하고 있는 도로의 폭보다 교차하는 도로의 폭이 넓은 경우에는 서행하여야 하며, 폭이 넓은 도로로부터 교차로에 들어가려고 하는 다른 차가 있을 때에는 그 차에 진로를 양보하여야 한다.

③ 교통정리를 하고 있지 아니하는 교차로에 동시에 들어가려고 하는 차의 운전자는 우측 도로의 차에 진로를 양보하여야 한다.

④ 교통정리를 하고 있지 아니하는 교차로에서 좌회전하려고 하는 차의 운전자는 그 교차로에서 직진하거나 우회전하려는 다른 차가 있을 때에는 그 차에 진로를 양보하여야 한다.

## 7 통행의 우선순위

### ▒ 긴급자동차의 우선통행 등(법 제29조~제30조)

① 긴급자동차의 우선 통행

  ㉠ 긴급자동차는 긴급하고 부득이한 경우에는 도로의 중앙이나 좌측 부분을 통행할 수 있다.

  ㉡ 긴급자동차는 도로교통법이나 이 법에 따른 명령에 따라 정지하여야 하는 경우에도 불구하고 긴급하고 부득이한 경우에는 정지하지 아니할 수 있다.

  ㉢ 긴급자동차의 운전자는 긴급하고 부득이한 경우에 교통안전에 특히 주의하면서 통행하여야 한다.

  ㉣ 교차로나 그 부근에서 긴급자동차가 접근하는 경우에는 차마와 노면전차의 운전자는 교차로를 피하여 일시정지하여야 한다.

  ㉤ 모든 차 또는 노면전차의 운전자는 교차로나 그 부근 외의 곳에서 긴급자동차가 접근한 경우에는 긴급자동차가 우선통행할 수 있도록 진로를 양보하여야 한다.

  ㉥ 소방차·구급차·혈액 공급차량 등의 자동차 운전자는 해당 자동차를 그 본래의 긴급한 용도로 운행하지 아니하는 경우에는 「자동차관리법」에 따라 설치된 경광등을 켜거나 사이렌을 작동하여서는 아니 된다.

② 긴급자동차에 대한 특례 : 자동차의 속도 제한, 앞지르기 금지, 끼어들기 금지, 신호위반, 보도침범, 중앙선 침범, 횡단 등의 금지, 안전거리 확보 등, 앞지르기 방법 등, 정차 및 주차의 금지, 주차금지, 고장 등의 조치

## 8 자동차의 정비 및 점검

### ▦ 자동차의 정비

① 모든 차의 사용자, 정비책임자 또는 운전자는 장치가 정비되어 있지 아니한 차를 운전하도록 시키거나 운전하여서는 아니 된다.

② 운송사업용 자동차 또는 화물자동차 등으로서 자동차의 운전자는 그 자동차를 운전할 때에는 다음의 어느 하나에 해당하는 행위를 하여서는 아니 된다.

　㉠ 운행기록계가 설치되어 있지 아니하거나 고장 등으로 사용할 수 없는 운행기록계가 설치된 자동차를 운전하는 행위

　㉡ 운행기록계를 원래의 목적대로 사용하지 아니하고 자동차를 운전하는 행위

　㉢ 승차를 거부하는 행위

### ▦ 자동차의 점검

① 경찰공무원은 정비불량차에 해당한다고 인정하는 차가 운행되고 있는 경우에는 우선 그 차를 정지시킨 후, 운전자에게 그 차의 자동차등록증 또는 자동차운전면허증을 제시하도록 요구하고 그 차의 장치를 점검할 수 있다.

② 경찰공무원은 점검한 결과 정비불량 사항이 발견된 경우에는 정비불량 상태의 정도에 따라 그 차의 운전자로 하여금 응급조치를 하게 한 후에 운전을 하도록 하거나 도로 또는 교통 상황을 고려하여 통행구간, 통행로와 위험방지를 위한 필요한 조건을 정한 후 그에 따라 운전을 계속하게 할 수 있다.

③ 시·도경찰청장은 정비 상태가 매우 불량하여 위험발생의 우려가 있는 경우에는 그 차의 자동차등록증을 보관하고 운전의 일시정지를 명할 수 있다.

　㉠ 국가경찰공무원이 운전의 일시정지를 명하는 경우에는 정비불량표지를 자동차등의 앞면 창유리에 붙이고, 정비명령서를 교부하여야 한다.

　㉡ 국가경찰공무원이 운전의 일시정지를 명하였을 경우에는 시·도경찰청장에게 지체없이 그 사실을 보고하여야 한다.

　㉢ 누구든지 자동차등에 붙인 정비불량표지를 찢거나 훼손하여 못쓰게 하여서는 아니되며, 시·도경찰청장의 정비확인을 받지 아니하고는 이를 떼어내지 못한다.

④ **장치의 점검 및 사용의 정지에 필요한 사항** : 시·도경찰청장은 정비확인을 위하여 점검한 결과 필요한 정비가 행하여지지 아니 하였다고 인정하여 자동차등의 사용을 정지시키고자 하는 때에는 행정안전부령이 정하는 자동차 사용정지통고서를 교부하여야 한다.

## 9 운전면허

### 운전할 수 있는 차의 종류

| 운전면허 | | 운전할 수 있는 차량 |
|---|---|---|
| 종별 | 구분 | |
| 제1종 | 대형면허 | • 승용자동차<br>• 승합자동차<br>• 화물자동차<br>• 건설기계<br> – 덤프트럭, 아스팔트살포기, 노상안정기<br> – 콘크리트믹서트럭, 콘크리트펌프, 천공기(트럭 적재식)<br> – 콘크리트믹서트레일러, 아스팔트콘크리트재생기<br> – 도로보수트럭, 3톤 미만의 지게차<br>• 특수자동차<br>• 원동기장치자전거 |
| | 보통면허 | • 승용자동차<br>• 승차정원 15명 이하의 승합자동차<br>• 적재중량 12톤 미만의 화물자동차<br>• 건설기계(도로를 운행하는 5톤 미만의 지게차에 한정)<br>• 총중량 10톤 미만의 특수사농차(구난차 등은 제외)<br>• 원동기장치자전거 |
| | 소형면허 | • 3륜화물자동차<br>• 3륜승용자동차<br>• 원동기장치자전거 |
| | 특수면허 | 대형 견인차: • 견인형 특수자동차<br>• 제2종 보통면허로 운전할 수 있는 차량 |
| | | 소형 견인차: • 총중량 3.5톤 이하의 견인형 특수자동차<br>• 제2종 보통면허로 운전할 수 있는 차량 |
| | | 구난차: • 구난형 특수자동차<br>• 제2종보통면허로 운전할 수 있는 차량 |
| 제2종 | 보통면허 | • 승용자동차<br>• 승차정원 10명 이하의 승합자동차<br>• 적재중량 4톤 이하의 화물자동차<br>• 총중량 3.5톤 이하의 특수자동차(구난차등은 제외한다)<br>• 원동기장치자전거 |
| | 소형면허 | • 이륜자동차(운반차를 포함)<br>• 원동기장치자전거 |
| | 원동기장치자전거면허 | • 원동기장치자전거 |

### 운전면허취득 응시기간의 제한

① 무면허운전 금지 규정에 위반하여 자동차 및 원동기장치자전거를 운전한 경우에는 그 위반한 날부터 1년(다만, 사람을 사상한 후 구호조치 및 사고발생에 따른 신고를 하지 아니한 경우에는 그 위반한 날부터 5년)

② 무면허운전 금지 규정을 3회 이상 위반하여 자동차 및 원동기장치자전거를 운전한 경우에는 그 위반한 날부터 2년

③ 다음의 경우에는 운전면허가 취소된 날부터 5년

　㉠ 음주운전의 금지, 과로·질병·약물의 영향과 그 밖의 사유로 정상적으로 운전하지 못할 우려가 있는 상태에서의 운전금지, 공동위험행위의 금지를 위반하여 사람을 사상한 후 필요한 조치 및 신고를 하지 아니한 경우

part
01

ⓛ 음주운전의 금지를 위반하여 운전을 하다가 사람을 사망에 이르게 한 경우

④ 무면허운전 금지, 음주운전 금지, 과로·질병·약물의 영향과 그 밖의 사유로 정상적으로 운전하지 못할 우려가 있는 상태에서 자동차 및 원동기장치자전거 운전금지, 공동 위험행위의 금지 규정 외의 사유로 사람을 사상한 후 구호조치 및 사고발생에 따른 신고를 하지 아니한 경우에는 운전면허가 취소된 날부터 4년

⑤ 음주운전 금지, 음주측정거부 금지 규정을 위반하여 술에 취한 상태에서 운전을 하다가 3회 이상 교통사고를 일으킨 경우에는 운전면허가 취소된 날부터 3년, 자동차 및 원동기장치자전거를 이용하여 범죄행위를 하거나 다른 사람의 자동차 및 원동기장치자전거를 훔치거나 빼앗은 사람이 무면허운전 금지 규정을 위반하여 그 자동차 및 원동기장치자전거를 운전한 경우에는 그 위반한 날부터 3년

⑥ 다음의 경우에는 운전면허가 취소된 날부터 2년

  ㉠ 음주운전 또는 경찰공무원의 음주측정을 2회 이상 위반한 경우

  ㉡ 음주운전 또는 경찰공무원의 음주측정을 위반하여 교통사고를 일으킨 경우

  ㉢ 공동 위험행위의 금지를 2회 이상 위반한 경우

  ㉣ 운전면허를 받을 자격이 없는 사람이 운전면허를 받거나, 거짓이나 그 밖의 부정한 수단으로 운전면허를 받은 경우 또는 운전면허효력의 정지기간 중 운전면허증 또는 운전면허증을 갈음하는 증명서를 발급받은 사실이 드러난 경우

  ㉤ 다른 사람의 자동차 등을 훔치거나 빼앗은 경우

  ㉥ 다른 사람이 부정하게 운전면허를 받도록 하기 위하여 운전면허시험에 대신 응시한 경우

⑦ ①부터 ⑥까지의 규정에 따른 경우가 아닌 다른 사유로 운전면허가 취소된 경우에는 운전면허가 취소된 날부터 1년

⑧ 운전면허효력 정지처분을 받고 있는 경우에는 그 정지기간

### ▥ 정지처분 개별기준

① 이 법이나 이 법에 의한 명령을 위반할 때

| 위반사항 | 벌점 |
|---|---|
| • 속도위반(100km/h 초과) | 100 |
| • 술에 취한 상태의 기준을 넘어서 운전한 때(혈중알코올농도 0.03% 이상 0.08% 미만)<br>• 자동차 등을 이용하여 형법상 특수상해 등(보복운전)을 하여 입건된 때 | |
| • 속도위반(80km/h 초과 100km/h 이하) | 80 |
| • 속도위반(60km/h 초과 80km/h 이하) | 60 |
| • 정차·주차위반에 대한 조치불응(단체에 소속되거나 다수인에 포함되어 경찰공무원의 3회 이상의 이동명령에 따르지 아니하고 교통을 방해한 경우에 한한다)<br>• 공동 위험행위 또는 난폭운전으로 형사입건된 때<br>• 난폭운전으로 형사입건된 때<br>• 안전운전의무위반(단체에 소속되거나 다수인에 포함되어 경찰공무원의 3회 이상의 안전운전 지시에 따르지 아니하고 타인에게 위험과 장해를 주는 속도나 방법으로 운전한 경우에 한한다)<br>• 승객의 차내 소란행위 방치 운전<br>• 출석기간 또는 범칙금 납부기간 만료일부터 60일이 경과될 때까지 즉결심판을 받지 아니한 때 | 40 |

| 위반사항 | 벌점 |
|---|---|
| • 통행구분 위반(중앙선 침범에 한함)<br>• 속도위반(40km/h 초과 60km/h 이하)<br>• 철길건널목 통과방법위반<br>• 어린이통학버스 특별보호 위반<br>• 어린이통학버스 운전자의 의무위반(좌석안전띠를 매도록 하지 아니한 운전자는 제외한다)<br>• 고속도로 · 자동차전용도로 갓길통행<br>• 고속도로 버스전용차로 · 다인승전용차로 통행위반<br>• 운전면허증 등의 제시의무위반 또는 운전자 신원 확인을 위한 경찰공무원의 질문에 불응 | 30 |
| • 신호 · 지시위반<br>• 속도위반(20km/h 초과 40km/h 이하)<br>• 속도위반(어린이보호구역 안에서 오전 8시부터 오후 8시까지 사이에 제한속도를 20km/h 이내에서 초과한 경우)<br>• 앞지르기 금지시기 · 장소위반<br>• 적재 제한 위반 또는 적재물 추락 방지 위반<br>• 운전 중 휴대용 전화 사용<br>• 운전 중 운전자가 볼 수 있는 위치에 영상 표시<br>• 운전 중 영상표시장치 조작<br>• 운행기록계 미설치 자동차 운전금지 등의 위반 | 15 |
| • 통행구분 위반(보도침범, 보도 횡단방법 위반)<br>• 차로통행 준수의무 위반, 지정차로 통행위반(진로변경 금지장소에서의 진로변경 포함)<br>• 일반도로 전용차로 통행위반<br>• 안전거리 미확보(진로변경 방법위반 포함)<br>• 앞지르기 방법위반<br>• 보행자 보호 불이행(정지선위반 포함)<br>• 승객 또는 승하차자 추락방지조치위반<br>• 안전운전 의무 위반<br>• 노상 시비 · 다툼 등으로 차마의 통행 방해행위<br>• 자율주행자동차 운전자의 준수사항 위반<br>• 돌 · 유리병 · 쇳조각이나 그 밖에 도로에 있는 사람이나 차마를 손상시킬 우려가 있는 물건을 던지거나 발사하는 행위<br>• 도로를 통행하고 있는 차마에서 밖으로 물건을 던지는 행위 | 10 |

② 자동차등의 운전 중 교통사고를 일으킨 때

㉠ 사고결과에 따른 벌점기준

| 구 분 | | 벌점 | 내 용 |
|---|---|---|---|
| 인적<br>피해<br>교통<br>사고 | 사망 1명마다 | 90 | 사고발생 시부터 72시간 이내에 사망한 때 |
| | 중상 1명마다 | 15 | 3주 이상의 치료를 요하는 의사의 진단이 있는 사고 |
| | 경상 1명마다 | 5 | 3주 미만 5일 이상의 치료를 요하는 의사의 진단이 있는 사고 |
| | 부상신고 1명마다 | 2 | 5일 미만의 치료를 요하는 의사의 진단이 있는 사고 |

㉡ 조치 등 불이행에 따른 벌점기준

| 불이행 사항 | 벌점 | 내 용 |
|---|---|---|
| 교통사고<br>야기 시<br>조치<br>불이행 | 15<br><br>30<br><br><br><br>60 | 1. 물적 피해가 발생한 교통사고를 일으킨 후 도주한 때<br>2. 교통사고를 일으킨 즉시(그때, 그 자리에서 곧) 사상자를 구호하는 등 조치를 하지 아니하였으나 그 후 자진신고를 한 때<br>　가. 고속도로, 특별시 · 광역시 및 시의 관할구역과 군(광역시의 군을 제외한다)의 관할구역 중 경찰서가 위치하는 리 또는 동 지역에서 3시간(그 밖의 지역에서는 12시간) 이내에 자진신고를 한 때<br>　나. 가목에 따른 시간 후 48시간 이내에 자진신고를 한 때 |

31

# 제 1 장

# 도로교통법령 [적중문제]

QUALIFICATION TEST FOR CARGO WORKERS

**01** 도로교통법령상 도로가 아닌 것은?

① 「도로법」에 따른 도로
② 궤도
③ 유료도로
④ 농어촌도로

> **해설** **도로** : 「도로법」에 따른 도로, 「유료도로법」에 따른 유료도로, 「농어촌도로 정비법」에 따른 농어촌도로, 그 밖에 현실적으로 불특정 다수의 사람 또는 차마가 통행할 수 있도록 공개된 장소로서 안전하고 원활한 교통을 확보할 필요가 있는 장소
>
> **정답** ②

**02** 도로교통법령에 의한 용어의 정의로 옳지 않은 것은?

① 횡단보도 : 보행자가 도로를 횡단할 수 있도록 안전표지로 표시한 도로의 부분
② 고속도로 : 자동차의 고속 운행에만 사용하기 위하여 지정된 도로
③ 길가장자리구역 : 도로를 횡단하는 보행자나 통행하는 차마의 안전을 위하여 안전표지로 표시한 도로의 부분
④ 자동차전용도로 : 자동차만 다닐 수 있도록 설치된 도로

> **해설** **길가장자리구역** : 보도와 차도가 구분되지 아니한 도로에서 보행자의 안전을 확보하기 위하여 안전표지 등으로 경계를 표시한 도로의 가장자리 부분을 말한다.
>
> **정답** ③

**03** 도로법령에 따른 도로의 종류에 대한 설명으로 옳지 않은 것은?

① 고속도로 : 도로교통망의 중요한 축을 이루며 주요 도시를 연결하는 도로로서 자동차 전용의 고속교통에 사용되는 도로
② 특별시도·광역시도 : 특별시 또는 광역시의 관할구역에 있는 도로
③ 일반국도 : 주요 도시, 지정항만, 주요 공항, 국가산업단지 또는 관광지 등을 연결하여, 시·도도와 함께 국가간선도로망을 이루는 도로
④ 시도 : 특별자치시, 시 또는 행정시의 관할구역에 있는 도로

> **해설** **고속국도** : 국토교통부장관은 도로교통망의 중요한 축을 이루며 주요 도시를 연결하는 도로로서 자동차 전용의 고속교통에 사용되는 도로 노선을 정하여 고속국도를 지정·고시한다.
>
> **정답** ①

**04** 도로법령상 도로 중앙선의 표시 색으로 바른 것은?

① 흰색 실선
② 흰색 점선
③ 황색 실선이나 황색 점선
④ 청색 실선

> **해설** **중앙선** : 차마의 통행 방향을 명확하게 구분하기 위하여 도로에 황색 실선이나 황색 점선 등의 안전표지로 표시한 선
>
> **정답** ③

**05** 도로법령상 도로를 횡단하는 보행자나 통행하는 차마의 안전을 위하여 안전표지나 이와 비슷한 인공구조물로 표시한 도로의 부분은?

① 교차로　　　　　② 안전지대

③ 길가장자리구역　　④ 차로

> **해설** **안전지대** : 보도와 차도가 구분되지 아니한 도로에서 보행자의 안전을 확보하기 위하여 안전표지 등으로 경계를 표시한 도로의 가장자리 부분

**정답** ②

**06** 도로법령상 신호기가 표시하는 내용이 아닌 것은?

① 주의　　　　　② 방향전환

③ 후진　　　　　④ 정지

> **해설** **신호기** : 도로교통에 관하여 문자·기호 또는 등화를 사용하여 진행·정지·방향전환·주의 등의 신호를 표시하기 위하여 사람이나 전기의 힘으로 조작하는 장치

**정답** ③

**07** 도로법령상 차에 해당하지 않는 것은?

① 건설기계
② 자전거
③ 원동기장치자전거
④ 유모차

> **해설** **차** : 자동차, 건설기계, 원동기장치자전거, 자전거, 사람 또는 가축의 힘이나 그 밖의 동력으로 도로에서 운전되는 것. 다만, 철길이나 가설된 선을 이용하여 운전되는 것, 유모차와 행정안전부령으로 정하는 보행보조용 의자차는 제외

**정답** ④

**08** 도로법령상 긴급자동차에 해당하지 않는 것은?

① 소방차　　　　　② 견인차

③ 혈액 공급차량　　④ 구급차

> **해설** **긴급자동차** : 소방차, 구급차, 혈액 공급차량, 그 밖에 대통령령으로 정하는 자동차

**정답** ②

**09** 도로법령상 보기의 내용은 무엇에 대한 것인가?

> 운전자가 승객을 기다리거나 화물을 싣거나 차가 고장 나거나 그 밖의 사유로 차를 계속 정지 상태에 두는 것 또는 운전자가 차에서 떠나서 즉시 그 차를 운전할 수 없는 상태에 두는 것

① 정차　　　　　② 주차

③ 운전　　　　　④ 서행

> **해설** **주차** : 운전자가 승객을 기다리거나 화물을 싣거나 차가 고장 나거나 그 밖의 사유로 차를 계속 정지 상태에 두는 것 또는 운전자가 차에서 떠나서 즉시 그 차를 운전할 수 없는 상태에 두는 것

**정답** ②

**10** 도로법령상 차가 즉시 정지할 수 있는 느린 속도로 진행하는 것을 의미하는 것은?

① 정차　　　　　② 정지

③ 일시정지　　　④ 서행

> **해설** **서행** : 운전자가 차 또는 노면전차를 즉시 정지시킬 수 있는 정도의 느린 속도로 진행하는 것을 말한다.

**정답** ④

**11** 경작지 등과 연결되어 농어민의 생산활동에 직접 공용되는 도로는?

① 농어촌도로　　　② 고속국도

③ 농도　　　　　④ 유료도로

> **해설** **농도** : 경작지 등과 연결되어 농어민의 생산활동에 직접 공용되는 도로

**정답** ③

**12** 도로교통법령상 녹색의 등화가 켜져 있을 때 운전자가 할 수 없는 것은?

① 우회전할 수 있다.

② 직진할 수 있다.

③ 비보호좌회전표시가 있는 곳에서는 좌회전할 수 있다.

④ 비보호좌회전표시가 없는 곳에서는 좌회전할 수 있다.

> **해설** 녹색의 등화가 켜져 있을 때 운전자는 비보호좌회전표지 또는 비보호좌회전표시가 있는 곳에서는 좌회전할 수 있다.
>
> **정답** ④

**13** 도로교통법령상 교차로에서 황색의 등화가 켜진 경우 운전자가 하지 않아야 할 사항은?

① 우회전할 수 있다.

② 교차로 직전 정지하여야 한다.

③ 좌회전할 수 있다.

④ 교차로에 진입한 경우 신속히 교차로 밖으로 진행한다.

> **해설** 교차로에서 황색의 등화가 켜진 경우 차마는 우회전할 수 있고 우회전하는 운전자는 보행자의 횡단을 방해하지 못한다.
>
> **정답** ③

**14** 도로교통법령상 적색의 등화가 켜진 경우 운전자의 주의사항으로 틀린 것은?

① 정지선 직전에서 정지하여야 한다.

② 횡단보도 직전에서 정지하여야 한다.

③ 신호에 따라 진행하는 다른 차마의 교통을 방해가 되더라도 우회전할 수 있다.

④ 교차로의 직전에서 정지하여야 한다.

> **해설** 적색의 등화가 켜진 경우 정지선, 횡단보도 및 교차로의 직전에서 정지하여야 한다. 다만, 신호에 따라 진행하는 다른 차마의 교통을 방해하지 아니하고 우회전할 수 있다.
>
> **정답** ③

**15** 도로교통법령상 황색 등화가 점멸하는 곳에서의 차마의 통행방법은?

① 일시 정지한다.

② 안전표지의 표시에 주의하면서 진행할 수 있다.

③ 서행 운전한다.

④ 빠른 속도로 진행한다.

> **해설** 차마는 다른 교통 또는 안전표지의 표시에 주의하면서 진행할 수 있다.
>
> **정답** ②

**16** 도로교통법령상 녹색화살표의 등화의 경우 통행방법은?

① 화살표시 방향으로 진행할 수 있다.

② 정지선에 정지한다.

③ 교차로의 직전에 정지하여야 한다.

④ 다른 교통에 주의하면서 진행할 수 있다.

> **해설** 녹색화살표의 등화의 경우 차마는 화살표시 방향으로 진행할 수 있다.
>
> **정답** ①

**17** 도로교통법령상 사각형등화가 적색×표 표시의 등화인 경우 통행방법은?

① 지정한 차로로 진행할 수 있다.

② 차마는 다른 교통 또는 안전표지의 표시에 주의하면서 화살표시 방향으로 진행할 수 있다.

③ ×표가 있는 차로로 진행할 수 없다.

④ 이미 차마의 일부라도 진입한 경우에는 신속히 그 차로 밖으로 진로를 변경하여야 한다.

> **해설** 적색×표 표시의 등화 : ×표가 있는 차로로 진행할 수 없다.
>
> **정답** ③

**18** 도로교통법령상 안전표지가 표시하는 안전표지의 종류가 아닌 것은?

① 보조표지　　② 금지표지
③ 지시표지　　④ 규제표지

> 해설 안전표지의 종류 : 주의표지, 규제표지, 지시표지, 보조표지, 노면표시

정답 ②

**19** 도로교통법령상 도로의 통행방법·통행구분 등 도로교통의 안전을 위하여 필요한 지시를 하는 경우에 도로사용자가 이를 따르도록 알리는 표지는?

① 노면표시　　② 보조표지
③ 주의표지　　④ 지시표지

> 해설 지시표지 : 도로의 통행방법·통행구분 등 도로교통의 안전을 위하여 필요한 지시를 하는 경우에 도로사용자가 이를 따르도록 알리는 표지

정답 ④

**20** 도로교통법령상 주기능을 보충하여 도로사용자에게 알리는 표지는?

① 제한표시　　② 규제표지
③ 지시표지　　④ 보조표지

> 해설 보조표지 : 주의표지·규제표지 또는 지시표지의 주기능을 보충하여 도로사용자에게 알리는 표지

정답 ④

**21** 도로교통법령상 노면표시의 기본색상 중 황색으로 표시하는 부분이 아닌 것은?

① 도로중앙장애물표시
② 주차금지표시
③ 버스전용차로표시
④ 안전지대표시

> 해설 황색은 반대방향의 교통류분리 또는 도로이용의 제한 및 지시 : 중앙선표시, 노상 장애물 중 도로중앙장애물표시, 주차금지표시, 정차·주차금지 표시 및 안전지대표시

정답 ③

**22** 도로교통법령상 노면표시의 기본색상 중 지정방향의 교통류 분리 표시에 사용하는 색은?

① 백색　　② 황색
③ 청색　　④ 적색

> 해설 청색 : 지정방향의 교통류 분리 표시(버스전용차로표시 및 다인승차량 전용차선표시)

정답 ③

**23** 노면표시의 기본색상 중 그 연결이 바르지 않은 것은?

① 백색 : 동일방향의 교통류 분리
② 황색 : 경계 표시
③ 청색 : 지정방향의 교통류 분리
④ 적색 : 어린이보호구역 표시

> 해설 황색 : 반대방향의 교통류 분리 또는 도로이용의 제한 및 지시(중앙선표시, 노상 장애물 중 도로중앙장애물표시, 주차금지표시, 정차·주차금지 표시 및 안전지대표시)

정답 ②

**24** 도로교통법상 고속도로 외의 도로에서 왼쪽 차로로 통행할 수 없는 차종은?

① 경형 승합자동차　　② 소형 승합자동차
③ 중형 승합자동차　　④ 화물자동차

> 해설 고속도로 외의 도로에서 왼쪽 차로 : 승용자동차 및 경형·소형·중형 승합자동차

정답 ④

**25** 도로교통법상 편도 2차로의 고속도로에서 1차로로 통행할 수 있는 차량은?

① 소형 승합자동차
② 중형 승합자동차
③ 화물자동차
④ 앞지르기를 하려는 모든 자동차

> 해설 편도 2차로의 고속도로에서 1차로로 통행할 수 있는 차량 : 앞지르기를 하려는 모든 자동차. 다만, 차량통행량 증가 등 도로상황으로 인하여 부득이하게 시속 80킬로미터 미만으로 통행할 수밖에 없는 경우에는 앞지르기를 하는 경우가 아니라도 통행할 수 있다.

정답 ④

**26** 도로교통법상 편도 3차로의 고속도로에서 오른쪽 차로로 통행하여야 하는 차량은?

① 건설기계　　　　② 중형 승합자동차
③ 경형 승합자동차　④ 승용자동차

> **해설**　편도 3차로의 고속도로에서 오른쪽 차로로 통행하여야 하는 차량 : 대형 승합자동차, 화물자동차, 특수자동차, 건설기계

**정답** ①

**27** 도로교통법상 운전자가 도로의 중앙이나 좌측 부분을 통행할 수 있는 경우가 아닌 것은?

① 도로 좌측 부분의 폭이 차마의 통행에 충분하지 아니한 경우
② 도로의 파손으로 도로의 우측 부분을 통행할 수 없는 경우
③ 도로가 일방통행인 경우
④ 도로공사로 도로의 우측 부분을 통행할 수 없는 경우

> **해설**　도로 우측 부분의 폭이 차마의 통행에 충분하지 아니한 경우 도로의 중앙이나 좌측 부분을 통행할 수 있다.

**정답** ①

**28** 도로교통법상 도로의 중앙이나 좌측 부분을 통행할 수 있는 경우가 아닌 것은?

① 가파른 비탈길의 구부러진 곳에서 교통의 위험을 방지하기 위하여 시·도경찰청장이 필요하다고 인정하여 구간 및 통행방법을 지정하고 있는 경우에 그 지정에 따라 통행하는 경우
② 도로의 파손으로 도로의 우측 부분을 통행할 수 없는 경우
③ 도로 우측 부분의 폭이 차마의 통행에 충분하지 아니한 경우
④ 도로 우측 부분의 폭이 10미터가 되지 아니하는 도로에서 다른 차를 앞지르려는 경우

> **해설**　도로 우측 부분의 폭이 6미터가 되지 아니하는 도로에서 다른 차를 앞지르려는 경우. 다만, 도로의 좌측 부분을 확인할 수 없는 경우, 반대 방향의 교통을 방해할 우려가 있는 경우, 안전표지 등으로 앞지르기를 금지하거나 제한하고 있는 경우에는 통행할 수 없다.

**정답** ④

**29** 도로교통법상 차량의 통행방법으로 옳지 않은 것은?

① 앞지르기를 할 때에는 지정된 차로의 왼쪽 바로 옆 차로로 통행할 수 있다.
② 차로에 따른 통행차 기준 중 승합자동차의 차종구분은 「자동차관리법 시행규칙」에 따른다.
③ 안전표지로 통행이 허용된 장소를 제외하고는 길 가장자리구역으로 통행하여서는 아니 된다.
④ 안전지대 등 안전표지에 의하여 진입이 금지된 장소에는 긴급한 경우 출입할 수 있다.

> **해설**　차마의 운전자는 안전지대 등 안전표지에 의하여 진입이 금지된 장소에 들어가서는 아니 된다.

**정답** ④

**30** 도로교통법상 도로의 가장 오른쪽에 있는 차로로 통행하여야 하는 차마는?

① 사람 또는 가축의 힘이나 그 밖의 동력으로 도로에서 운행되는 것
② 승용자동차
③ 화물자동차
④ 중형 승합자동차

> **해설**　사람 또는 가축의 힘이나 그 밖의 동력으로 도로에서 운행되는 것은 도로의 가장 오른쪽에 있는 차로로 통행하여야 한다.

**정답** ①

**31** 도로교통법상 자동차의 안전거리 확보에 관한 내용으로 틀린 것은?

① 자동차 및 원동기장치자전거 운전자는 같은 방향으로 가고 있는 자전거와의 충돌을 피할 수 있도록 거리를 확보하여야 한다.
② 같은 방향으로 가고 있는 차량에 주의하고 자전거는 무시하고 주행한다.
③ 앞차가 갑자기 정지하게 되는 경우 그 앞차와의 충돌을 피할 수 있는 필요한 거리를 확보하여야 한다.
④ 갑자기 정지시키거나 속도를 줄이는 등의 급제동을 하여서는 아니 된다.

> **해설**　자동차 및 원동기장치자전거 운전자는 같은 방향으로 가고 있는 자전거 운전자에 주의하여야 하며, 그 옆을 지날 때에는 그 자전거와의 충돌을 피할 수 있도록 거리를 확보하여야 한다.

**정답** ②

**32** 도로교통법상 진로를 양보하여야 하는 차량은?

① 비탈진 좁은 도로에서 자동차가 서로 마주보고 진행하는 경우에는 내려가는 자동차
② 비탈진 좁은 도로에서 자동차가 서로 마주보고 진행하는 경우에는 올라가는 자동차
③ 도로에서 물건을 실은 자동차
④ 좁은 도로에서 사람을 태운 자동차

> **해설** 진로를 양보하여야 하는 차량
> 1. 비탈진 좁은 도로에서 자동차가 서로 마주보고 진행하는 경우에는 올라가는 자동차
> 2. 비탈진 좁은 도로 외의 좁은 도로에서 사람을 태웠거나 물건을 실은 자동차와 동승자가 없고 물건을 싣지 아니한 자동차가 서로 마주보고 진행하는 경우에는 동승자가 없고 물건을 싣지 아니한 자동차
>
> **정답** ②

**33** 도로교통법상 승차 인원, 적재중량 및 적재용량을 초과하여 운전할 수 있는 경우는?

① 운전경력이 20년 이상인 경우
② 도착지를 관할하는 경찰서장의 허가를 받은 경우
③ 출발지를 관할하는 경찰서장의 허가를 받은 경우
④ 출발지를 관할하는 시·도경찰청장의 허가를 받은 경우

> **해설** 모든 차의 운전자는 승차 인원, 적재중량 및 적재용량에 관하여 대통령령으로 정하는 운행상의 안전기준을 넘어서 승차시키거나 적재한 상태로 운전하여서는 아니 된다. 다만, 출발지를 관할하는 경찰서장의 허가를 받은 경우에는 그러하지 아니하다.
>
> **정답** ③

**34** 도로교통법상 승차 또는 적재의 방법과 제한에 관한 설명 중 틀린 것은?

① 화물이 떨어지지 아니하도록 고정될 수 있도록 필요한 조치를 하여야 한다.
② 타고 내리는 사람이 떨어지지 아니하도록 문을 정확히 여닫는다.
③ 동물을 안고 운전 장치를 조작하지 않는다.
④ 운전석 주위에 물건을 쌓아두도록 한다.

> **해설** 운전자는 영유아나 동물을 안고 운전 장치를 조작하거나 운전석 주위에 물건을 싣는 등 안전에 지장을 줄 우려가 있는 상태로 운전하여서는 아니 된다.
>
> **정답** ④

**35** 도로교통법상 화물의 적재허가 기준으로 틀린 것은?

① 적재중량의 120% 이내
② 자동차 길이에 그 길이의 10분의 1을 더한 길이
③ 너비는 자동차의 후사경으로 뒤쪽을 확인할 수 있는 범위
④ 높이는 화물자동차는 지상으로부터 4m

> **해설** 화물자동차의 적재중량은 구조 및 성능에 따르는 적재중량의 110% 이내일 것
>
> **정답** ①

**36** 도로교통법령에 따른 화물자동차의 운행 안전기준으로 옳은 것은?

① 적재너비는 자동차의 후사경으로 측방을 확인할 수 있는 범위의 너비
② 적재높이는 지상으로부터 4.5미터
③ 적재길이는 자동차 길이에 그 길이의 10분의 1을 더한 길이
④ 적재중량은 구조와 성능에 따르는 적재중량의 12할 이내

> **해설** ③ 적재길이는 자동차 길이에 그 길이의 10분의 1을 더한 길이
> ① 적재너비는 자동차의 후사경으로 뒤쪽을 확인할 수 있는 범위의 너비
> ② 적재높이는 지상으로부터 4m
> ④ 화물자동차의 적재중량은 구조 및 성능에 따르는 적재중량의 110% 이내일 것
>
> **정답** ③

**37** 도로교통법령상 승차 또는 적재의 방법과 제한 중 경찰서장의 허가를 받아야 하는 경우가 아닌 것은?

① 전신·전화·전기공사 작업을 위하여 부득이 화물자동차의 승차정원을 넘어서 운행하고자 하는 경우
② 분할할 수 없어 화물자동차의 적재중량 및 적재용량에 따른 기준을 적용할 수 없는 화물을 수송하는 경우
③ 적재용량에 따른 기준에 따라 화물을 수송하는 경우
④ 수도공사, 제설작업 그 밖에 공익을 위한 작업을 위하여 부득이 화물자동차의 승차정원을 넘어서 운행하고자 하는 경우

**해설** 승차 또는 적재의 방법과 제한 중 경찰서장의 허가는 다음 어느 하나에 해당하는 경우에 한한다.
1. 전신·전화·전기공사, 수도공사, 제설작업 그 밖에 공익을 위한 공사 또는 작업을 위하여 부득이 화물자동차의 승차정원을 넘어서 운행하고자 하는 경우
2. 분할할 수 없어 화물자동차의 적재중량 및 적재용량에 따른 기준을 적용할 수 없는 화물을 수송하는 경우

**정답** ③

### 38 도로교통법령상 주거지역·상업지역 및 공업지역의 최고속도는?

① 매시 50km 이내
② 매시 60km 이내
③ 매시 80km 이내
④ 매시 90km 이내

**해설** 주거지역·상업지역 및 공업지역의 최고속도 : 매시 50km 이내

**정답** ①

### 39 도로교통법령상 일반도로에서 최저속도는?

① 제한 없음
② 매시 30km 이내
③ 매시 40km 이내
④ 매시 50km 이내

**해설** 일반도로에서 최저속도 : 제한 없음

**정답** ①

### 40 도로교통법령상 편도 2차로 이상 고속도로에서 최고속도는?

① 매시 80km
② 매시 100km
③ 매시 110km
④ 매시 120km

**해설** 편도 2차로 이상 고속도로
1. 매시 100km(적재중량 1.5톤 초과 화물자동차)
2. 매시 80km(특수자동차, 위험물운반자동차, 건설기계)

**정답** ②

### 41 도로교통법령상 편도 2차로 이상 지정·고시한 노선 또는 구간의 고속도로의 건설기계의 최고속도는?

① 매시 90km 이내
② 매시 80km 이내
③ 매시 60km 이내
④ 매시 50km 이내

**해설** 편도 2차로 이상 지정·고시한 노선 또는 구간의 고속도로의 최고속도
1. 매시 120km 이내
2. 매시 90km 이내(특수자동차, 위험물운반자동차, 건설기계)

**정답** ①

### 42 도로교통법령상 최고속도의 20/100을 줄인 속도로 운행하여야 하는 경우는?

① 폭우·폭설·안개 등으로 가시거리가 100m 이내인 경우
② 눈이 20mm 이상 쌓인 경우
③ 노면이 얼어붙은 경우
④ 눈이 20mm 미만 쌓인 경우

**해설** 최고속도의 20/100을 줄인 속도로 운행하여야 하는 경우 : 비가 내려 노면이 젖어있는 경우, 눈이 20mm 미만 쌓인 경우

**정답** ④

### 43 도로교통법령상 최고속도의 50/100을 줄인 속도로 운행하여야 하는 경우가 아닌 것은?

① 폭우·폭설·안개 등으로 가시거리가 100m 이내인 경우
② 눈이 20mm 이상 쌓인 경우
③ 노면이 얼어붙은 경우
④ 화물을 적재함에 가득 실은 경우

**해설** 최고속도의 50/100을 줄인 속도로 운행하여야 하는 경우 : 폭우·폭설·안개 등으로 가시거리가 100m 이내인 경우, 노면이 얼어붙은 경우, 눈이 20mm 이상 쌓인 경우

**정답** ④

**44** 다음 차가 즉시 정지할 수 있는 느린 속도로 진행하는 것을 뜻하는 것은?

① 주행　　　　　② 서행
③ 완행　　　　　④ 정지

> **해설** 서행 : 차 또는 노면전차가 즉시 정지할 수 있는 느린 속도로 진행하는 것을 의미

**정답** ②

**45** 도로교통법령상 서행하여야 하는 장소가 아닌 곳은?

① 도로가 구부러진 부근
② 교차로나 그 부근에서 긴급자동차가 접근하는 경우
③ 교통정리를 하지 있지 아니하는 교차로
④ 시·도경찰청장이 안전표지로 지정한 곳

> **해설** 서행하여야 하는 장소 : 교통정리를 하고 있지 아니하는 교차로, 도로가 구부러진 부근, 비탈길의 고갯마루 부근, 가파른 비탈길의 내리막. 시·도경찰청장이 도로에서의 위험을 방지하고 교통의 안전과 원활한 소통을 확보하기 위하여 필요하다고 인정하여 안전표지로 지정한 곳

**정답** ②

**46** 도로교통법령상 당시의 속도가 0km/h인 상태로서 완전한 정지상태는?

① 정지　　　　　② 서행
③ 완행　　　　　④ 일시정지

> **해설** 정지 : 자동차가 완전히 멈추는 상태. 즉, 당시의 속도가 0km/h인 상태로서 완전한 정지상태의 이행

**정답** ①

**47** 도로교통법령상 일시 정지하여야 하는 경우가 아닌 곳은?

① 교차로나 그 부근에서 긴급자동차가 접근하는 경우
② 교통정리를 하고 있지 아니하고 좌우를 확인할 수 있는 교차로
③ 시·도경찰청장이 도로에서의 위험을 방지하고 교통의 안전과 원활한 소통을 확보하기 위하여 필요하다고 인정하여 안전표지로 지정한 곳
④ 차량신호등이 적색등화의 점멸인 경우 차마는 정지선이나 횡단보도가 있을 때

> **해설** 교통정리를 하고 있지 아니하고 좌우를 확인할 수 없거나 교통이 빈번한 교차로에서는 일시정지하여야 한다.

**정답** ②

**48** 도로교통법령상 교차로의 통행방법으로 틀린 것은?

① 미리 도로의 중앙선을 따라 서행하면서 교차로의 중심 바깥쪽을 이용하여 좌회전하여야 한다.
② 시·도경찰청장이 교차로의 상황에 따라 특히 필요하다고 인정하여 지정한 곳에서는 교차로의 중심 바깥쪽을 통과할 수 있다.
③ 우회전이나 좌회전을 하기 위하여 손이나 방향지시기 또는 등화로써 신호를 하는 차가 있는 경우에 그 뒤차의 운전자는 신호를 한 앞차의 진행을 방해하여서는 아니 된다.
④ 우회전하는 차의 운전자는 진행하는 보행자에 주의하여야 한다.

> **해설** 좌회전은 미리 도로의 중앙선을 따라 서행하면서 교차로의 중심 안쪽을 이용하여 좌회전하여야 한다.

**정답** ①

**49** 도로교통법령상 교통정리가 없는 교차로에서의 양보운진에 관한 설명으로 틀린 것은?

① 교통정리를 하고 있지 아니하는 교차로에 들어가려고 하는 차의 운전자는 이미 교차로에 들어가 있는 다른 차에 진로를 양보하여야 한다.
② 폭이 넓은 도로로부터 교차로에 들어가려고 하는 다른 차가 있을 때에는 그 차에 진로를 양보하여야 한다.
③ 교통정리를 하고 있지 아니하는 교차로에 동시에 들어가려고 하는 차의 운전자는 우측 도로의 차에 진로를 양보하여야 한다.
④ 교통정리를 하고 있지 아니하는 교차로에서 좌회전하려고 하는 차의 운전자는 직진하거나 우회전하려는 다른 차보다 우선 통행할 수 있다.

> **해설** 교통정리를 하고 있지 아니하는 교차로에서 좌회전하려고 하는 차의 운전자는 그 교차로에서 직진하거나 우회전하려는 다른 차가 있을 때에는 그 차에 진로를 양보하여야 한다.

**정답** ④

**50** 도로교통법령상 긴급자동차의 우선통행 등에 관한 내용 중 틀린 것은?

① 긴급하고 부득이한 경우에는 도로의 중앙 부분을 통행할 수 있다.

② 긴급하고 부득이한 경우에는 도로의 좌측 부분을 통행할 수 있다.

③ 교차로나 그 부근 외의 곳에서 긴급자동차가 접근한 경우에는 긴급자동차가 우선통행할 수 있도록 진로를 양보하여야 한다.

④ 교차로나 그 부근에서 긴급자동차가 접근하는 경우에는 운전자는 교차로를 피하여 서행하여야 한다.

> **해설** 교차로나 그 부근에서 긴급자동차가 접근하는 경우에는 차마와 노면전차의 운전자는 교차로를 피하여 일시 정지하여야 한다.

**정답** ④

**51** 도로교통법령상 긴급자동차에 해당하지 않는 것은?

① 견인차

② 구급차

③ 소방차

④ 혈액 공급차량

> **해설** 긴급자동차 : 소방차, 구급차, 혈액 공급차량, 경찰용 자동차

**정답** ①

**52** 도로교통법령상 긴급자동차에 대한 특례로 옳지 않은 것은?

① 횡단 등의 금지

② 앞지르기 방법 등

③ 보도침범

④ 주취운전

> **해설** 긴급자동차에 대한 특례 : 자동차의 속도 제한, 앞지르기 금지, 끼어들기 금지, 신호위반, 보도침범, 중앙선 침범, 횡단 등의 금지, 안전거리 확보 등, 앞지르기 방법 등, 정차 및 주차의 금지, 주차금지, 고장 등의 조치

**정답** ④

**53** 도로교통법령상 자동차의 정비 및 점검에 관한 내용으로 바르지 않은 것은?

① 차의 사용자는 정비되어 있지 아니한 차를 운전하게 할 수 있다.

② 정비책임자는 정비불량차를 운전하도록 하여서는 아니 된다

③ 운전자는 정비불량차를 운전하여서는 아니 된다

④ 차의 사용자, 정비책임자 또는 운전자는 정비불량차를 운전하도록 시키거나 운전하여서는 아니 된다.

> **해설** 모든 차의 사용자, 정비책임자 또는 운전자는 자동차관리법·건설기계관리법이나 그 법에 따른 명령에 의한 장치가 정비되어 있지 아니한 채(정비불량차)를 운전하도록 시키거나 운전하여서는 아니 된다.

**정답** ①

**54** 도로교통법령상 시·도경찰청장은 정비불량차에 대하여 운전의 일시정지를 명할 수 있는데 그 기간은?

① 5일의 범위  ② 10일의 범위

③ 30일의 범위  ④ 90일의 범위

> **해설** 시·도경찰청장은 정비 상태가 매우 불량하여 위험발생의 우려가 있는 경우에는 그 차의 자동차등록증을 보관하고 운전의 일시정지를 명할 수 있다. 이 경우 필요하면 10일의 범위에서 정비기간을 정하여 그 차의 사용을 정지시킬 수 있다.

**정답** ②

**55** 도로교통법령상 자동차의 점검에 관한 내용으로 바르지 않은 것은?

① 경찰공무원은 정비불량차에 해당한다고 인정하는 경우 차의 장치를 점검할 수 있다.

② 경찰공무원은 정비불량차에 해당한다고 인정하는 경우 차를 정지시킬 수 있다.

③ 정비 상태가 매우 불량하여 위험발생의 우려가 있는 경우 차량을 몰수할 수 있다.

④ 시·도경찰청장은 필요하면 10일의 범위에서 정비기간을 정하여 그 차의 사용을 정지시킬 수 있다.

> **해설** 시·도경찰청장은 정비 상태가 매우 불량하여 위험발생의 우려가 있는 경우에는 그 차의 자동차등록증을 보관하고 운전의 일시정지를 명할 수 있다.

**정답** ③

**56** 도로교통법령상 제1종 보통면허로 운전할 수 있는 차량이 아닌 것은?

① 원동기장치자전거
② 승차정원 15명 이하의 승합자동차
③ 적재중량 20톤 미만의 화물자동차
④ 총중량 10톤 미만의 특수자동차

> **해설** 제1종 보통면허로 적재중량 12톤 미만의 화물자동차를 운전할 수 있다.

**정답** ③

**57** 도로교통법령상 제1종 특수면허로 운전할 수 있는 차량을 모두 고른 것은?

> ㉠ 대형 견인차  ㉡ 소형 견인차  ㉢ 구난차

① ㉠
② ㉡
③ ㉠, ㉡, ㉢
④ ㉢

> **해설** 제1종 특수면허로 운전할 수 있는 차량 : 대형 견인차, 소형 견인차, 구난차

**정답** ③

**58** 도로교통법령상 제2종 보통면허를 소지한 차가 운전할 수 있는 사업용 자동차는?

① 콘크리트펌프
② 적재중량 3.5톤 화물자동차
③ 승차인원 12인승 승합자동차
④ 총중량 4톤의 특수자동차

> **해설** 2종 보통 면허는 승용자동차, 승차정원 10인 이하 승합자동차, 적재중량 4톤 이하 화물자동차, 총중량 3.5톤 이하 특수자동차(구난차등 제외), 원동기장치자전거를 운전할 수 있다.

**정답** ②

**59** 도로교통법령상 사람을 사상한 후 구호조치 및 사고발생에 따른 신고를 하지 아니한 경우에는 그 위반한 날부터 몇 년 이내에 운전면허를 받을 수 없는가?

① 5년
② 4년
③ 3년
④ 2년

> **해설** 사람을 사상한 후 구호조치 및 사고발생에 따른 신고를 하지 아니한 경우에는 그 위반한 날부터 5년 이내에 운전면허를 받을 수 없다.

**정답** ①

**60** 도로교통법령상 운전면허가 취소된 날부터 5년 이내에 운전면허의 취득이 금지되는 경우가 아닌 것은?

① 음주운전의 금지를 위반하여 사람을 사상한 후 필요한 조치 및 신고를 하지 아니한 경우
② 음주운전의 금지를 위반하여 운전을 하다가 사람을 사망에 이르게 한 경우
③ 무면허운전 금지 등 위반하여 운전을 하다가 사람을 사망에 이르게 한 경우
④ 무면허운전 금지 등 위반하여 사람을 사상한 경우

> **해설** 운전면허가 취소된 날부터 5년 이내에 운전면허의 취득이 금지되는 경우
> 1. 음주운전의 금지, 과로·질병·약물의 영향과 그 밖의 사유로 정상적으로 운전하지 못할 우려가 있는 상태에서의 운전금지, 공동위험행위의 금지를 위반(무면허운전 금지 등 위반 포함)하여 사람을 사상한 후 필요한 조치 및 신고를 하지 아니한 경우
> 2. 음주운전의 금지를 위반(무면허운전 금지 등 위반 포함)하여 운전을 하다가 사람을 사망에 이르게 한 경우

**정답** ④

**61** 도로교통법령상 운전면허 행정처분기준의 감경사유가 아닌 것은?

① 모범운전자로서 처분당시 3년 이상 교통봉사활동에 종사하고 있는 경우
② 운전이 가족의 생계를 유지할 중요한 수단인 경우
③ 음주운전 중 인적피해 교통사고를 일으킨 경우
④ 교통사고를 일으키고 도주한 운전자를 검거하여 경찰서장 이상의 표창을 받은 사람

> **해설** 음주운전 중 인적피해 교통사고를 일으킨 경우에는 감경되지 않는다.

**정답** ③

**62** 도로교통법령상 운전면허 행정처분기준의 감경사유에 해당하는 것을 고른 것은?

① 과거 5년 이내에 운전면허 취소처분을 받은 전력이 있는 경우
② 과거 5년 이내에 3회 이상 인적피해 교통사고를 일으킨 경우
③ 과거 5년 이내에 3회 이상 운전면허 정지처분을 받은 전력이 있는 경우
④ 모범운전자로서 처분당시 3년 이상 교통봉사활동에 종사하고 있는 사람

**해설** 감경사유 : 운전이 가족의 생계를 유지할 중요한 수단이 되거나, 모범운전자로서 처분당시 3년 이상 교통봉사활동에 종사하고 있거나, 교통사고를 일으키고 도주한 운전자를 검거하여 경찰서장 이상의 표창을 받은 사람

정답 ④

**63** 도로교통법령상 술에 취한 상태의 기준은?

① 혈중알코올농도 0.03% 이상
② 혈중알코올농도 0.05% 이상
③ 혈중알코올농도 0.06% 이상
④ 혈중알코올농도 0.08% 이상

**해설** 술에 취한 상태의 기준 : 혈중알코올농도 0.03% 이상

정답 ①

**64** 도로교통법령상 면허증 소지자가 다른 사람에게 면허증을 대여하여 운전하게 한 때의 처분 기준은?

① 면허취소
② 면허정지 10일
③ 면허정지 20일
④ 면허정지 30일

**해설** 면허증 소지자가 다른 사람에게 면허증을 대여하여 운전하게 한 때 : 면허취소

정답 ①

**65** 도로교통법령상 속도를 100km/h 초과한 경우의 벌점은?

① 60점
② 90점
③ 100점
④ 110점

**해설** 속도위반(100km/h 초과) : 100점

정답 ③

**66** 도로교통법령상 속도위반에 따른 벌점이 바르지 못한 것은?

① 속도위반(100km/h 초과) : 100점
② 속도위반(80km/h 초과 100km/h 이하) : 80점
③ 속도위반(60km/h 초과 80km/h 이하) : 60점
④ 속도위반(40km/h 초과 60km/h 이하) : 40점

**해설** 속도위반(40km/h 초과 60km/h 이하) : 30점

정답 ④

**67** 도로교통법령상 철길건널목 통과방법위반인 경우 벌점은?

① 30점
② 40점
③ 90점
④ 100점

**해설** 철길건널목 통과방법위반 : 30점

정답 ①

**68** 도로교통법령상 사고발생 시부터 72시간 이내에 사망한 때의 벌점은?

① 70점
② 80점
③ 90점
④ 110점

**해설** 사고발생 시부터 72시간 이내에 사망한 때 : 90점

정답 ③

**69** 도로교통법령상 교통사고 결과에 따른 벌점기준에 대한 설명으로 옳지 않은 것은?

① 피해자가 사고발생 시부터 72시간 이내에 사망한 때에는 가해자에게 90점의 벌점을 부과한다.
② 자동차등 대 사람 교통사고의 경우 쌍방과실인 때에는 그 벌점을 2분의 1로 감경한다.
③ 자동차등 대 자동차등 교통사고의 경우에는 그 사고원인 중 중한 위반 행위를 한 운전자만 적용한다.
④ 교통사고로 인해 중상자가 2명 발생한 경우에는 가해자에게 15점의 벌점을 부과한다.

**해설** 교통사고로 인해 중상자 1명마다 벌점 15점이므로 2명 발생한 경우에는 가해자에게 30점의 벌점을 부과한다.

정답 ④

**70** 도로교통법령상 물적 피해가 발생한 교통사고를 일으킨 후 도주한 때의 벌점은?

① 5점
② 10점
③ 15점
④ 60점

**해설** 물적 피해가 발생한 교통사고를 일으킨 후 도주한 때 : 15점

정답 ③

**71** 도로교통법령상 자동차 등을 상습절도 범죄의 도구나 장소로 이용한 경우의 벌점은

① 60점  ② 70점

③ 90점  ④ 100점

> **해설** 자동차 등을 상습절도 범죄의 도구나 장소로 이용한 경우 : 100점

정답 ④

**72** 도로교통법령상 승합자동차등의 경우 운전 중 영상표시장치 조작위반일 때의 범칙금은?

① 5만원  ② 6만원

③ 7만원  ④ 10만원

> **해설** 승합자동차등의 경우 운전 중 영상표시장치 조작위반 : 7만원
>
> 〈영상표시장치 조작위반〉
> 1. 벌점 : 15점
> 2. 범칙금
> ·승합자동차등 : 7만원
> ·승용자동차등 : 6만원
> ·이륜자동차등 : 4만원
> ·자전거등 : 3만원

정답 ③

**73** 도로교통법령상 승합자동차가 적재제한위반·적재물 추락방지위반 또는 영유아나 동물을 안고 운전하는 경우의 범칙금은?

① 7만원  ② 6만원

③ 5만원  ④ 4만원

> **해설** 승합자동차가 적재제한위반·적재물 추락방지위반 또는 영유아나 동물을 안고 운전하는 경우 : 6만원

정답 ②

**74** 도로교통법령상 승합자동차등이 제한속도 60km/h 초과한 경우 과태료는?

① 17만원  ② 16만원

③ 11만원  ④ 9만원

> **해설** 제한속도 60km/h 초과한 경우
> 1. 승합자동차등 : 17만원
> 2. 승용자동차등 : 16만원
> 3. 이륜자동차등 : 11만원

# 제 2 장 교통사고처리특례법 [핵심요약]

QUALIFICATION TEST FOR CARGO WORKERS

## 1 처벌의 특례

### ■ 특례의 적용 및 배제

① 특례의 적용

　㉠ 차의 운전자가 교통사고로 인하여 업무상과실·중과실 치사상의 죄를 범한 경우에는 5년 이하의 금고 또는 2천만원 이하의 벌금에 처한다.

　㉡ 차의 교통으로 중 업무상과실치상죄 또는 중과실치상죄를 범한 운전자에 대하여는 피해자의 명시적인 의사에 반하여 공소를 제기할 수 없다.

　㉢ 차의 운전자가 업무상 필요한 주의를 게을리하거나 중대한 과실로 다른 사람의 건조물이나 그 밖의 재물을 손괴한 때에는 2년 이하의 금고나 500만원 이하의 벌금에 처한다.

② **특례의 배제** : 차의 운전자가 업무상과실치상죄 또는 중과실치상죄를 범하고도 피해자를 구호하는 등 조치를 하지 아니하고 도주하거나 피해자를 사고 장소로부터 옮겨 유기하고 도주한 경우, 같은 죄를 범하고 음주측정 요구에 따르지 아니한 경우와 다음의 어느 하나에 해당하는 행위로 인하여 같은 죄를 범한 경우에는 특례의 적용을 배제한다.

　㉠ 신호·지시위반사고

　㉡ 중앙선침범, 고속도로나 자동차전용도로에서의 횡단·유턴 또는 후진 위반 사고

　㉢ 속도위반(20km/h 초과) 과속사고

　㉣ 앞지르기의 방법·금지시기·금지장소 또는 끼어들기 금지 위반사고

　㉤ 철길 건널목 통과방법 위반사고

　㉥ 보행자보호의무 위반사고

　㉦ 무면허운전사고

　㉧ 주취운전·약물복용운전 사고

　㉨ 보도침범·보도횡단방법 위반사고

　㉩ 승객추락방지의무 위반사고

　㉪ 어린이 보호구역내 안전운전의무 위반으로 어린이의 신체를 상해에 이르게 한 사고

　㉫ 자동차의 화물이 떨어지지 아니하도록 필요한 조치를 하지 아니하고 운전한 경우

### ■ 처벌의 가중

　① 사망사고

　② 도주사고

③ 도주사고 적용사례

   ㉠ 사상 사실을 인식하고도 가버린 경우

   ㉡ 피해자를 방치한 채 사고현장을 이탈 도주한 경우

   ㉢ 사고현장에 있었어도 사고사실을 은폐하기 위해 거짓진술·신고한 경우

   ㉣ 부상피해자에 대한 적극적인 구호조치 없이 가버린 경우

   ㉤ 피해자가 이미 사망했다고 하더라도 사체 안치 후송 등 조치 없이 가버린 경우

   ㉥ 피해자를 병원까지만 후송하고 계속 치료 받을 수 있는 조치 없이 도주한 경우

   ㉦ 운전자를 바꿔치기 하여 신고한 경우

④ 도주가 적용되지 않는 경우

   ㉠ 피해자가 부상 사실이 없거나 극히 경미하여 구호조치가 필요치 않는 경우

   ㉡ 가해자 및 피해자 일행 또는 경찰관이 환자를 후송 조치하는 것을 보고 연락처 주고 가버린 경우

   ㉢ 교통사고 가해운전자가 심한 부상을 입어 타인에게 의뢰하여 피해자를 후송 조치한 경우

   ㉣ 교통사고 장소가 혼잡하여 도저히 정지할 수 없어 일부 진행한 후 정지하고 되돌아와 조치한 경우

---

## 2  중대 법규위반 교통사고의 개요

### ▦ 신호, 지시 위반 사고

① **정의** : 신호 및 지시위반이란 신호 또는 지시에 따를 의무 중 신호기 또는 교통정리를 하는 경찰공무원 등의 신호나, 통행의 금지 또는 일시정지를 내용으로 하는 안전표지가 표시하는 지시에 위반하여 운전한 경우

② **신호위반의 종류** : 사전출발 신호위반, 주의(황색)신호에 무리한 진입, 신호무시하고 진행한 경우

③ **황색주의신호의 개념** : 황색주의신호 기본 3초, 선·후신호 진행차량 간 사고를 예방하기 위한 제도적 장치(3초 여유), 대부분 선신호 차량 신호위반, 초당거리 역산 신호위반 입증

④ **신호기의 적용범위** : 신호기의 직접영향 지역, 신호기의 지주 위치 내의 지역, 대향차선에 유턴을 허용하는 지역에서는 신호기 적용 유턴 허용지점으로까지 확대 적용, 대향차량이나 피해자가 신호기의 내용을 의식, 신호상황에 따라 진행중인 경우

⑤ **교통경찰공무원을 보조하는 사람의 수신호에 대한 법률 적용** : 교통사고처리특례법 개정으로 교통경찰공무원을 보조하는 사람의 수신호 사고 시 신호위반 적용

⑥ **좌회전 신호없는 교차로 좌회전 중 사고** : 대형사고의 예방측면에서 신호위반 적용

⑦ **지시위반** : 규제표지 중 통행금지표지, 진입금지표지, 일시정지표지, 통행금지표지, 자동차통행금지표지, 화물자동차통행금지표지, 승합자동차통행금지표지, 이륜자동차 및 원동기장치자전거통행금지표지, 자동차·이륜자동차 및 원동기장치자전거통행금지표지, 경운기·트랙터 및 손수레통행금지표지, 자전거통행금지표지, 진입금지표지, 일시정지표지 등에 대해 적용

⑧ **신호·지시위반사고의 성립요건** : 신호기가 설치되어 있는 교차로나 횡단보도, 경찰관 등의 수신호, 지시표지판(규제표지 중 통행금지·진입금지·일시정지표지)이 설치된 구역내

### ▧ 중앙선침범, 횡단·유턴 또는 후진 위반 사고

① 중앙선침범이 적용되는 사례

　㉠ 고의 또는 의도적인 중앙선침범 사고

　　ⓐ 좌측도로나 건물 등으로 가기 위해 회전하며 중앙선을 침범한 경우

　　ⓑ 오던 길로 되돌아가기 위해 U턴 하며 중앙선을 침범한 경우

　　ⓒ 중앙선을 침범하거나 걸친 상태로 계속 진행한 경우

　　ⓓ 앞지르기 위해 중앙선을 넘어 진행하다 다시 진행차로로 들어오는 경우

　　ⓔ 후진으로 중앙선을 넘었다가 다시 진행 차로로 들어오는 경우

　　ⓕ 황색점선으로 된 중앙선을 넘어 회전 중 발생한 사고 또는 추월 중 발생한 경우

　㉡ 현저한 부주의로 중앙선침범 이전에 선행된 중대한 과실사고

　　ⓐ 커브길 과속운행으로 중앙선을 침범한 사고

　　ⓑ 빗길에 과속으로 운행하다가 미끄러지며 중앙선을 침범한 사고

　　ⓒ 기타 현저한 부주의에 의한 중앙선을 침범한 사고

　㉢ 고속도로, 자동차전용도로에서 횡단, U턴 또는 후진 중 사고 발생 시 중앙선침범 적용

　　ⓐ 고속도로, 자동차전용도로에서 횡단, U턴 또는 후진 중 발생한 사고

　　ⓑ 예외사항 : 긴급자동차, 도로보수 유지 작업차, 사고응급조치 작업차

② 중앙선침범이 적용되지 않은 사례

　㉠ 불가항력적 중앙선침범 사고

　　ⓐ 뒤차의 추돌로 앞차가 밀리면서 중앙선을 침범한 경우

　　ⓑ 횡단보도에서의 추돌사고(보행자 보호의무 위반 적용)

　　ⓒ 내리막길 주행 중 브레이크 파열 등 정비 불량으로 중앙선을 침범한 사고

　㉡ 사고피양 등 만부득이한 중앙선침범 사고(안전운전 불이행 적용)

　　ⓐ 앞차의 정지를 보고 추돌을 피하려다 중앙선을 침범한 사고

　　ⓑ 보행자를 피양하다 중앙선을 침범한 사고

　　ⓒ 빙판길에 미끄러지면서 중앙선을 침범한 사고

　㉢ 중앙선침범이 성립되지 않는 사고

　　ⓐ 중앙선이 없는 도로나 교차로의 중앙부분을 넘어서 난 사고

　　ⓑ 중앙선의 도색이 마모되었을 경우 중앙부분을 넘어서 난 사고

　　ⓒ 눈 또는 흙더미에 덮여 중앙선이 보이지 않는 경우 중앙부분을 넘어서 발생한 사고

　　ⓓ 전반적으로 또는 완전하게 중앙선이 마모되어 식별이 곤란한 도로에서 중앙부분을 넘어서 발생한 사고

　　ⓔ 공사장 등에서 임시로 차선규제봉이나 오뚜기 등 설치물을 넘어 사고 발생된 경우

　　ⓕ 운전부주의로 핸들을 과대 조작하여 반대편 도로의 갓길을 충돌한 자피사고

　　ⓖ 학교, 군부대, 아파트 등 단지내 시설 중앙선침범 사고

　　ⓗ 중앙분리대가 끊어진 곳에서 회전하다가 사고 야기된 경우

　　ⓘ 중앙선이 없는 굽은 도로에서 중앙부분을 진행 중 사고 발생된 경우

　　ⓙ 중앙선을 침범한 동일방향 앞차를 뒤따르다가 그 차를 추돌한 사고의 경우

### ▧ 속도위반(20km/h초과) 과속 사고 : 일반적으로 과속이란 법정속도와 지정속도를 초과한 경우를 말하고, 교통사고처리특례법상의 과속이란 법정속도와 지정속도를 20km/h 초과된 경우이다.

■ 앞지르기의 방법·금지시기·금지장소 또는 끼어들기 금지 위반 사고

  ① 중앙선침범, 차로변경과 앞지르기 구분

     ㉠ 중앙선침범 : 중앙선을 넘어서거나 걸친 행위

     ㉡ 차로변경 : 차로를 바꿔 곧바로 진행하는 행위

     ㉢ 앞지르기 : 앞차 좌측 차로로 바꿔 진행하여 앞차의 앞으로 나아가는 행위

  ② 앞지르기 방법, 금지 위반 사고의 성립요건 : 교차로, 터널 안, 다리 위, 도로의 구부러진 곳, 비탈길의 고개마루 부근 또는 가파른 비탈길의 내리막 등 시·도경찰청장이 안전표지에 의하여 지정한 곳

■ 철길 건널목 통과방법 위반 사고 : 철길 건널목 직전 일시정지 불이행, 안전미확인 통행 중 사고, 고장 시 승객대피, 차량이동조치 불이행

■ 보행자 보호의무 위반 사고

  ① 보행자의 보호 : 모든 차의 운전자는 보행자가 횡단보도를 통행하고 있는 때에는 그 횡단보도 앞에서 일시정지하여 보행자의 횡단을 방해하거나 위험을 주어서는 아니 된다.

  ② 횡단보도 보행자 보호의무 위반의 개념 : 보행자가 횡단보도 신호에 따라 적법하게 횡단하였고, 신호변경이 되었더라도 미처 건너지 못한 보행자가 예상되므로 운전자의 주의 촉구

■ 무면허 운전 사고

  ① 면허를 취득하지 않고 운전하는 경우

  ② 유효기간이 지난 운전면허증으로 운전하는 경우

  ③ 면허 취소처분을 받은 자가 운전하는 경우

  ④ 면허정지 기간 중에 운전하는 경우

  ⑤ 시험합격 후 면허증 교부 전에 운전하는 경우

  ⑥ 면허종별외 차량을 운전하는 경우

  ⑦ 위험물을 운반하는 화물자동차가 적재중량 3톤을 초과함에도 제1종 보통 운전면허로 운전한 경우

  ⑧ 건설기계를 제1종 보통운전면허로 운전한 경우

  ⑨ 면허 있는 사가 노로에서 부면허자에게 운전연습을 시키던 중 사고를 야기한 경우

  ⑩ 군인이 군면허만 취득 소지하고 일반차량을 운전한 경우

  ⑪ 임시운전증명서 유효기간 지나 운전 중 사고 야기한 경우

  ⑫ 외국인으로 국제운전면허를 받지 않고 운전하는 경우

  ⑬ 외국인으로 입국하여 1년이 지난 국제운전면허증을 소지하고 운전하는 경우

■ 음주운전·약물복용 운전사고

  ① 음주운전에 해당되는 사례

     ㉠ 불특정 다수인이 이용하는 도로 및 공개되지 않는 통행로에서의 음주운전 행위

     ㉡ 술을 마시고 주차장 또는 주차선 안에서 운전

  ② 음주운전에 해당되지 않은 사례 : 술을 마시고 운전을 하였다 하더라도 도로교통법에서 정한 음주 기준(혈중알코올농도 0.03% 이상)에 해당되지 않으면 음주운전이 아니다.

■ 보도침범에 해당하는 경우 : 보도가 설치된 도로를 차체의 일부분만이라도 보도에 침범하거나 보도통행방법에 위반하여 운전한 경우

■ 승객추락 방지의무 위반 사고(개문발차 사고)

  ① 승객추락 방지의무 위반 사고 사례

    ㉠ 운전자가 출발하기 전 그 차의 문을 제대로 닫지 않고 출발함으로써 탑승객이 추락, 부상을 당하였을 경우

    ㉡ 택시의 경우 승하차시 출입문 개폐는 승객자신이 하게 되어 있으므로, 승객탑승 후 출입문을 닫기 전에 출발하여 승객이 지면으로 추락한 경우

    ㉢ 개문발차로 인한 승객의 낙상사고의 경우

  ② 적용 배제 사례

    ㉠ 개문 당시 승객의 손이나 발이 끼어 사고 난 경우

    ㉡ 택시의 경우 목적지에 도착하여 승객 자신이 출입문을 개폐 도중 사고가 발생할 경우

■ 어린이 보호구역내 어린이 보호의무 위반 사고

| 항목 | 내용 | 예외사항 |
|---|---|---|
| 자동차적 요건 | • 어린이 보호구역으로 지정된 장소 | • 어린이 보호구역이 아닌 장소 |
| 피해자적 요건 | • 어린이가 상해를 입은 경우 | • 성인이 상해를 입은 경우 |
| 운전자의 과실 | • 어린이에게 상해를 입힌 경우 | • 성인에게 상해를 입힌 경우 |

■ 적재물 추락 방지의무 위반 사고 : 모든 차의 운전자는 운전 중 실은 화물이 떨어지지 아니하도록 덮개를 씌우거나 묶는 등 확실하게 고정될 수 있도록 필요한 조치를 하여야 한다.

제 **2** 장

# 교통사고처리특례법 [적중문제]

QUALIFICATION TEST FOR CARGO WORKERS

**01** 차의 운전자가 교통사고로 인하여 형법 제268조(업무상과실·중과실 치사상)의 죄를 범한 경우의 처벌은?

① 1년 이하의 금고 또는 1천만원 이하의 벌금

② 2년 이하의 금고 또는 1천만원 이하의 벌금

③ 3년 이하의 금고 또는 2천만원 이하의 벌금

④ 5년 이하의 금고 또는 2천만원 이하의 벌금

> **해설** 차의 운전자가 교통사고로 인하여 형법 제268조의 죄를 범한 경우에는 5년 이하의 금고 또는 2천만원 이하의 벌금에 처한다.

정답 ④

**02** 다음 교통사고특례가 배제되는 경우가 아닌 것은?

① 차의 운전자가 업무상과실치상죄 또는 중과실치상죄를 범하고도 피해자를 구호하는 등 조치를 하지 아니하고 도주한 경우

② 차의 운전자가 업무상과실치상죄 또는 중과실치상죄를 범하고도 피해자를 사고 장소로부터 옮겨 유기하고 도주한 경우

③ 차의 운전자가 업무상과실치상죄 또는 중과실치상죄를 범하고도 음주측정 요구에 따르지 아니한 경우

④ 차의 운전자가 업무상과실치상죄 또는 중과실치상죄를 범하고 운전자가 채혈 측정을 요청하거나 동의한 경우

> **해설** 특례의 배제(법 제3조 제2항의 예외단서) : 차의 운전자가 업무상과실치상죄 또는 중과실치상죄를 범하고도 피해자를 구호하는 등 조치를 하지 아니하고 도주하거나 피해자를 사고 장소로부터 옮겨 유기하고 도주한 경우, 같은 죄를 범하고 음주측정 요구에 따르지 아니한 경우(운전자가 채혈 측정을 요청하거나 동의한 경우는 제외한다)에는 특례의 적용을 배제한다.

정답 ④

**03** 교통사고특례가 배제되는 경우가 아닌 것은?

① 중앙선침범

② 속도위반(10km/h 초과) 과속사고

③ 끼어들기 금지 위반사고

④ 보행자보호의무 위반사고

> **해설** 속도위반(20km/h 초과) 과속사고일 때 특례가 배제된다.

정답 ②

**04** 교통사고처리특례법상 중앙선 침범에 해당하지 않는 경우는?

① 사고피양 등 부득이하게 중앙선을 침범한 경우

② 고의 또는 의도적으로 중앙선을 침범한 경우

③ 중앙선을 걸친 상태로 계속 진행한 경우

④ 자동차의 화물이 떨어지지 아니하도록 필요한 조치를 하지 아니하고 운전한 경우

> **해설** 사고피양 등 부득이하게 중앙선을 침범한 경우에는 중앙선 침범에 해당하지 않는다.

정답 ①

**05** 교통사고특례가 배제되는 항목이 아닌 것은?

① 어린이 보호구역내 안전운전의무 위반으로 어린이의 신체를 상해에 이르게 한 사고

② 신호·지시위반사고

③ 갓길통행위반 사고

④ 고속도로나 자동차전용도로에서의 횡단·유턴 또는 후진 위반 사고

> **해설** 교통사고특례가 배제되는 12대 항목
> 1. 신호·지시위반사고
> 2. 중앙선침범, 고속도로나 자동차전용도로에서의 횡단·유턴 또는 후진 위반 사고
> 3. 속도위반(20km/h 초과) 과속사고
> 4. 앞지르기의 방법·금지시기·금지장소 또는 끼어들기 금지 위반사고
> 5. 철길 건널목 통과방법 위반사고

6. 보행자보호의무 위반사고
7. 무면허운전사고
8. 주취운전·약물복용운전 사고
9. 보도침범·보도횡단방법 위반사고
10. 승객추락방지의무 위반사고
11. 어린이 보호구역내 안전운전의무 위반으로 어린이의 신체를 상해에 이르게 한 사고
12. 자동차의 화물이 떨어지지 아니하도록 필요한 조치를 하지 아니하고 운전한 경우

정답 ③

**06** 피해의 중대성과 심각성으로 말미암아 사고차량이 보험이나 공제에 가입되어 있더라도 이를 반의사불벌죄의 예외로 규정하여 형법 제268조에 따라 처벌하는 사고는?

① 경상사고　　② 사망사고
③ 중상사고　　④ 대물사고

해설 사망사고는 그 피해의 중대성과 심각성으로 말미암아 사고차량이 보험이나 공제에 가입되어 있더라도 이를 반의사불벌죄의 예외로 규정하여 형법 제268조에 따라 처벌한다.

정답 ②

**07** 교통사고로 피해자를 상해에 이르게 한 경우의 처벌은?

① 1년 이상의 유기징역 또는 500만원 이상 3천만원 이하의 벌금
② 1년 이상의 유기징역 또는 3천만원 이하의 벌금
③ 2년 이하의 유기징역 또는 500만원 이상 3천만원 이하의 벌금
④ 2년 이하의 유기징역 또는 500만원 이하의 벌금

해설 피해자를 상해에 이르게 한 경우 : 1년 이상의 유기징역 또는 500만원 이상 3천만원 이하의 벌금에 처한다.

정답 ①

**08** 사고운전자가 피해자를 사고 장소로부터 옮겨 유기하고 피해자를 상해에 이르게 한 경우의 처벌은?

① 1년 이상의 유기징역
② 2년 이상의 유기징역
③ 3년 이상의 유기징역
④ 5년 이상의 유기징역

해설 사고운전자가 피해자를 사고 장소로부터 옮겨 유기하고 피해자를 상해에 이르게 한 경우 : 3년 이상의 유기징역

정답 ③

**09** 교통사고로 인한 도주사고 적용사례로 인정되지 않는 경우는?

① 운전자를 바꿔치기 하여 신고한 경우
② 피해자가 이미 사망했다고 하더라도 사체 안치 후송 등 조치 없이 가버린 경우
③ 사고현장에 있었어도 사고사실을 은폐하기 위해 거짓진술·신고한 경우
④ 피해자가 부상 사실이 없는 경우

해설 ④의 경우는 도주가 적용되지 않는 경우이다.

정답 ④

**10** 다음 신호위반의 종류로 바르지 않은 것은?

① 출발이 늦은 경우
② 주의(황색)신호에 무리한 진입
③ 신호무시하고 진행한 경우
④ 사전출발 신호위반

해설 신호위반의 종류 : 사전출발 신호위반, 주의(황색)신호에 무리한 진입, 신호무시하고 진행한 경우

정답 ①

**11** 다음 신호기의 적용범위로 바르지 않은 것은?

① 신호기의 직접영향 지역
② 신호기의 지주 위치 밖의 지역
③ 대향차선에 유턴을 허용하는 지역에서는 신호기 적용 유턴 허용지점으로까지 확대 적용
④ 대향차량이나 피해자가 신호기의 내용을 의식, 신호상황에 따라 진행중인 경우

해설 신호기의 적용범위 : 신호기의 지주 위치 내의 지역

정답 ②

**12** 다음 신호·지시위반사고의 운전자의 과실의 예외사항이 아닌 것은?

① 만부득이한 과실　② 불가항력적 과실
③ 부주의에 의한 과실　④ 교통상 적절한 행위

> **해설**　운전자의 과실의 예외사항 : 불가항력적 과실, 부득이한 과실, 교통상 적절한 행위

> **정답** ③

**13** 다음 고의적인 중앙선침범 사고가 아닌 것은?

① 황색점선으로 된 중앙선을 넘어 회전 중 발생한 사고 또는 추월 중 발생한 경우
② 앞지르기 위해 중앙선을 넘어 진행하다 다시 진행 차로로 들어오는 경우
③ 사고응급조치 작업차가 중앙선을 침범한 경우
④ 중앙선을 침범하거나 걸친 상태로 계속 진행한 경우

> **해설**　예외사항 : 긴급자동차, 도로보수 유지 작업차, 사고응급조치 작업차가 중앙선을 침범한 경우

> **정답** ③

**14** 다음 현저한 부주의로 중앙선침범 이전에 선행된 중대한 과실사고로 볼 수 없는 것은?

① 차내 잡담 등 부주의로 인한 중앙선침범 사고
② 빗길에 과속으로 운행하다가 미끄러지며 중앙선을 침범한 사고
③ 졸다가 뒤늦게 급제동하여 중앙선을 침범한 사고
④ 제한속력 내 운행 중 미끄러지며 발생한 중앙선침범 사고

> **해설**　제한속력 내 운행 중 미끄러지며 발생한 경우는 중앙선침범 적용이 불가능하다.

> **정답** ④

**15** 다음 특례법상 사고로 형사입건되는 사고가 아닌 것은?

① 사고피양 급제동으로 인한 중앙선침범
② 의도적 U턴, 회전중 중앙선침범
③ 커브길 과속으로 인한 중앙선침범
④ 차내 잡담등 부주의로 인한 중앙선침범

> **해설**　사고피양 급제동으로 인한 중앙선침범은 공소권 없는 사고이다.

> **정답** ①

**16** 다음 공소권 없는 사고로 처리하는 것이 아닌 것은?

① 빙판등 부득이한 중앙선침범
② 커브길 과속으로 중앙선침범
③ 만부득이한 중앙선침범
④ 교차로 좌회전 중 일부 중앙선침범

> **해설**　공소권 없는 사고로 처리
> 1. 불가항력적 중앙선침범
> 2. 만부득이한 중앙선침범
> 3. 사고피양 급제동으로 인한 중앙선침범
> 4. 위험 회피로 인한 중앙선침범
> 5. 충격에 의한 중앙선침범
> 6. 빙판등 부득이한 중앙선침범
> 7. 교차로 좌회전 중 일부 중앙선침범

> **정답** ②

**17** 다음 불가항력적 중앙선침범 사고가 아닌 것은?

① 뒤차의 추돌로 앞차가 밀리면서 중앙선을 침범한 경우
② 커브길 과속으로 중앙선침범
③ 내리막길 주행 중 브레이크 파열 등 정비 불량으로 중앙선을 침범한 사고
④ 횡단보도에서의 추돌사고

> **해설**　커브길 과속으로 중앙선침범은 중앙선침범이 적용되는 사례이다.

> **정답** ②

**18** 다음 중앙선침범이 성립되지 않는 사고가 아닌 것은?

① 중앙선이 없는 도로나 교차로의 중앙부분을 넘어서 난 사고
② 중앙선의 도색이 마모되었을 경우 중앙부분을 넘어서 난 사고
③ 의도적 U턴, 회전중 중앙선침범 사고
④ 눈 또는 흙더미에 덮여 중앙선이 보이지 않는 경우 중앙부분을 넘어서 발생한 사고

> **해설** 의도적 U턴, 회전 중 중앙선침범 사고는 중앙선침범이 성립된다.

**정답** ③

**19** 교통사고처리특례법상의 과속이란 법정속도와 지정속도를 몇km/h 초과된 경우인가?

① 50km/h 초과
② 40km/h 초과
③ 30km/h 초과
④ 20km/h 초과

> **해설** 교통사고처리특례법상의 과속이란 법정속도와 지정속도를 20km/h 초과된 경우이다.

**정답** ④

**20** 다음 앞지르기 금지 장소가 아닌 곳은?

① 교차로
② 가파른 비탈길의 오르막
③ 다리 위
④ 도로의 구부러진 곳

> **해설** 앞지르기 금지 장소 : 교차로, 터널 안, 다리 위, 도로의 구부러진 곳, 비탈길의 고개마루 부근 또는 가파른 비탈길의 내리막 등 시·도경찰청장이 안전표지에 의하여 지정한 곳

**정답** ②

**21** 다음 앞지르기 방법 위반 행위인 것은?

① 우측 앞지르기
② 앞지르기금지장소에서의 앞지르기
③ 앞차의 좌회전 시 앞지르기
④ 위험방지를 위한 정지·서행 시 앞지르기

> **해설** 앞지르기 방법 위반 행위
> 1. 우측 앞지르기
> 2. 2개 차로 사이로 앞지르기

**정답** ①

**22** 다음 철길 건널목 통과방법을 위반한 운전자의 과실에 해당하지 않는 것은?

① 철길 건널목 직전 일시정지 불이행
② 고장 시 승객대피, 차량이동조치 불이행
③ 안전미확인 통행 중 사고
④ 철길 건널목 신호기, 경보기 등의 고장으로 일어난 사고

> **해설** 철길 건널목 통과방법을 위반한 과실
> 1. 철길 건널목 직전 일시정지 불이행
> 2. 안전미확인 통행 중 사고
> 3. 고장 시 승객대피, 차량이동조치 불이행

**정답** ④

**23** 다음 무면허 운전에 해당되지 않는 경우는?

① 면허 취소처분을 받은 자가 운전하는 경우
② 유효기간이 지난 운전면허증으로 운전하는 경우
③ 연습운전면허로 운전하는 경우
④ 시험합격 후 면허증 교부 전에 운전하는 경우

> **해설** 연습운전면허로 운전하는 경우는 무면허 운전에 해당되지 않는다.

**정답** ③

**24** 다음 음주운전에 해당되는 사례로 볼 수 없는 것은?

① 도로에서 운전
② 불특정 다수의 사람 또는 차마의 통행을 위하여 공개된 장소에서 운전
③ 공개되지 않는 통행로에서의 운전
④ 혈중알코올농도 0.03% 이하인 운전

> **해설** 음주운전에 해당되지 않은 사례 : 술을 마시고 운전을 하였다 하더라도 도로교통법에서 정한 음주 기준(혈중알코올농도 0.03% 이상)에 해당되지 않으면 음주운전이 아니다.

**정답** ④

**25** 다음 승객추락 방지의무 위반 사고의 적용이 배제되는 경우는?

① 운전자가 출발하기 전 그 차의 문을 제대로 닫지 않고 출발함으로써 탑승객이 추락, 부상을 당하였을 경우
② 택시의 경우 목적지에 도착하여 승객 자신이 출입문을 개폐 도중 사고가 발생할 경우
③ 택시의 경우 승객탑승 후 출입문을 닫기 전에 출발하여 승객이 지면으로 추락한 경우
④ 개문발차로 인한 승객의 낙상사고의 경우

> **해설** 승객추락 방지의무 위반 사고의 적용이 배제되는 경우
> 1. 개문 당시 승객의 손이나 발이 끼어 사고 난 경우
> 2. 택시의 경우 목적지에 도착하여 승객 자신이 출입문을 개폐 도중 사고가 발생할 경우

**정답** ②

제**3**장

# 화물자동차 운수사업법령 [핵심요약]

QUALIFICATION TEST FOR CARGO WORKERS

## 1 총칙

■ **화물자동차** : 화물자동차 및 특수자동차로서 국토교통부령으로 정하는 자동차를 말한다.

① 화물자동차의 규모별 종류 및 세부기준

| 구분 | 종류 | | 세부기준 |
|---|---|---|---|
| 화물자동차 | 경형 | 초소형 | • 배기량이 250cc(전기자동차의 경우 최고정격출력이 15킬로와트) 이하이고, 길이 3.6미터 · 너비 1.5미터 · 높이 2.0미터 이하인 것 |
| | | 일반형 | • 배기량이 1,000cc 미만으로서 길이 3.6미터, 너비 1.6미터, 높이 2.0미터 이하인 것 |
| | 소형 | | • 최대적재량이 1톤 이하인 것으로서 총중량이 3.5톤 이하인 것 |
| | 중형 | | • 최대적재량이 1톤 초과 5톤 미만이거나, 총중량이 3.5톤 초과 10톤 미만인 것 |
| | 대형 | | • 최대적재량이 5톤 이상이거나, 총중량이 10톤 이상인 것 |
| 특수자동차 | 경형 | | • 배기량이 1,000cc 미만이고 길이 3.6미터, 너비 1.6미터, 높이 2.0미터 이하인 것 |
| | 소형 | | • 총중량이 3.5톤 이하인 것 |
| | 중형 | | • 총중량이 3.5톤 초과 10톤 미만인 것 |
| | 대형 | | • 총중량이 10톤 이상인 것 |

② 화물자동차의 유형별 세부기준

| 구분 | 유형 | 세부기준 |
|---|---|---|
| 화물자동차 | 일반형 | 보통의 화물운송용인 것 |
| | 덤프형 | 적재함을 원동기의 힘으로 기울여 적재물을 중력에 의하여 쉽게 미끄러뜨리는 구조의 화물운송용인 것 |
| | 밴형 | 지붕구조의 덮개가 있는 화물운송용인 것 |
| | 특수용도형 | 특정한 용도를 위하여 특수한 구조로 하거나, 기구를 장치한 것으로서 위 어느 형에도 속하지 아니하는 화물운송용인 것 |
| 특수자동차 | 견인형 | 피견인차의 견인을 전용으로 하는 구조인 것 |
| | 구난형 | 고장 · 사고 등으로 운행이 곤란한 자동차를 구난 · 견인할 수 있는 구조인 것 |
| | 특수작업형 | 위 어느 형에도 속하지 아니하는 특수작업용인 것 |

■ **화물자동차 운수사업** : 화물자동차 운송사업, 화물자동차 운송주선사업 및 화물자동차 운송가맹사업을 말한다.

■ **화물자동차 운송사업** : 다른 사람의 요구에 응하여 화물자동차를 사용하여 화물을 유상으로 운송하는 사업을 말한다.

■ **화물자동차 운송주선사업** : 다른 사람의 요구에 응하여 유상으로 화물운송계약을 중개·대리하거나 화물자동차 운송사업 또는 화물자동차 운송가맹사업을 경영하는 자의 화물 운송수단을 이용하여 자기의 명의와 계산으로 화물을 운송하는 사업을 말한다.

▥ **화물자동차 운송가맹사업** : 다른 사람의 요구에 응하여 자기 화물자동차를 사용하여 유상으로 화물을 운송하거나 화물정보망을 통하여 소속 화물자동차 운송가맹점에 의뢰하여 화물을 운송하게 하는 사업을 말한다.

▥ **화물자동차 운송가맹사업자** : 국토교통부장관으로부터 화물자동차 운송가맹사업의 허가를 받은 자를 말한다.

▥ **화물자동차 운송가맹점** : 화물자동차 운송가맹사업자의 운송가맹점으로 가입하여 그 영업표지의 사용권을 부여받은 자를 말한다.

① 운송가맹사업자로부터 운송 화물을 배정받아 화물을 운송하거나 운송가맹사업자가 아닌 자의 요구를 받고 화물을 운송하는 운송사업자

② 운송가맹사업자의 화물운송계약을 중개·대리하거나 운송가맹사업자가 아닌 자에게 화물자동차 운송주선사업을 하는 운송주선사업자

③ 운송가맹사업자로부터 운송 화물을 배정받아 화물을 운송하거나 운송가맹사업자가 아닌 자의 요구를 받고 화물을 운송하는 자로서 화물자동차 운송사업의 경영의 일부를 위탁받은 사람

▥ **운수종사자** : 화물자동차의 운전자, 화물의 운송 또는 운송주선에 관한 사무를 취급하는 사무원 및 이를 보조하는 보조원, 그 밖에 화물자동차 운수사업에 종사하는 자를 말한다.

▥ **공영차고지** : 화물자동차 운수사업에 제공되는 차고지로서 특별시장·광역시장·특별자치시장·도지사·특별자치도지사 또는 시장·군수·구청장, 공공기관, 지방공사가 설치한 것을 말한다.

▥ **화물자동차 휴게소** : 운전자가 화물의 운송 중 휴식을 취하거나 화물의 하역을 위하여 대기할 수 있도록 도로 등 화물의 운송경로나 물류시설 등 물류거점에 휴게시설과 차량의 주차·정비·주유 등 화물운송에 필요한 기능을 제공하기 위하여 건설하는 시설물을 말한다.

▥ **화물차주** : 화물을 직접 운송하는 자로서 다음의 어느 하나에 해당하는 자를 말한다.

① 개인화물자동차 운송사업의 허가를 받은 자

② 운송사업자로부터 경영의 일부를 위탁받은 사람

▥ **화물자동차 안전운송원가** : 화물차주에 대한 적정한 운임의 보장을 통하여 과로, 과속, 과적 운행을 방지하는 등 교통안전을 확보하기 위하여 화주, 운송사업자, 운송주선사업자 등이 화물운송의 운임을 산정할 때에 참고할 수 있는 운송원가로서 화물자동차 안전운임위원회의 심의·의결을 거쳐 국토교통부장관이 공표한 원가를 말한다.

▥ **화물자동차 안전운임** : 화물차주에 대한 적정한 운임의 보장을 통하여 과로, 과속, 과적 운행을 방지하는 등 교통안전을 확보하기 위하여 필요한 최소한의 운임으로서 화물자동차 안전운송원가에 적정 이윤을 더하여 화물자동차 안전운임위원회의 심의·의결을 거쳐 국토교통부장관이 공표한 운임을 말하며 다음으로 구분한다.

① **화물자동차 안전운송운임** : 화주가 운송사업자, 운송주선사업자 및 운송가맹사업자 또는 화물차주에게 지급하여야 하는 최소한의 운임

② **화물자동차 안전위탁운임** : 운수사업자가 화물차주에게 지급하여야 하는 최소한의 운임

---

## 2 화물자동차 운송사업

▥ **화물자동차 운송사업의 허가**

① 화물자동차 운송사업을 경영하려는 자는 국토교통부장관의 허가를 받아야 한다.

㉠ 일반화물자동차 운송사업 : 20대 이상의 범위에서 20대 이상의 화물자동차를 사용하여 화물을 운송하는 사업

ⓒ 개인화물자동차 운송사업 : 화물자동차 1대를 사용하여 화물을 운송하는 사업으로서 대통령령으로 정하는 사업

② 화물자동차 운송가맹사업의 허가를 받은 자는 국토교통부장관의 허가를 받지 아니한다.

③ 운송사업자가 허가사항을 변경하려면 국토교통부장관의 변경허가를 받아야 한다.

④ 허가의 신청방법 및 절차 등에 필요한 사항은 국토교통부령으로 정한다.

⑤ 운송사업자는 화물자동차 운송사업의 허가받은 날부터 5년마다 허가기준에 관한 사항을 국토교통부장관에게 신고하여야 한다.

■ 결격사유

① 피성년후견인 또는 피한정후견인

② 파산선고를 받고 복권되지 아니한 자

③ 화물자동차 운수사업법을 위반하여 징역 이상의 실형을 선고받고 그 집행이 끝나거나 집행이 면제된 날부터 2년이 지나지 아니한 자

④ 화물자동차 운수사업법을 위반하여 징역 이상의 형의 집행유예를 선고받고 그 유예기간 중에 있는 자

⑤ 허가를 받은 후 6개월간의 운송실적이 기준에 미달한 경우, 허가기준을 충족하지 못하게 된 경우, 5년마다 허가기준에 관한 사항을 신고하지 아니하였거나 거짓으로 신고한 경우 등에 따라 허가가 취소된 후 2년이 지나지 아니한 자

⑥ 부정한 방법으로 허가를 받은 경우 또는 부정한 방법으로 변경허가를 받거나, 변경허가를 받지 아니하고 허가사항을 변경한 경우에 해당하여 허가가 취소된 후 5년이 지나지 아니한 자

■ 운임 및 요금 등

① 운송사업자는 운임 및 요금을 정하여 미리 국토교통부장관에게 신고하여야 한다.

② 운임과 요금을 신고하여야 하는 운송사업자의 범위는 아래와 같다.

ⓐ 구난형 특수자동차를 사용하여 고장차량·사고차량 등을 운송하는 운송사업자 또는 운송가맹사업자(화물자동차를 직접 소유한 운송가맹사업자만 해당)

ⓑ 밴형 화물자동차를 사용하여 화주와 화물을 함께 운송하는 운송사업자 및 운송가맹사업자

③ 화물자동차 운송사업의 운임 및 요금을 신고하거나 변경신고할 때에는 운송사업운임 및 요금신고서를 국토교통부 장관에게 제출하여야 하며, 원가계산서, 운임·요금표, 운임 및 요금의 신·구대비표를 첨부하여야 한다.

■ 화물자동차 안전운임위원회의 설치 및 심의사항 등

① 화물자동차 안전운송원가 및 화물자동차 안전운임의 결정 및 조정에 관한 사항

② 화물자동차 안전운송원가 및 화물자동차 안전운임이 적용되는 운송품목 및 차량의 종류 등에 관한 사항

③ 화물자동차 안전운임제도의 발전을 위한 연구 및 건의에 관한 사항

④ 그 밖에 화물자동차 안전운임에 관한 중요 사항으로서 국토교통부장관이 회의에 부치는 사항

■ 화물자동차 안전운송원가 및 화물자동차 안전운임의 심의기준

① 위원회는 화물자동차 안전운송원가를 심의·의결한다.

② 위원회는 화물자동차 안전운송원가에 적정 이윤을 더하여 화물자동차 안전운임을 심의·의결한다.

■ 운송약관

① 운송사업자는 운송약관을 정하여 국토교통부장관에게 신고하여야 한다.

② 공정거래위원회의 심사를 거친 화물운송에 관한 표준이 되는 약관이 있으면 운송사업자에게 그 사용을 권장할 수 있다.

③ 운송사업자가 화물자동차 운송사업의 허가를 받는 때에 표준약관의 사용에 동의하면 운송약관을 신고한 것으로 본다.

■ 운송사업자의 책임

① 화물의 멸실·훼손 또는 인도의 지연으로 발생한 운송사업자의 손해배상 책임에 관하여는 「상법」을 준용한다.

② 화물의 인도기한이 지난 후 3개월 이내에 인도되지 아니하면 그 화물은 멸실된 것으로 본다.

③ 국토교통부장관은 손해배상에 관하여 화주가 요청하면 이에 관한 분쟁을 조정할 수 있다.

④ 국토교통부장관은 화주가 분쟁조정을 요청하면 지체 없이 그 사실을 확인하고 손해내용을 조사한 후 조정안을 작성하여야 한다.

⑤ 당사자 쌍방이 조정안을 수락하면 당사자 간에 조정안과 동일한 합의가 성립된 것으로 본다.

⑥ 국토교통부장관은 분쟁조정 업무를 한국소비자원 또는 등록한 소비자단체에 위탁할 수 있다.

■ 적재물배상보험등의 의무 가입

① 적재물배상보험등의 의무 가입자

　㉠ 최대 적재량이 5톤 이상이거나 총중량이 10톤 이상인 화물자동차 중 일반형·밴형 및 특수용도형 화물자동차와 견인형 특수자동차를 소유하고 있는 운송사업자

　㉡ 이사화물 운송주선사업자

　㉢ 운송가맹사업자

② 적재물배상 책임보험 또는 공제 계약의 체결의무

　㉠ 보험회사는 적재물배상보험등에 가입하여야 하는 자가 적재물배상보험등에 가입하려고 하면 적재물배상보험등의 계약의 체결을 거부할 수 없다.

　㉡ 보험 등 의무가입자가 적재물사고를 일으킬 개연성이 높은 경우 등 국토교통부령으로 정하는 사유에 해당하면 다수의 보험회사 등이 공동으로 책임보험계약 등을 체결할 수 있다.

③ 책임보험계약 등의 해제하는 경우

　㉠ 화물자동차 운송사업의 허가사항이 변경된 경우

　㉡ 화물자동차 운송사업을 휴업하거나 폐업한 경우

　㉢ 화물자동차 운송사업의 허가가 취소되거나 감차 조치 명령을 받은 경우

　㉣ 화물자동차 운송주선사업의 허가가 취소된 경우

　㉤ 화물자동차 운송가맹사업의 허가사항이 변경된 경우

　㉥ 화물자동차 운송가맹사업의 허가가 취소되거나 감차 조치 명령을 받은 경우

　㉦ 적재물배상보험 등에 이중으로 가입되어 하나의 책임보험계약 등을 해제하거나 해지하려는 경우

　㉧ 보험회사등이 파산 등의 사유로 영업을 계속할 수 없는 경우

④ 책임보험계약 등의 계약 종료일 통지 등

　㉠ 보험회사 등은 자기와 책임보험계약 등을 체결하고 있는 보험 등 의무가입자에게 그 계약종료일 30일 전까지 그 계약이 끝난다는 사실을 알려야 한다.

　㉡ 보험회사 등은 자기와 책임보험계약 등을 체결한 보험 등 의무가입자가 그 계약이 끝난 후 새로운 계약을 체결하지 아니하면 그 사실을 지체 없이 국토교통부장관에게 알려야 한다.

■ 운송사업자의 준수사항

① 운송사업자는 허가받은 사항의 범위에서 사업을 성실하게 수행하여야 하며, 부당한 운송조건을 제시하거나 정당한 사유 없이 운송계약의 인수를 거부하거나 그 밖에 화물운송 질서를 현저하게 해치는 행위를 하여서는 아니 된다.

② 운송사업자는 화물자동차 운전자의 과로를 방지하고 안전운행을 확보하기 위하여 운전자를 과도하게 승차근무하게 하여서는 아니 된다.

③ 운송사업자는 화물의 기준에 맞지 아니하는 화물을 운송하여서는 아니 된다.

④ 운송사업자는 고장 및 사고차량 등 화물의 운송과 관련하여 자동차관리사업자와 부정한 금품을 주고받아서는 아니 된다.

⑤ 운송사업자는 해당 화물자동차 운송사업에 종사하는 운수종사자가 운수종사자의 준수사항을 성실히 이행하도록 지도·감독하여야 한다.

⑥ 운송사업자는 화물운송의 대가로 받은 운임 및 요금의 전부 또는 일부에 해당되는 금액을 부당하게 화주, 다른 운송사업자 또는 화물자동차 운송주선사업을 경영하는 자에게 되돌려주는 행위를 하여서는 아니 된다.

⑦ 운송사업자는 택시 요금미터기의 장착 등 국토교통부령으로 정하는 택시 유사표시행위를 하여서는 아니 된다.

⑧ 운송사업자는 운임 및 요금과 운송약관을 영업소 또는 화물자동차에 갖추어 두고 이용자가 요구하면 이를 내보여야 한다.

⑨ 위·수탁차주나 개인 운송사업자에게 화물운송을 위탁한 운송사업자는 해당 위·수탁차주나 개인 운송사업자가 요구하면 화물적재요청자와 화물의 종류·중량 및 운임 등 국토교통부령으로 정하는 사항을 적은 화물위탁증을 내주어야 한다.

⑩ 운송사업자는 화물자동차 운송사업을 양도·양수하는 경우에는 양도·양수에 소요되는 비용을 위·수탁차주에게 부담시켜서는 아니 된다.

⑪ 운송사업자는 위·수탁차주가 현물출자한 차량을 위·수탁차주의 동의 없이 타인에게 매도하거나 저당권을 설정하여서는 아니 된다.

⑫ 운송사업자는 위·수탁계약으로 차량을 현물출자 받은 경우에는 위·수탁차주를 자동차등록원부에 현물출자자로 기재하여야 한다.

⑬ 운송사업자는 위·수탁차주가 다른 운송사업자와 동시에 1년 이상의 운송계약을 체결하는 것을 제한하거나 이를 이유로 불이익을 주어서는 아니 된다.

⑭ 운송사업자는 화물운송을 위탁하는 경우 기준을 위반하는 화물의 운송을 위탁하여서는 아니 된다.

⑮ 운송사업자는 운송가맹사업자의 화물정보망이나 인증 받은 화물정보망을 통하여 위탁 받은 물량을 재위탁하는 등 화물운송질서를 문란하게 하는 행위를 하여서는 아니 된다.

⑯ 운송사업자는 적재된 화물이 떨어지지 아니하도록 국토교통부령으로 정하는 기준 및 방법에 따라 덮개·포장·고정장치 등 필요한 조치를 하여야 한다.

⑰ 변경허가를 받은 운송사업자는 허가 또는 변경허가의 조건을 위반하여 다른 사람에게 차량이나 그 경영을 위탁하여서는 아니 된다.

⑱ 운송사업자는 화물자동차의 운전업무에 종사하는 운수종사자가 교육을 받는 데에 필요한 조치를 하여야 하며, 그 교육을 받지 아니한 화물자동차의 운전업무에 종사하는 운수종사자를 화물자동차 운수사업에 종사하게 하여서는 아니 된다.

⑲ 운송사업자는 전기·전자장치를 무단으로 해체하거나 조작해서는 아니 된다.

### ■ 운수종사자의 준수사항(법 제12조)

① 정당한 사유 없이 화물을 중도에서 내리게 하는 행위

② 정당한 사유 없이 화물의 운송을 거부하는 행위

③ 부당한 운임 또는 요금을 요구하거나 받는 행위

④ 고장 및 사고차량 등 화물의 운송과 관련하여 자동차관리사업자와 부정한 금품을 주고받는 행위

⑤ 일정한 장소에 오랜 시간 정차하여 화주를 호객하는 행위

⑥ 문을 완전히 닫지 아니한 상태에서 자동차를 출발시키거나 운행하는 행위

⑦ 택시 요금미터기의 장착 등 국토교통부령으로 정하는 택시 유사표시행위

⑧ 적재된 화물이 떨어지지 아니하도록 덮개·포장·고정장치 등 필요한 조치를 하지 아니하고 화물자동차를 운행하는 행위

⑨ 전기·전자장치를 무단으로 해체하거나 조작하는 행위

### ■ 운송사업자에 대한 개선명령 내용

① 운송약관의 변경

② 화물자동차의 구조변경 및 운송시설의 개선

③ 화물의 안전운송을 위한 조치

④ 재물배상 책임보험 또는 공제의 가입과 운송사업자가 의무적으로 가입하여야 하는 보험·공제에 가입

⑤ 위·수탁계약에 따라 운송사업자 명의로 등록된 차량의 자동차등록번호판이 훼손 또는 분실된 경우 위·수탁차주의 요청을 받은 즉시 등록번호판의 부착 및 봉인을 신청하는 등 운행이 가능하도록 조치

⑥ 위·수탁계약에 따라 운송사업자 명의로 등록된 차량의 노후, 교통사고 등으로 대폐차가 필요한 경우 위·수탁차주의 요청을 받은 즉시 운송사업자가 대폐차 신고 등 절차를 진행하도록 조치

⑦ 위·수탁계약에 따라 운송사업자 명의로 등록된 차량의 사용본거지를 다른 시·도로 변경하는 경우 즉시 자동차등록번호판의 교체 및 봉인을 신청하는 등 운행이 가능하도록 조치

### ■ 업무개시 명령

① 국토교통부장관은 운송사업자나 운수종사자가 정당한 사유 없이 집단으로 화물운송을 거부하여 화물운송에 커다란 지장을 주어 국가경제에 매우 심각한 위기를 초래하거나 초래할 우려가 있다고 인정할 만한 상당한 이유가 있으면 그 운송사업자 또는 운수종사자에게 업무개시를 명할 수 있다.

② 국토교통부장관은 운송사업자 또는 운수종사자에게 업무개시를 명하려면 국무회의의 심의를 거쳐야 한다.

③ 국토교통부장관은 업무개시를 명한 때에는 구체적 이유 및 향후 대책을 국회 소관 상임위원회에 보고하여야 한다.

④ 운송사업자 또는 운수종사자는 정당한 사유 없이 명령을 거부할 수 없다.

### ■ 과징금의 부과

① 국토교통부장관은 운송사업자가 화물자동차 운송사업의 허가 취소 등에 해당하여 사업정지처분을 하여야 하는 경우로서 그 사업정지처분이 해당 화물자동차 운송사업의 이용자에게 심한 불편을 주거나 그 밖에 공익을 해칠 우려가 있으면 사업정지처분을 갈음하여 2천만원 이하의 과징금을 부과·징수할 수 있다.

② **과징금의 용도** : 화물 터미널의 건설 및 확충, 공동차고지의 건설과 확충, 경영개선이나 그 밖에 화물에 대한 정보제공사업 등 화물자동차 운수사업의 발전을 위하여 필요한 사항, 신고포상금의 지급

### ■ 화물자동차 운송사업의 허가취소 및 영업정지 등

① 부정한 방법으로 화물자동차 운송사업 허가를 받은 경우

② 허가를 받은 후 6개월간의 운송실적이 국토교통부령으로 정하는 기준에 미달한 경우

③ 부정한 방법으로 화물자동차 운송사업의 변경허가를 받거나, 변경허가를 받지 아니하고 허가사항을 변경한 경우

④ 화물자동차 운송사업의 허가 또는 증차를 수반하는 변경허가에 따른 기준을 충족하지 못하게 된 경우

⑤ 화물자동차 운송사업의 허가 등에 따른 신고를 하지 아니하였거나 거짓으로 신고한 경우

⑥ 화물자동차 소유 대수가 2대 이상인 운송사업자가 영업소 설치 허가를 받지 아니하고 주사무소 외의 장소에서 상

주하여 영업한 경우

⑦ 화물자동차 운송사업의 허가에 따른 조건 또는 기한을 위반한 경우

⑧ 결격사유의 어느 하나에 해당하게 된 경우. 다만, 법인의 임원 중 결격사유의 어느 하나에 해당하는 자가 있는 경우 3개월 이내에 그 임원을 개임하면 허가를 취소하지 아니한다.

⑨ 화물운송 종사자격이 없는 자에게 화물을 운송하게 한 경우

⑩ 준수사항을 위반한 경우

⑪ 직접운송 의무 등을 위반한 경우

⑫ 1대의 화물자동차를 본인이 직접 운전하는 운송사업자, 운송사업자가 채용한 운수종사자 또는 위·수탁차주가 일정한 장소에 오랜 시간 정차하여 화주를 호객하는 행위를 하여 과태료 처분을 1년 동안 3회 이상 받은 경우

⑬ 개선명령에 따른 개선명령을 이행하지 아니한 경우

⑭ 정당한 사유 없이 업무개시 명령에 따른 업무개시 명령을 이행하지 아니한 경우

⑮ 사업을 양도한 경우

⑯ 사업정지처분 또는 감차 조치 명령을 위반한 경우

⑰ 중대한 교통사고 또는 빈번한 교통사고로 1명 이상의 사상자를 발생하게 한 경우

⑱ 보조금의 지급이 정지된 자가 그 날부터 5년 이내에 다시 같은 항의 어느 하나에 해당하게 된 경우.

⑲ 운송사업자, 운송주선사업자 및 운송가맹사업자는 운송 또는 주선 실적을 관리하고 이를 국토교통부장관에서 신고하여야한다'에 따른 신고를 하지 아니하였거나 거짓으로 신고한 경우

⑳ 직접운송 의무가 있는 운송사업자는 기준 이상으로 화물을 운송하여야 한다.

㉑ 화물자동차 교통사고와 관련하여 거짓이나 그 밖의 부정한 방법으로 보험금을 청구하여 금고 이상의 형을 선고받고 그 형이 확정된 경우

## 3  화물자동차 운송주선사업

### ▨ 화물자동차 운송주선사업의 허가 등

① 화물자동차 운송주선사업을 경영하려는 자는 국토교통부장관의 허가를 받아야 한다.

② 화물자동차 운송주선사업의 허가를 받은 자가 허가사항을 변경하려면 국토교통부장관에게 신고하여야 한다.

③ 화물자동차 운송주선사업의 허가기준

  ㉠ 국토교통부장관이 화물의 운송주선 수요를 감안하여 고시하는 공급기준에 맞을 것

  ㉡ 사무실의 면적 등 국토교통부령으로 정하는 기준에 맞을 것

④ 운송주선사업자의 허가기준에 관한 사항의 신고에 관하여는 화물자동차 운송사업의 허가를 준용한다.

⑤ 운송주선사업자는 주사무소 외의 장소에서 상주하여 영업하려면 국토교통부장관의 허가를 받아 영업소를 설치하여야 한다.

### ▨ 운송주선사업자의 준수사항

① 운송주선사업자는 자기의 명의로 운송계약을 체결한 화물에 대하여 그 계약금액 중 일부를 제외한 나머지 금액으로 다른 운송주선사업자와 재계약하여 이를 운송하도록 하여서는 아니 된다.

② 운송주선사업자는 화주로부터 중개 또는 대리를 의뢰받은 화물에 대하여 다른 운송주선사업자에게 수수료나 그 밖의 대가를 받고 중개 또는 대리를 의뢰하여서는 아니 된다.

③ 운송주선사업자는 운송사업자에게 화물의 종류·무게 및 부피 등을 거짓으로 통보하거나 기준을 위반하는 화물의 운송을 주선하여서는 아니 된다.

④ 운송주선사업자가 운송가맹사업자에게 화물의 운송을 주선하는 행위는 재계약·중개 또는 대리로 보지 아니한다.

⑤ 화물운송질서의 확립 및 화주의 편의를 위하여 운송주선사업자가 지켜야 할 사항은 국토교통부령으로 정한다.

## 4 화물자동차 운송가맹사업

### ▦ 화물자동차 운송가맹사업의 허가 등

① 화물자동차 운송가맹사업을 경영하려는 자는 국토교통부장관에게 허가를 받아야 한다.

② 허가를 받은 운송가맹사업자는 허가사항을 변경하려면 국토교통부장관의 변경허가를 받아야 한다.

③ 화물자동차 운송가맹사업의 허가 또는 증차를 수반하는 변경허가의 기준

  ㉠ 국토교통부장관이 화물의 운송수요를 고려하여 고시하는 공급기준에 맞을 것

  ㉡ 화물자동차의 대수, 운송시설, 그 밖에 국토교통부령이 정하는 기준에 맞을 것

④ 운송가맹사업자의 허가기준에 관한 사항의 신고에 관하여는 화물자동차 운송사업의 허가를 준용한다.

⑤ 운송가맹사업자는 주사무소 외의 장소에서 상주하여 영업하려면 국토교통부장관의 허가를 받아 영업소를 설치하여야 한다.

### ▦ 운송가맹사업자 및 운송가맹점의 역할

① 운송가맹사업자는 화물자동차 운송가맹사업의 원활한 수행을 위하여 다음의 사항을 성실히 이행하여야 한다.

  ㉠ 운송가맹사업자의 직접운송물량과 운송가맹점의 운송물량의 공정한 배정

  ㉡ 효율적인 운송기법의 개발과 보급

  ㉢ 화물의 원활한 운송을 위한 공동 전산망의 설치·운영

② 운송가맹점은 화물자동차 운송가맹사업의 원활한 수행을 위하여 다음의 사항을 성실히 이행하여야 한다.

  ㉠ 운송가맹사업자가 정한 기준에 맞는 운송서비스의 제공(운송사업자인 운송가맹점만 해당된다)

  ㉡ 화물의 원활한 운송을 위한 차량 위치의 통지

  ㉢ 운송가맹사업자에 대한 운송화물의 확보·공급

### ▦ 운송가맹사업자에 대한 개선명령

① 운송약관의 변경

② 화물자동차의 구조변경 및 운송시설의 개선

③ 화물의 안전운송을 위한 조치

④ 정보공개서의 제공의무 등, 가맹금의 반환, 가맹계약서의 기재사항 등, 가맹계약의 갱신 등의 통지

⑤ 적재물배상 책임보험 또는 공제와 운송가맹사업자가 의무적으로 가입하여야 하는 보험·공제의 가입

⑥ 그 밖에 화물자동차 운송가맹사업의 개선을 위하여 필요한 사항으로서 대통령령으로 정하는 사항

## 5 화물운송 종사자격시험·교육

▥ 화물자동차 운수사업의 운전업무 종사자격

① 화물자동차 운수사업의 운전업무 종사자격(법 제8조)

㉠ 화물자동차 운수사업의 운전업무에 종사하려는 자는 ⓐ 및 ⓑ의 요건을 갖춘 후 ⓒ 또는 ⓓ의 요건을 갖추어야 한다.

ⓐ 연령·운전경력 등 운전업무에 필요한 요건을 갖출 것

> 1. 화물자동차를 운전하기에 적합한 운전면허를 가지고 있을 것
> 2. 20세 이상일 것
> 3. 운전경력이 2년 이상일 것

ⓑ 국토교통부령으로 정하는 운전적성에 대한 정밀검사기준에 맞을 것

ⓒ 화물자동차 운수사업법, 화물취급요령 등에 관하여 국토교통부장관이 시행하는 시험에 합격하고 정하여진 교육을 받을 것

ⓓ 교통안전체험에 관한 연구·교육시설에서 교통안전체험, 화물취급요령 및 화물자동차 운수사업법령 등에 관하여 국토교통부장관이 실시하는 이론 및 실기 교육을 이수할 것

㉡ 국토교통부장관은 ㉠에 따른 요건을 갖춘 자에게 화물자동차 운수사업의 운전업무에 종사할 수 있음을 표시하는 자격증(화물운송 종사자격증)을 내주어야 한다.

② 화물자동차 운수사업의 운전업무 종사자격 결격사유

㉠ 결격사유에 해당하는 자

ⓐ 피성년후견인 또는 피한정후견인

ⓑ 화물자동차 운수사업법을 위반하여 징역 이상의 실형을 선고받고 그 집행이 끝나거나 집행이 면제된 날부터 2년이 지나지 아니한 자

ⓒ 화물자동차 운수사업법을 위반하여 징역 이상의 형의 집행유예를 선고받고 그 유예기간 중에 있는 자

㉡ 화물운송 종사자격이 취소된 날부터 2년이 지나지 아니한 자

㉢ 교육일 전 5년간 다음의 어느 하나에 해당하는 사람

ⓐ 운전면허가 취소된 사람

ⓑ 운전면허를 받지 아니하거나 운전면허의 효력이 정지된 상태로 자동차등을 운전하여 벌금형 이상의 형을 선고받거나 운전면허가 취소된 사람

ⓒ 운전 중 고의 또는 과실로 3명 이상이 사망하거나 20명 이상의 사상자가 발생한 교통사고를 일으켜 운전면허가 취소된 사람

㉣ 시험일 전 또는 교육일 전 3년간 운전면허가 취소된 사람

▥ 화물자동차 운수사업의 운전업무 종사의 제한 : 다음의 어느 하나에 해당하는 사람은 화물운송 종사자격의 취득에도 불구하고 화물을 집화·분류·배송하는 형태의 화물자동차 운송사업의 운전업무에는 종사할 수 없다.

① 금고 이상의 실형을 선고받고 그 집행이 끝나거나 면제된 날부터 최대 20년의 범위에서 범죄의 종류, 죄질, 형기의 장단 및 재범위험성 등을 고려하여 대통령령으로 정하는 기간이 지나지 아니한 사람

② 금고 이상의 형의 집행유예를 선고받고 그 유예기간 중에 있는 사람

▨ **운전적성정밀검사의 기준**

① 운전적성에 대한 정밀검사기준에 맞는지에 관한 검사는 기기형 검사와 필기형 검사로 구분

② 운전적성정밀검사는 신규검사, 자격유지검사 및 특별검사로 구분하며, 그 대상은 다음과 같다.

　ⓐ 신규검사 : 화물운송 종사자격증을 취득하려는 사람. 다음에 해당하는 날을 기준으로 최근 3년 이내에 신규검사의 적합판정을 받은 사람은 제외한다.

　ⓑ 자격유지검사

　ⓒ 특별검사 : 다음의 어느 하나에 해당하는 사람

　　ⓐ 교통사고를 일으켜 사람을 사망하게 하거나 5주 이상의 치료가 필요한 상해를 입힌 사람

　　ⓑ 과거 1년간 운전면허행정처분기준에 따라 산출된 누산점수가 81점 이상인 사람

▨ **자격시험의 과목 및 교통안전체험교육의 과정**

① **자격시험은 필기시험과목** : 교통 및 화물 관련 법규, 안전운행에 관한 사항, 화물 취급 요령, 운송서비스에 관한 사항

② 교통안전체험교육 총 16시간

▨ **자격시험의 합격 결정 및 교통안전체험교육의 이수기준 등**

① 자격시험은 필기시험 총점의 6할 이상을 얻은 사람을 합격자로 한다.

② 교통안전체험교육은 총 16시간의 과정을 마치고, 종합평가에서 총점의 6할 이상을 얻은 사람을 이수자로 한다.

▨ **교육과목** : 화물자동차 운수사업법령 및 도로관계법령, 교통안전에 관한 사항, 화물취급요령에 관한 사항, 자동차 응급처치방법, 운송서비스에 관한 사항

▨ **화물운송 종사자격증명의 게시 등**

① 운송사업자는 화물자동차 운전자에게 화물운송 종사자격증명을 화물자동차 밖에서 쉽게 볼 수 있도록 운전석 앞 창의 오른쪽 위에 항상 게시하고 운행하도록 하여야 한다.

② 운송사업자는 다음의 어느 하나에 해당하는 경우에는 협회에 화물운송종사자격증명을 반납하여야 한다.

　ⓐ 퇴직한 화물자동차 운전자의 명단을 제출하는 경우

　ⓑ 화물자동차 운송사업의 휴업 또는 폐업 신고를 하는 경우

③ 운송사업자는 다음의 어느 하나에 해당하는 경우에는 관할관청에 화물운송종사자격증명을 반납하여야 한다.

　ⓐ 사업의 양도 신고를 하는 경우

　ⓑ 화물자동차 운전자의 화물운송 종사자격이 취소되거나 효력이 정지된 경우

**▦ 화물운송 종사자격 취소**

| 위반행위 | 처분내용 |
|---|---|
| 1. 법 제9조 제1호에 해당하게 된 경우 | 자격 취소 |
| 2. 거짓이나 그 밖의 부정한 방법으로 화물운송 종사자격을 취득한 경우 | 자격 취소 |
| 3. 국토교통부장관의 업무개시 명령을 정당한 사유 없이 거부한 경우 | • 1차 : 자격 정지 30일<br>• 2차 : 자격 취소 |
| 4. 화물운송 중에 고의나 과실로 교통사고를 일으켜 다음 각 목의 구분에 따라 사람을 사망하게 하거나 다치게 한 경우<br>  가. 고의로 교통사고를 일으켜 사람을 사망하게 하거나 다치게 한 경우<br>  나. 과실로 교통사고를 일으켜 사람을 사망하게 하거나 다치게 한 경우<br>     1) 사망자 2명 이상<br>     2) 사망자 1명 및 중상자 3명 이상<br>     3) 사망자 1명 또는 중상자 6명 이상 | 자격 취소<br><br><br><br>자격 취소<br>자격 정지 90일<br>자격 정지 60일 |
| 5. 화물운송 종사자격증을 다른 사람에게 빌려준 경우 | 자격 취소 |
| 6. 화물운송 종사자격 정지기간에 화물자동차 운수사업의 운전 업무에 종사한 경우 | 자격 취소 |
| 7. 화물자동차를 운전할 수 있는 「도로교통법」에 따른 운전면허가 취소된 경우 | 자격 취소 |
| 7의2. 화물자동차를 운전할 수 있는 운전면허가 정지된 경우 | 자격 취소 |
| 8. 법 제12조 제1항 제3호·제7호 및 제9호를 위반한 경우 | • 1차 : 자격 정지 60일<br>• 2차 : 자격 취소 |
| 9. 화물자동차 교통사고와 관련하여 거짓이나 그 밖의 부정한 방법으로 보험금을 청구하여 금고 이상의 형을 선고받고 그 형이 확정된 경우 | 자격 취소 |
| 10. 법 제9조의2 제1항을 위반한 경우 | 자격 취소 |

**▦ 화물자동차 운전자 채용기록의 관리(법 제10조)**

① 운송사업자는 화물자동차의 운전자를 채용할 때에는 근무기간 등 운전경력증명서의 발급을 위하여 필요한 사항을 기록·관리하여야 한다.

② 설립된 협회 또는 연합회에 따른 근무기간 등을 기록·관리하는 일 등에 필요한 업무를 행할 수 있다.

**6  사업자단체**

**▦ 협회의 설립**

① 운수사업자는 화물자동차 운수사업의 건전한 발전과 운수사업자의 공동이익을 도모하기 위하여 협회를 설립할 수 있다.

② 협회의 사업

  ㉠ 화물자동차 운수사업의 건전한 발전과 운수사업자의 공동이익을 도모하는 사업

  ㉡ 화물자동차 운수사업의 진흥 및 발전에 필요한 통계의 작성 및 관리, 외국 자료의 수집·조사 및 연구사업

  ㉢ 경영자와 운수종사자의 교육훈련

  ㉣ 화물자동차 운수사업의 경영개선을 위한 지도

  ㉤ 협회의 업무로 정한 사항

  ㉥ 국가나 시·도자치단체로부터 위탁받은 업무

▥ **연합회** : 운송사업자로 구성된 협회와 운송주선사업자로 구성된 협회 및 운송가맹사업자로 구성된 협회는 그 공동목적을 달성하기 위하여 각각 연합회를 설립할 수 있다.

▥ **공제사업**

① 조합원의 사업용 자동차의 사고로 생긴 배상 책임 및 적재물배상에 대한 공제

② 조합원이 사업용 자동차를 소유·사용·관리하는 동안 발생한 사고로 그 자동차에 생긴 손해에 대한 공제

③ 운수종사자가 조합원의 사업용 자동차를 소유·사용·관리하는 동안에 발생한 사고로 입은 자기 신체의 손해에 대한 공제

④ 공제조합에 고용된 자의 업무상 재해로 인한 손실을 보상하기 위한 공제

⑤ 공동이용시설의 설치·운영 및 관리, 그 밖에 조합원의 편의 및 복지 증진을 위한 사업

⑥ 화물자동차 운수사업의 경영 개선을 위한 조사·연구 사업

## 7 자가용 화물자동차의 사용

▥ **자가용 화물자동차 사용신고** : 화물자동차 운송사업과 화물자동차 운송가맹사업에 이용되지 아니하고 자가용으로 사용되는 화물자동차로서 화물자동차를 사용하려는 자는 국토교통부령으로 정하는 사항을 시·도지사에게 신고하여야 한다.

▥ **자가용 화물자동차의 유상운송 금지** : 자가용 화물자동차의 소유자 또는 사용자는 자가용 화물자동차를 유상으로 화물운송용에 제공하거나 임대하여서는 아니 된다.

▥ **자가용 화물자동차 사용의 제한 또는 금지** : 시·도지사는 자가용 화물자동차의 소유자 또는 사용자가 다음의 어느 하나에 해당하면 6개월 이내의 기간을 정하여 그 자동차의 사용을 제한하거나 금지할 수 있다.

① 자가용 화물자동차를 사용하여 화물자동차 운송사업을 경영한 경우

② 자가용 화물자동차 유상운송 허가사유에 해당되는 경우이지만 허가를 받지 아니하고 자가용 화물자동차를 유상으로 운송에 제공하거나 임대한 경우

## 8 보칙 및 벌칙 등

▥ **운수종사자의 교육**

① 화물자동차 운수사업 관계 법령 및 도로교통 관계 법령

② 교통안전에 관한 사항

③ 화물운수와 관련한 업무수행에 필요한 사항

④ 그 밖에 화물운수 서비스 증진 등을 위하여 필요한 사항

▥ **화물자동차 운수사업의 지도·감독** : 국토교통부장관은 화물자동차 운수사업의 합리적인 발전을 도모하기 위하여 화물자동차 운수사업법에서 시·도지사의 권한으로 정한 사무를 지도·감독한다.

▥ **벌칙** : 5년 이하의 징역 또는 2천만원 이하의 벌금

① 덮개·포장·고정장치 등 필요한 조치를 하지 아니하여 사람을 상해 또는 사망에 이르게 한 운송사업자

② 덮개·포장·고정장치 등 조치를 하지 아니하고 화물자동차를 운행하여 사람을 상해 또는 사망에 이르게 한 운수종사자

■ **3년 이하의 징역 또는 3천만원 이하의 벌금**

① 업무개시명령을 위반한 자

② 거짓이나 부정한 방법으로 보조금을 교부 받은 자

③ 보조금 지급정지의 사유에 해당하는 행위에 가담하였거나 이를 공모한 주유업자 등

■ **벌칙 : 1년 이하의 징역 또는 1천만원 이하의 벌금**

① 다른 사람에게 자신의 화물운송 종사자격증을 빌려 준 사람

② 다른 사람의 화물운송 종사자격증을 빌린 사람

③ 금지하는 행위를 알선한 사람

■ **과태료** : 1천만원 이하의 과태료 – 개선명령을 따르지 아니한 자

■ **과태료** : 500만원 이하의 과태료

① 허가사항 변경신고를 하지 아니한 자

② 운임 및 요금에 관한 신고를 하지 아니한 자

③ 약관의 신고를 하지 아니한 자

④ 화물운송 종사자격증을 받지 아니하고 화물자동차 운수사업의 운전 업무에 종사한 자

⑤ 거짓이나 그 밖의 부정한 방법으로 화물운송 종사자격을 취득한 자

⑥ 화물자동차 운전자 채용 기록의 관리를 위반한 자

⑦ 자료를 제공하지 아니하거나 거짓으로 제공한 자

⑧ 준수사항을 위반한 운송사업자

⑨ 준수사항을 위반한 운수종사자

⑩ 조사를 거부·방해 또는 기피한 자

⑪ 개선명령을 이행하지 아니한 자

⑫ 양도·양수, 합병 또는 상속의 신고를 하지 아니한 자

⑬ 휴업·폐 업신고를 하지 아니한 자

■ 과징금 부과기준(규칙 별표3)

| 위반내용 | 처분내용 | | | |
|---|---|---|---|---|
| | 화물자동차 운송사업 | | 화물운송 주선사업 | 화물자동차 운송가맹사업 |
| | 일반 | 개인 | | |
| 1. 최대적재량 1.5톤 초과의 화물자동차가 차고지와 시·도자치단체의 조례로 정하는 시설 및 장소가 아닌 곳에서 밤샘주차한 경우 | 20 | 10 | – | 20 |
| 2. 최대적재량 1.5톤 이하의 화물자동차가 주차장, 차고지 또는 시·도자치단체의 조례로 정하는 시설 및 장소가 아닌 곳에서 밤샘주차한 경우 | 20 | 5 | – | 20 |
| 3. 신고한 운임 및 요금 또는 화주와 합의된 운임 및 요금이 아닌 부당한 운임 및 요금을 받은 경우 | 40 | 20 | – | 40 |
| 4. 화주로부터 부당한 운임 및 요금의 환급을 요구받고 환급하지 않은 경우 | 60 | 30 | – | 60 |
| 5. 신고한 운송약관 또는 운송가맹약관을 준수하지 않은 경우 | 60 | 30 | – | 60 |
| 6. 사업용 화물자동차의 바깥쪽에 일반인이 알아보기 쉽도록 해당 운송사업자의 명칭(개인화물자동차 운송사업자인 경우에는 그 화물자동차 운송사업의 종류를 말한다)을 표시하지 않은 경우 | 10 | 5 | – | 10 |
| 7. 화물자동차 운전자의 취업 현황 및 퇴직 현황을 보고하지 않거나 거짓으로 보고한 경우 | 20 | 10 | – | 10 |
| 8. 화물자동차 운전자에게 차 안에 화물운송 종사자격증명을 게시하지 않고 운행하게 한 경우 | 10 | 5 | – | 10 |
| 9. 화물자동차 운전자에게 운행기록계가 설치된 운송사업용 화물자동차를 해당 장치 또는 기기가 정상적으로 작동되지 않는 상태에서 운행하도록 한 경우 | 20 | 10 | – | 20 |
| 10. 개인화물자동차 운송사업자가 자기 명의로 운송계약을 체결한 화물에 대하여 다른 운송사업자에게 수수료나 그 밖의 대가를 받고 그 운송을 위탁하거나 대행하게 하는 등 화물운송 질서를 문란하게 하는 행위를 한 경우 | 180 | 90 | – | – |
| 11. 운수종사자에게 휴게시간을 보장하지 않은 경우 | 180 | 60 | – | 180 |
| 12. 밴형 화물자동차를 사용해 화주와 화물을 함께 운송하는 운송사업자가 소속 운수종사자로 하여금 같은 호의 행위를 지시한 경우 | 60 | 30 | – | 60 |
| 13. 신고한 운송주선약관을 준수하지 않은 경우 | – | – | 20 | – |
| 14. 허가증에 기재되지 않은 상호를 사용한 경우 | – | – | 20 | – |
| 15. 화주에게 견적서 또는 계약서를 발급하지 않은 경우(화주가 견적서 또는 계약서의 발급을 원하지 않는 경우는 제외한다) | – | – | 20 | – |
| 16. 화주에게 사고확인서를 발급하지 않은 경우(화물의 멸실, 훼손 또는 연착에 대하여 사업자가 고의 또는 과실이 없음을 증명하지 못한 경우로 한정한다) | – | – | 20 | – |

# 제3장 화물자동차 운수사업법령 [적중문제]

CBT 대비
필기문제

QUALIFICATION TEST FOR CARGO WORKERS

**01** 다음 화물자동차 중 소형의 기준은?

① 배기량이 1,000cc 미만으로서 길이 3.6m, 너비 1.6m, 높이 2.0m 이하인 것

② 배기량이 1,000cc 미만으로서 길이 3.6미터, 너비 1.6미터, 높이 2.0미터 이하인 것

③ 최대적재량이 1톤 이하인 것으로서 총중량이 3.5톤 이하인 것

④ 최대적재량이 5톤 이상이거나, 총중량이 10톤 이상인 것

> **해설** 소형 : 최대적재량이 1톤 이하인 것으로서 총중량이 3.5톤 이하인 것

**정답** ③

**02** 다음 화물자동차의 규모별 종류 중 소형 특수자동차의 세부기준으로 옳은 것은?

① 총중량이 1톤 이하인 것

② 총중량이 1.5톤 이하인 것

③ 총중량이 3.5톤 이하인 것

④ 총중량이 5톤 이하인 것

> **해설** 소형 특수자동차 : 총중량이 3.5톤 이하인 것이다.

**정답** ③

**03** 다음 화물자동차 중 지붕구조의 덮개가 있는 화물운송용인 것은?

① 일반형          ② 밴형

③ 덤프형          ④ 특수용도형

> **해설** 밴형 : 지붕구조의 덮개가 있는 화물운송용인 것

**정답** ②

**04** 다음 밴형 화물자동차의 요건을 충족하는 것은?

① 승차 정원이 7명 이하일 것

② 승차 정원이 12명 이하일 것

③ 물품적재장치의 바닥면적이 승차장치의 바닥면적보다 넓을 것

④ 물품적재장치의 바닥면적이 승차장치의 바닥면적보다 좁을 것

> **해설** 밴형 화물자동차의 요건
> 1. 물품적재장치의 바닥면적이 승차장치의 바닥면적보다 넓을 것
> 2. 승차 정원이 3명 이하일 것

**정답** ③

**05** 다음 화물자동차 운수사업의 종류가 아닌 것은?

① 화물자동차 경영위탁사업

② 화물자동차 운송주선사업

③ 화물자동차 운송사업

④ 화물자동차 운송가맹사업

> **해설** 화물자동차 운수사업 : 화물자동차 운송사업, 화물자동차 운송주선사업 및 화물자동차 운송가맹사업을 말한다.

**정답** ①

**06** 다른 사람의 요구에 응하여 화물자동차를 사용하여 화물을 유상으로 운송하는 사업은?

① 화물자동차 운수사업

② 화물자동차 운송사업

③ 화물자동차 운송가맹사업

④ 화물자동차 운송주선사업

> **해설** 화물자동차 운송사업 : 다른 사람의 요구에 응하여 화물자동차를 사용하여 화물을 유상으로 운송하는 사업을 말한다.

**정답** ②

**07** 다음 화물자동차 운송가맹점이 아닌 것은?

① 운송가맹사업자로부터 운송 화물을 배정받아 화물을 운송하거나 운송가맹사업자가 아닌 자의 요구를 받고 화물을 운송하는 운송사업자

② 경영의 일부를 위탁한 운송사업자가 화물자동차 운송가맹점으로 가입한 경우

③ 운송가맹사업자로부터 운송 화물을 배정받아 화물을 운송하거나 운송가맹사업자가 아닌 자의 요구를 받고 화물을 운송하는 자로서 화물자동차 운송사업의 경영의 일부를 위탁받은 사람

④ 운송가맹사업자의 화물운송계약을 중개·대리하거나 운송가맹사업자가 아닌 자에게 화물자동차 운송주선사업을 하는 운송주선사업자

**해설** 운송가맹사업자로부터 운송 화물을 배정받아 화물을 운송하거나 운송가맹사업자가 아닌 자의 요구를 받고 화물을 운송하는 자로서 화물자동차 운송사업의 경영의 일부를 위탁받은 사람. 다만, 경영의 일부를 위탁한 운송사업자가 화물자동차운송가맹점으로 가입한 경우는 제외한다.

**정답** ②

**08** 다음 운수종사자가 아닌 자는?

① 화물자동차 운수사업에 종사하는 자
② 운송주선에 관한 사무를 취급하는 사무원
③ 화물자동차의 중개인
④ 화물의 운송사무를 보조하는 보조원

**해설** 운수종사자 : 화물자동차의 운전자, 화물의 운송 또는 운송주선에 관한 사무를 취급하는 사무원 및 이를 보조하는 보조원, 그 밖에 화물자동차 운수사업에 종사하는 자를 말한다.

**정답** ③

**09** 화물차주에 대한 적정한 운임의 보장을 통하여 과로, 과속, 과적 운행을 방지하는 등 교통안전을 확보하기 위하여 필요한 최소한의 운임은?

① 화물자동차 적정운임
② 화물자동차 안전운임
③ 화물자동차 최소운임
④ 화물자동차 최대운임

**해설** 화물자동차 안전운임 : 화물차주에 대한 적정한 운임의 보장을 통하여 과로, 과속, 과적 운행을 방지하는 등 교통안전을 확보하기 위하여 필요한 최소한의 운임으로서 화물자동차 안전운송원가에 적정 이윤을 더하여 화물자동차 안전운임위원회의 심의·의결을 거쳐 국토교통부장관이 공표한 운임을 말한다.

**정답** ②

**10** 다음 화물자동차 운송사업에 해당하는 것은?

① 용달화물자동차 운송사업
② 일반화물자동차 매매사업
③ 일반화물자동차 운송사업
④ 개별화물자동차 주선사업

**해설** 화물자동차 운송사업의 종류 : 일반화물자동차 운송사업, 개별화물자동차 운송사업

**정답** ③

**11** 20대 이상의 범위에서 20대 이상의 화물자동차를 사용하여 화물을 운송하는 사업은?

① 일반화물자동차 운송사업
② 개인화물자동차 운송사업
③ 개별화물자동차 운송사업
④ 일반화물자동차 주선사업

**해설** 일반화물자동차 운송사업 : 20대 이상의 범위에서 20대 이상의 화물자동차를 사용하여 화물을 운송하는 사업

**정답** ①

**12** 다음 화물자동차 운송사업자의 상호가 변경되었을 때 하여야 할 조치는?

① 별도 조치가 필요 없다.
② 국토교통부장관에게 신고를 하여야 한다.
③ 국토교통부장관에게 변경허가를 받아야 한다.
④ 국토교통부장관에게 허가를 신청해야 한다.

**해설** 상호의 변경, 대표자의 변경(법인인 경우만 해당한다), 화물취급소의 설치 또는 폐지, 화물자동차의 대폐차(代廢車)는 국토교통부장관에게 신고하여야 한다.

**정답** ②

**13** 운송사업자가 화물자동차 운송사업의 허가받은 날부터 몇 년마다 허가기준에 관한 사항을 국토교통부장관에게 신고하여야 하는가?

① 3년마다      ② 5년마다
③ 10년마다      ④ 20년마다

> **해설** 운송사업자는 화물자동차 운송사업의 허가받은 날부터 5년마다 허가기준에 관한 사항을 국토교통부장관에게 신고하여야 한다.
>
> **정답** ②

**14** 운송사업자가 운임 및 요금을 정한 경우 누구에게 신고하여야 하는가?

① 국토교통부장관
② 시·도경찰청장
③ 관할경찰서장
④ 시·도지사

> **해설** 운송사업자는 운임 및 요금을 정하여 미리 국토교통부장관에게 신고하여야 한다. 이를 변경하려는 때에도 또한 같다.
>
> **정답** ①

**15** 화물자동차 운송사업의 운임 및 요금을 신고하거나 변경신고힐 때에는 운송사업운임 및 요금신고서를 국토교통부 장관에게 제출하여야 하는데 이 때 첨부할 서류가 아닌 것은?

① 원가계산서
② 사업자등록증
③ 운임·요금표
④ 운임 및 요금의 신·구대비표

> **해설** 화물자동차 운송사업의 운임 및 요금을 신고하거나 변경신고힐 때에는 운송사업운임 및 요금신고서를 국토교통부장관에게 제출하여야 하며, 다음의 서류를 첨부하여야 한다.
> 1. 원가계산서(행정기관에 등록한 원가계산기관 또는 공인회계사가 작성한 것)
> 2. 운임·요금표[구난형(救難型) 특수자동차를 사용하여 고장차량·사고차량 등을 운송하는 운송사업의 경우에는 구난작업에 사용하는 장비 등의 사용료를 포함한다]
> 3. 운임 및 요금의 신·구대비표(변경신고인 경우만 해당)
>
> **정답** ②

**16** 다음 화물자동차 안전운송원가를 심의·의결할 때 고려사항이 아닌 것은?

① 물가인상률
② 인건비, 감가상각비 등 고정비용
③ 유류비, 부품비 등 변동비용
④ 화물의 상·하차 대기료

> **해설** 화물자동차 안전운송원가를 심의·의결할 때 고려사항
> 1. 화물의 상·하차 대기료
> 2. 운송사업자의 운송서비스 수준
> 3. 운송서비스 제공에 필요한 추가적인 시설 및 장비 사용료
> 4. 그 밖에 화물의 안전한 운송에 필수적인 사항으로서 위원회에서 필요하다고인정하는 사항
>
> **정답** ①

**17** 화물자동차 안전운송원가 및 화물자동차 안전운임의 운송품목의 연결이 바르지 않은 것은?

① 화물자동차 안전운송원가−피견인자동차의 경우 : 철강재
② 화물자동차 안전운송원가−일반형 화물자동차의 경우 : 해당 화물자동차로 운송할 수 있는 모든 품목
③ 화물자동차 안전운임−특수자동차로 운송되는 수출입 컨테이너
④ 화물자동차 안전운임−일반형 화물자동차로 운송되는 시멘트

> **해설** 화물자동차 안전운임−특수자동차로 운송되는 시멘트
>
> **정답** ④

**18** 화물의 인도기한이 지난 후 몇 개월 이내에 인도되지 않으면 화물은 멸실된 것으로 보는가?

① 1개월      ② 2개월
③ 3개월      ④ 6개월

> **해설** 화물의 인도기한이 지난 후 3개월 이내에 인도되지 아니하면 그 화물은 멸실된 것으로 본다.
>
> **정답** ③

part
**01**

교통 및 화물 관련 법규

**19** 적재물배상보험등을 의무적으로 가입하지 않아도 되는 자는?

① 최대 적재량이 5톤 이상이거나 총중량이 10톤 이상인 화물자동차 중 일반형·밴형 및 특수용도형 화물자동차와 견인형 특수자동차를 소유하고 있는 운송사업자

② 개인화물자동차운전자

③ 이사화물 운송주선사업자

④ 운송가맹사업자

> **해설** 적재물배상보험등의 의무 가입 : 최대 적재량이 5톤 이상이거나 총중량이 10톤 이상인 화물자동차 중 일반형·밴형 및 특수용도형 화물자동차와 견인형 특수자동차를 소유하고 있는 운송사업자, 이사화물 운송주선사업자, 운송가맹사업자

**정답** ②

**20** 보험회사 등은 자기와 책임보험계약 등을 체결하고 있는 보험 등 의무가입자에게 그 계약종료일 며칠 전까지 그 계약이 끝난다는 사실을 알려야 하는가?

① 30일  ② 45일
③ 60일  ④ 90일

> **해설** 보험회사 등은 자기와 책임보험계약 등을 체결하고 있는 보험 등 의무가입자에게 그 계약종료일 30일 전까지 그 계약이 끝난다는 사실을 알려야 한다.

**정답** ①

**21** 과태료 부과권자가 과태료 금액의 2분의 1의 범위에서 그 금액을 줄일 수 있는 경우가 아닌 것은?

① 위반행위가 사소한 부주의나 오류로 인한 것으로 인정되는 경우

② 위반행위자의 법 위반상태를 시정하거나 해소하기 위한 노력이 인정되는 경우

③ 위반행위의 정도, 위반행위의 동기와 결과 등을 고려하여 그 금액을 줄일 필요가 있다고 인정되는 경우

④ 위반행위자가 「화물자동차 운수사업법」 제2조의2 제1항의 어느 하나에 해당하는 경우

> **해설** 과태료 부과권자가 과태료 금액의 2분의 1의 범위에서 그 금액을 줄일 수 있는 경우 : 위반행위자가 「질서위반행위규제법 시행령」 제2조의2 제1항의 어느 하나에 해당하는 경우

**정답** ④

**22** 화물운송 종사자격증을 받지 않고 화물자동차 운수사업의 운전업무에 종사한 경우의 과태료는?

① 50만원  ② 70만원
③ 300만원  ④ 500만원

> **해설** 화물운송 종사자격증을 받지 않고 화물자동차 운수사업의 운전업무에 종사한 경우 : 500만원

**정답** ④

**23** 다음 운송사업자의 준수사항으로 옳지 것은?

① 허가받은 사항의 범위에서 사업을 성실하게 수행하여야 한다.

② 화물의 기준에 맞지 아니하더라도 화물 운송을 거부해서는 아니 된다.

③ 부당한 운송조건을 제시하지 않아야 한다.

④ 화물자동차 운전자의 과로를 방지하여야 한다.

> **해설** 운송사업자는 화물의 기준에 맞지 아니하는 화물을 운송하여서는 아니 된다.

**정답** ②

**24** 밤샘주차(0시부터 4시까지 사이에 하는 1시간 이상의 주차)할 수 있는 시설 및 장소가 아닌 곳은?

① 해당 운송사업자의 차고지

② 편도 2차로 이상의 도로의 갓길

③ 공영차고지

④ 화물자동차 휴게소

> **해설** 밤샘주차(0시부터 4시까지 사이에 하는 1시간 이상의 주차를 말한다)하는 경우에는 다음의 어느 하나에 해당하는 시설 및 장소에서만 할 것
> 1. 해당 운송사업자의 차고지
> 2. 다른 운송사업자의 차고지
> 3. 공영차고지
> 4. 화물자동차 휴게소
> 5. 화물터미널
> 6. 그 밖에 지방자치단체의 조례로 정하는 시설 또는 장소

**정답** ②

**25** 덮개·포장을 하는 것이 곤란한 경우에는 덮개 또는 포장을 하지 않을 수 있는 화물이 아닌 것은?

① 이륜자동차

② 건설기계

③ 코일

④ 유리판, 콘크리트 벽 등 대형 평면 화물

> **해설** 덮개·포장을 하는 것이 곤란한 경우에는 덮개 또는 포장을 하지 않을 수 있는 화물 : 건설기계, 자동차(이륜자동차는 제외한다), 코일, 대형 식재용 나무, 유리판, 콘크리트 벽등 대형 평면 화물. 덮개 또는 포장을 하는 것이 곤란한 화물

> **정답** ①

**26** 다음 운수종사자의 금지사항으로 옳지 않은 것은?

① 음향장치를 무단으로 해체하거나 조작하는 행위

② 택시 요금미터기의 장착 등 국토교통부령으로 정하는 택시 유사표시행위

③ 일정한 장소에 오랜 시간 정차하여 화주를 호객하는 행위

④ 고장 및 사고차량 등 화물의 운송과 관련하여 자동차관리사업자와 부정한 금품을 주고받는 행위

> **해설** 전기·전자장치(최고속도제한장치에 한정한다)를 무단으로 해체하거나 조작하는 행위를 하지 않아야 한다.

> **정답** ①

**27** 국토교통부장관이 운송사업자에 대한 개선명령을 할 사항으로 옳지 않은 것은?

① 운송요금의 인상에 관한 사항

② 재물배상 책임보험 또는 공제의 가입과 운송사업자가 의무적으로 가입하여야 하는 보험·공제에 가입

③ 화물의 안전운송을 위한 조치

④ 화물자동차의 구조변경 및 운송시설의 개선

> **해설** 운송요금의 인상에 관한 사항은 운송사업자에 대한 개선명령을 할 사항이 아니다.

> **정답** ①

**28** 국토교통부장관이 사업정지처분을 갈음하여 부과·징수하는 과징금은?

① 1천만원 이하의 과징금

② 1천3백만원 이하의 과징금

③ 1천5백만원 이하의 과징금

④ 2천만원 이하의 과징금

> **해설** 국토교통부장관은 운송사업자가 화물자동차 운송사업의 허가 취소 등에 해당하여 사업정지처분을 하여야 하는 경우로서 그 사업정지처분이 해당 화물자동차 운송사업의 이용자에게 심한 불편을 주거나 그 밖에 공익을 해칠 우려가 있으면 사업정지처분을 갈음하여 2천만원 이하의 과징금을 부과·징수할 수 있다.

> **정답** ④

**29** 다음 화물자동차 운송사업의 허가를 취소할 수 있는 경우는?

① 부정한 방법으로 화물자동차 운송사업 허가를 받은 경우

② 화물자동차 운송사업의 변경허가를 받은 경우

③ 화물자동차 운전자의 취업현황을 보고하지 아니한 경우

④ 자동차관련법에 의한 검사를 받지 아니하고 화물자동차를 운행한 경우

> **해설** 부정한 방법으로 화물자동차 운송사업 허가를 받은 경우에는 그 허가를 취소하여야 한다

> **정답** ①

**30** 다음 화물자동차 운송주선사업의 허가 등에 관한 내용으로 바르지 않은 것은?

① 화물자동차 운송주선사업을 경영하려는 자는 국토교통부장관의 허가를 받아야 한다.

② 화물자동차운송가맹사업의 허가를 받은 자는 화물자동차 운송주선사업의 허가를 받지 아니한다.

③ 운송주선사업자는 주사무소 외의 장소에서 상주하여 영업하려면 국토교통부장관에게 신고하여 영업소를 설치하여야 한다.

④ 운송주선사업자의 허가기준에 관한 사항의 신고에 관하여는 화물자동차 운송사업의 허가를 준용한다.

> **해설** 운송주선사업자는 주사무소 외의 장소에서 상주하여 영업하려면 국토교통부장관의 허가를 받아 영업소를 설치하여야 한다.

**정답 ③**

**31** 화물자동차 운송주선사업의 허가기준으로 적절한 것은?

① 국토교통부장관이 화물의 운송주선 수요를 감안하여 고시하는 공급기준에 맞을 것
② 자본금이 국토교통부령으로 정하는 기준에 맞을 것
③ 필요한 인력이 국토교통부령으로 정하는 기준에 맞을 것
④ 주차장이 국토교통부령으로 정하는 기준에 맞을 것

> **해설** 화물자동차 운송주선사업의 허가기준
> 1. 국토교통부장관이 화물의 운송주선 수요를 감안하여 고시하는 공급기준에 맞을 것
> 2. 사무실의 면적 등 국토교통부령으로 정하는 기준에 맞을 것

**정답 ①**

**32** 운송주선사업자의 준수사항으로 틀린 것은?

① 신고한 운송주선약관을 준수할 것
② 운송주선사업을 영위한 1개월 이내에 적재물배상보험 등에 가입할 것
③ 자가용 화물자동차의 소유자 또는 사용자에게 화물운송을 주선하지 아니할 것
④ 허가증에 기재된 상호만 사용할 것

> **해설** 운송주선사업자는 적재물배상보험 등에 가입한 상태에서 운송주선사업을 영위하여야 한다.

**정답 ②**

**33** 화물자동차 운송가맹사업의 허가 등에 관한 내용으로 바르지 않은 것은?

① 화물자동차 운송가맹사업을 경영하려는 자는 국토교통부장관에게 허가를 받아야 한다.
② 허가를 받은 운송가맹사업자는 허가사항을 변경하려면 국토교통부장관에게 신고하여야 한다.
③ 운송가맹사업자의 허가기준에 관한 사항의 신고에 관하여는 화물자동차 운송사업의 허가를 준용한다.
④ 국토교통부장관이 화물의 운송수요를 고려하여 고시하는 공급기준에 맞아야 한다.

> **해설** 허가를 받은 운송가맹사업자는 허가사항을 변경하려면 국토교통부령으로 정하는 바에 따라 국토교통부장관의 변경허가를 받아야 한다.

**정답 ②**

**34** 다음 운송가맹사업자의 허가사항 변경신고의 대상이 아닌 것은?

① 개인사업자 대표자의 변경
② 화물취급소의 설치 및 폐지
③ 주사무소·영업소 및 화물취급소의 이전
④ 화물자동차 운송가맹계약의 체결 또는 해제·해지

> **해설** 운송가맹사업자의 허가사항 변경신고의 대상
> 1. 대표자의 변경(법인인 경우만 해당한다)
> 2. 화물취급소의 설치 및 폐지
> 3. 화물자동차의 대폐차(화물자동차를 직접 소유한 운송가맹사업자만 해당한다)
> 4. 주사무소·영업소 및 화물취급소의 이전
> 5. 화물자동차 운송가맹계약의 체결 또는 해제·해지

**정답 ①**

**35** 운송가맹사업자의 허가기준으로 바르지 않은 것은?

① 허가기준 대수 : 50대 이상
② 사무실 및 영업소 : 영업에 필요한 면적
③ 최저보유 차고면적 : 화물자동차 1대당 그 화물자동차의 길이와 너비를 곱한 면적
④ 화물자동차의 종류 : 화물자동차

> **해설** 허가기준 대수 : 500대 이상(운송가맹점이 소유하는 화물자동차 대수를 포함하되, 8개 이상의 시·도에 각각 50대 이상 분포되어야 한다)

**정답 ①**

**36** 화물자동차 운송가맹사업의 원활한 수행을 위한 운송가맹점의 역할로 옳지 않은 것은?

① 운송가맹사업자에 대한 운송화물의 확보·공급
② 운송가맹사업자가 정한 기준에 맞는 운송서비스의 제공
③ 화물의 원활한 운송을 위한 차량 위치의 통지
④ 운송가맹점의 적절한 인력배치

> **해설** 화물자동차 운송가맹사업의 원활한 수행을 위한 운송가맹점의 역할
> 1. 운송가맹사업자가 정한 기준에 맞는 운송서비스의 제공(운송사업자인 운송가맹점만 해당된다)
> 2. 화물의 원활한 운송을 위한 차량 위치의 통지(운송사업자인 운송가맹점만 해당된다)
> 3. 운송가맹사업자에 대한 운송화물의 확보·공급(운송주선사업자인 운송가맹점만 해당된다)

**정답** ④

**37** 국토교통부장관이 운송가맹사업사에 대한 개선명령의 내용이 아닌 것은?

① 정보공개서의 제공의무 등
② 운송약관의 변경의 통지
③ 공제와 운송가맹사업자가 의무적으로 가입하여야 하는 보험·공제의 가입
④ 부실한 자본금의 확충

> **해설** 부실한 자본금의 확충은 개선명령의 내용이 아니다.

**정답** ④

**38** 화물자동차 운전자의 연령·운전경력 등의 요건이 틀린 것은?

① 20세 이상일 것
② 운전경력이 2년 이상일 것
③ 화물자동차를 운전하기에 적합한 운전면허를 가지고 있을 것
④ 여객자동차 운수사업용 자동차 운전경력이 3년 이상일 것

> **해설** 화물자동차 운전자의 연령·운전경력 등의 요건
> 1. 화물자동차를 운전하기에 적합한 운전면허를 가지고 있을 것
> 2. 20세 이상일 것
> 3. 운전경력이 2년 이상일 것. 다만, 여객자동차 운수사업용 자동차 또는 화물자동차 운수사업용 자동차를 운전한 경력이 있는 경우에는 그 운전경력이 1년 이상일 것

**정답** ④

**39** 다음 한국교통안전공단에서 화물운송업과 관련하여 처리하는 업무로 옳은 것은?

① 화물운송 종사자격의 취소 및 효력의 정지
② 화물자동차 운송사업 허가사항에 대한 경미한 사항 변경신고
③ 운전적성에 대한 정밀검사 시행
④ 운송종사자 및 운수종사자에 대한 과태료 부과 및 징수

> **해설** 한국교통안전공단에서 화물운송업과 관련하여 처리하는 업무
> 1. 화물자동차 안전운임신고센터의 설치·운영
> 2. 운전적성에 대한 정밀검사의 시행
> 3. 교통안전체험, 화물취급요령 및 화물자동차 운수사업법령에 따른 이론 및 실기 교육
> 4. 화물자동차 운수사업법령, 화물취급요령에 따른 시험의 실시·관리 및 교육
> 5. 화물운송 종사자격증의 발급
> 6. 범죄경력자료의 조회 요청
> 7. 화물자동차 운전자의 교통사고 및 교통법규 위반사항과 범죄경력의 제공요청 및 기록·관리
> 8. 화물자동차 운전자의 인명사상사고 및 교통법규 위반사항과 범죄경력의 제공
> 9. 화물자동차 운전자채용 기록·관리 자료의 요청

**정답** ③

**40** 다음 화물운송 종사자격증을 신규로 취득하려는 사람이 받아야 하는 운전적성정밀검사는?

① 정기검사
② 신규검사
③ 임시검사
④ 분기검사

> **해설** 신규검사 : 화물운송 종사자격증을 취득하려는 사람. 다만, 자격시험 실시일 또는 교통안전체험교육 시작일을 기준으로 최근 3년 이내에 신규검사의 적합 판정을 받은 사람은 제외한다.

**정답** ②

**41** 운전적성에 대한 정밀검사기준에 맞는지에 관한 검사는?

① 기기형 검사와 필기형 검사
② 실기형 검사와 필기형 검사
③ 기기형 검사와 체험형 검사
④ 실기형 검사와 체험형 검사

> **해설** 운전적성에 대한 정밀검사기준에 맞는지에 관한 검사는 기기형 검사와 필기형 검사로 구분

**정답** ①

part 01

73

**42** 신규검사의 적합 판정을 받은 사람으로서 해당 검사를 받은 날부터 3년 이내에 취업하지 아니하고 사고 이력이 있는 사람이 받아야 하는 운전적성정밀검사는?

① 자격유지검사
② 적성검사
③ 임시검사
④ 특별검사

해설 자격유지검사 : 여객자동차 운송사업용 자동차 또는 화물자동차 운송사업용 자동차의 운전업무에 종사하다가 퇴직한 사람으로서 신규검사 또는 유지검사를 받은 날부터 3년이 지난 후 재취업하려는 사람

정답 ①

**43** 다음 특별검사를 받아야 하는 사람은?

① 교통사고를 일으켜 사람을 사망하게 하거나 1주 이상의 치료가 필요한 상해를 입힌 사람
② 교통사고를 일으켜 사람을 사망하게 하거나 2주 이상의 치료가 필요한 상해를 입힌 사람
③ 교통사고를 일으켜 사람을 사망하게 하거나 3주 이상의 치료가 필요한 상해를 입힌 사람
④ 교통사고를 일으켜 사람을 사망하게 하거나 5주 이상의 치료가 필요한 상해를 입힌 사람

해설 특별검사를 받아야 하는 사람
1. 교통사고를 일으켜 사람을 사망하게 하거나 5주 이상의 치료가 필요한 상해를 입힌 사람
2. 과거 1년간 운전면허행정처분기준에 따라 산출된 누산점수가 81점 이상인 사람

정답 ④

**44** 다음 화물운송 종사자격 시험의 시험과목이 아닌 것은?

① 교통 및 화물 관련 법규
② 교통안전수칙
③ 화물 취급 요령
④ 운송서비스에 관한 사항

해설 화물운송 종사자격 시험의 시험과목 : 교통 및 화물 관련 법규, 안전운행에 관한 사항, 화물 취급 요령, 운송서비스에 관한 사항

정답 ②

**45** 교통안전체험교육 중 소양교육의 내용이 아닌 것은?

① 자동차 응급처치방법 및 운송서비스
② 교통관련 법규 및 화물자동차 운행의 위험요인 이해
③ 실기수행능력 종합평가
④ 화물취급 및 올바른 적재요령

해설 실기수행능력 종합평가는 실기교육에 해당한다.

정답 ③

**46** 다음 화물운송 종사자격 시험에 합격한 사람이 받아야 할 교육시간은?

① 4시간
② 5시간
③ 8시간
④ 10시간

해설 화물운송 종사자격 시험에 합격한 사람은 8시간 동안 한국교통안전공단에서 실시하는 교육을 받아야 한다.

정답 ③

**47** 다음 화물운송 종사자격증명을 게시하는 곳은?

① 운전석 앞창의 왼쪽 위
② 운전석 앞창의 오른쪽 위
③ 운전석 앞창의 왼쪽 아래
④ 운전석 앞창의 오른쪽 아래

해설 운송사업자는 화물자동차 운전자에게 화물운송 종사자격증명을 화물자동차 밖에서 쉽게 볼 수 있도록 운전석 앞창의 오른쪽 위에 항상 게시하고 운행하도록 하여야 한다.

정답 ②

**48** 화물자동차 밖에서 쉽게 볼 수 있도록 운전석 옆 창에 게시하도록 되어 있는 화물운송 종사자격증명의 게시 위치로 맞는 것은?

① 운전석 앞 창의 왼쪽 위
② 운전석 옆 창의 왼쪽 위
③ 운전석 앞 창의 오른쪽 위
④ 운전석 뒷 창의 왼쪽 위

해설 운송사업자는 화물자동차 운전자에게 화물운송 종사자격증명을 화물자동차 밖에서 쉽게 볼 수 있도록 운전석 앞창의 오른쪽 위에 항상 게시하고 운행하도록 하여야 한다.

정답 ③

**49** 운송사업자가 협회에 화물운송종사자격증명을 반납하여야 하는 경우가 아닌 것은?

① 퇴직한 화물자동차 운전자의 명단을 제출하는 경우
② 화물자동차 운전자를 교체하는 경우
③ 화물자동차 운송사업의 휴업 신고를 하는 경우
④ 화물자동차 운송사업의 폐업 신고를 하는 경우

> **해설** 화물운송종사자격증명을 반납하여야 하는 경우
> 1. 퇴직한 화물자동차 운전자의 명단을 제출하는 경우
> 2. 화물자동차 운송사업의 휴업 또는 폐업 신고를 하는 경우

**정답** ②

**50** 다음 화물운송 종사자격증명을 반납하여야 하는 경우로 볼 수 없는 것은?

① 화물자동차 운전자의 화물운송 종사자격이 취소되거나 효력이 정지된 경우
② 사업의 양도·양수로 상호가 변경된 경우
③ 화물자동차 운송사업의 휴업 또는 폐업 신고를 하는 경우
④ 운전면허가 정지된 경우

> **해설** 화물운송 종사자격증명을 반납하여야 하는 경우
> 1. 퇴직한 화물자동차 운전자의 명단을 제출하는 경우
> 2. 화물자동차 운송사업의 휴업 또는 폐업 신고를 하는 경우
> 3. 사업의 양도 신고를 하는 경우
> 4. 화물자동차 운전자의 화물운송 종사자격이 취소되거나 효력이 정지된 경우

**정답** ②

**51** 고의로 교통사고를 일으켜 사람을 사망하게 하거나 다치게 한 경우의 처분은?

① 자격 취소
② 자격 정지 30일
③ 자격 정지 60일
④ 자격 정지 90일

> **해설** 고의로 교통사고를 일으켜 사람을 사망하게 하거나 다치게 한 경우 : 자격 취소

**정답** ①

**52** 다음 운수사업자 협회의 사업으로 옳지 않은 것은?

① 화물자동차 운수사업의 건전한 발전과 운수사업자의 공동이익을 도모하는 사업
② 화물자동차 운수사업의 경영개선을 위한 지도
③ 경영자와 운수종사자의 교육훈련
④ 국토교통부장관이 업무로 정한 사항

> **해설** 국토교통부장관이 아닌 협회가 업무로 정한 사항이 운수사업자 협회의 사업이다.

**정답** ④

**53** 다음 운수사업자 협회의 설립에 관한 내용으로 옳은 것은?

① 국토교통부장관의 허가
② 국토교통부장관의 인가
③ 국토교통부장관의 승인
④ 국토교통부장관에 신고

> **해설** 운수사업자는 화물자동차 운수사업의 건전한 발전과 운수사업자의 공동이익을 도모하기 위하여 국토교통부장관의 인가를 받아 화물자동차 운수사업의 종류별 또는 특별시·광역시·특별자치시·도·특별자치도 별로 협회를 설립할 수 있다.

**정답** ②

**54** 다음 운수사업자 협회의 공제조합사업 내용으로 볼 수 없는 것은?

① 공동이용시설의 설치·운영 및 관리, 그 밖에 조합원의 편의 및 복지 증진을 위한 사업
② 조합원에 대한 자금의 융자
③ 운수종사자가 조합원의 사업용 자동차를 소유·사용·관리하는 동안에 발생한 사고로 입은 자기 신체의 손해에 대한 공제
④ 공제조합에 고용된 자의 업무상 재해로 인한 손실을 보상하기 위한 공제

> **해설** 자금의 융자는 공제조합사업의 영역이 아니다.

**정답** ②

**55** 다음 사용신고대상 자가용 화물자동차의 최대 적재량은?

① 2.5톤 이상인 화물자동차
② 5톤 이상인 화물자동차
③ 10톤 이상인 화물자동차
④ 25톤 이상인 화물자동차

> **해설** 사용신고대상 화물자동차의 최대 적재량 : 2.5톤 이상인 화물자동차

**정답** ①

**56** 화물자동차 운수사업법상 자가용 화물자동차로 사용하고자 할 경우 관할관청에 사용신고를 하여야 하는 차량은 최대적재량 몇 톤 이상인가? (단, 특수자동차는 제외)

① 최대적재량 1.0톤 이상 화물자동차
② 최대적재량 1.5톤 이상 화물자동차
③ 최대적재량 2.5톤 이상 화물자동차
④ 최대적재량 4.0톤 이상 화물자동차

**해설** 특수자동차를 제외한 화물자동차로서 최대 적재량이 2.5톤 이상인 화물자동차는 시·도지사에게 신고하여야 한다.

**정답** ③

**57** 다음 자가용 화물자동차의 사용을 제한하는 경우 그 기간으로 옳은 것은?

① 6개월 이내
② 9개월 이내
③ 12개월 이내
④ 36개월 이내

**해설** 시·도지사는 자가용 화물자동차의 소유자 또는 사용자가 제한 사유에 해당하면 6개월 이내의 기간을 정하여 그 자동차의 사용을 제한하거나 금지할 수 있다.

**정답** ①

**58** 화물자동차의 운전업무에 종사하는 운수종사자가 매년 받아야 할 교육내용으로 옳지 않은 것은?

① 화물운수 서비스 증진 등을 위하여 필요한 사항
② 화물자동차 운수사업 관계 법령 및 도로교통 관계 법령
③ 화물자동차 정비에 관한 교육
④ 교통안전에 관한 사항

**해설** 화물자동차의 운전업무에 종사하는 운수종사자가 매년 받아야 할 교육내용
1. 화물자동차 운수사업 관계 법령 및 도로교통 관계 법령
2. 교통안전에 관한 사항
3. 화물운수와 관련한 업무수행에 필요한 사항
4. 그 밖에 화물운수 서비스 증진 등을 위하여 필요한 사항

**정답** ③

**59** 관할관청은 화물자동차 운수종사자 교육을 실시하려면 운수종사자 교육계획을 수립하여 언제까지 운수사업자에게 통지하여야 하는가?

① 교육을 시작하기 1개월 전까지
② 교육을 시작하기 6개월 전까지
③ 교육을 시작하기 9개월 전까지
④ 교육을 시작하기 12개월 전까지

**해설** 관할관청은 운수종사자 교육을 실시하는 때에는 운수종사자 교육계획을 수립하여 운수사업자에게 교육을 시작하기 1개월 전까지 통지하여야 한다.

**정답** ①

**60** 덮개·포장·고정장치 등 필요한 조치를 하지 아니하여 사람을 상해(傷害) 또는 사망에 이르게 한 운송사업자에 대한 처벌은?

① 1년 이하의 징역 또는 1천만원 이하의 벌금
② 2년 이하의 징역 또는 1천만원 이하의 벌금
③ 5년 이하의 징역 또는 2천만원 이하의 벌금
④ 7년 이하의 징역 또는 5천만원 이하의 벌금

**해설** 5년 이하의 징역 또는 2천만원 이하의 벌금
1. 덮개·포장·고정장치 등 필요한 조치를 하지 아니하여 사람을 상해(傷害) 또는 사망에 이르게 한 운송사업자
2. 덮개·포장·고정장치 등 조치를 하지 아니하고 화물자동차를 운행하여 사람을 상해(傷害) 또는 사망에 이르게 한 운수종사자

**정답** ③

**61** 3년 이하의 징역 또는 3천만원 이하의 벌금에 해당하지 않는 자는?

① 업무개시명령을 위반한 자
② 개선명령을 따르지 아니한 자
③ 거짓이나 부정한 방법으로 보조금을 교부 받은 자
④ 보조금 지급정지의 사유에 해당하는 행위에 가담하였거나 이를 공모한 주유업자 등

**해설** 3년 이하의 징역 또는 3천만원 이하의 벌금(법 제66조의2)
1. 업무개시명령을 위반한 자
2. 거짓이나 부정한 방법으로 보조금을 교부 받은 자
3. 보조금 지급정지의 사유에 해당하는 행위에 가담하였거나 이를 공모한 주유업자 등

**정답** ②

**62** 개선명령을 따르지 아니한 자에 대한 과태료는?

① 1천만원 이하의 과태료

② 2천만원 이하의 과태료

③ 3천만원 이하의 과태료

④ 4천만원 이하의 과태료

> **해설** 개선명령을 따르지 아니한 자 : 1천만원 이하의 과태료

**정답** ①

**63** 최대적재량 1.5톤 초과의 화물자동차가 차고지와 시·도자치단체의 조례로 정하는 시설 및 장소가 아닌 곳에서 밤샘주차한 경우 화물자동차 운송사업 개인에 대한 과징금은?

① 10만원     ② 15만원

③ 20만원     ④ 40만원

> **해설** 최대적재량 1.5톤 초과의 화물자동차가 차고지와 시·도자치단체의 조례로 정하는 시설 및 장소가 아닌 곳에서 밤샘주차한 경우 화물자동차 운송사업 개인 : 10만원

**정답** ①

**64** 화주로부터 부당한 운임 및 요금의 환급을 요구받고 환급하지 않은 경우 화물자동차 운송사업 개인에 대한 과징금은?

① 10만원     ② 15만원

③ 20만원     ④ 30만원

> **해설** 화주로부터 부당한 운임 및 요금의 환급을 요구받고 환급하지 않은 경우 화물자동차 운송사업 개인 : 30만원

**정답** ④

**65** 다음 화물운송업 관련 업무 중 시·도에서 처리하는 업무가 아닌 것은?

① 운송사업자에 대한 개선명령

② 화물자동차 운송사업의 임시허가

③ 화물자동차 운송사업 영업소의 허가

④ 화물자동차 운송주선사업 허가사항에 대한 변경신고

> **해설** 화물자동차 운송주선사업 허가사항에 대한 변경신고는 협회에서 처리하는 업무이다.

**정답** ④

**66** 다음 연합회에서 화물운송업과 관련하여 처리하는 업무로 클린 것은?

① 사업자 준수사항에 대한 계도활동

② 과적(過積) 운행, 과로 운전, 과속 운전의 예방 등 안전한 수송을 위한 지도·계몽

③ 화물운송 종사자격증의 발급

④ 법령 위반사항에 대한 처분의 건의

> **해설** 연합회에서 처리하는 업무
> 1. 사업자 준수사항에 대한 계도활동
> 2. 과적(過積) 운행, 과로 운전, 과속 운전의 예방 등 안전한 수송을 위한 지도·계몽
> 3. 법령 위반사항에 대한 처분의 건의

**정답** ③

# 제4장 자동차관리법령 [핵심요약]

QUALIFICATION TEST FOR CARGO WORKERS

## 1 총칙

**▥ 용어의 정의**

① **자동차** : 원동기에 의하여 육상에서 이동할 목적으로 제작한 용구 또는 이에 견인되어 육상을 이동할 목적으로 제작한 용구를 말한다.

② **운행** : 사람 또는 화물의 운송 여부에 관계없이 자동차를 그 용법에 따라 사용하는 것을 말한다.

③ **자동차사용자** : 자동차 소유자 또는 자동차 소유자로부터 자동차의 운행 등에 관한 사항을 위탁받은 자를 말한다.

④ **자동차의 차령기산일**

　　㉠ 제작연도에 등록된 자동차 : 최초의 신규등록일

　　㉡ 제작연도에 등록되지 아니한 자동차 : 제작연도의 말일

**▥ 자동차의 종류** : 자동차는 승용자동차, 승합자동차, 화물자동차, 특수자동차 및 이륜자동차로 구분한다.

① **승용자동차** : 10인 이하를 운송하기에 적합하게 제작된 자동차

② **승합자동차** : 11인 이상을 운송하기에 적합하게 제작된 자동차

③ **화물자동차** : 화물을 운송하기에 적합한 화물적재공간을 갖추고, 화물적재공간의 총적재화물의 무게가 운전자를 제외한 승객이 승차공간에 모두 탑승했을 때의 승객의 무게보다 많은 자동차

④ **특수자동차** : 다른 자동차를 견인하거나 구난작업 또는 특수한 작업을 수행하기에 적합하게 제작된 자동차로서 승용자동차·승합자동차 또는 화물자동차가 아닌 자동차

⑤ **이륜자동차** : 총배기량 또는 정격출력의 크기와 관계없이 1인 또는 2인의 사람을 운송하기에 적합하게 제작된 이륜의 자동차 및 그와 유사한 구조로 되어 있는 자동차

## 2 자동차의 등록

**▥ 등록** : 자동차는 자동차등록원부에 등록한 후가 아니면 이를 운행할 수 없다.

**▥ 자동차등록번호판**

① 시·도지사는 국토교통부령으로 정하는 바에 따라 자동차등록번호판을 붙이고 봉인을 하여야 한다.

② 붙인 등록번호판 및 봉인은 시·도지사의 허가를 받은 경우와 다른 법률에 특별한 규정이 있는 경우를 제외하고는 떼지 못한다.

③ 자동차 소유자는 등록번호판이나 봉인이 떨어지거나 알아보기 어렵게 된 경우에는 시·도지사에게 등록번호판의 부착 및 봉인을 다시 신청하여야 한다.

④ 등록번호판의 부착 또는 봉인을 하지 아니한 자동차는 운행하지 못한다.

⑤ 누구든지 등록번호판을 가리거나 알아보기 곤란하게 하여서는 아니 되며, 그러한 자동차를 운행하여서는 아니 된다.

⑥ 누구든지 등록번호판을 가리거나 알아보기 곤란하게 하기 위한 장치를 제조·수입하거나 판매·공여하여서는 아니 된다.

⑦ 자동차 소유자는 자전거 운반용 부착장치 등 국토교통부령으로 정하는 외부장치를 자동차에 부착하여 등록번호판이 가려지게 되는 경우에는 시·도지사에게 외부장치용 등록번호판의 부착을 신청하여야 한다.

⑧ 시·도지사는 등록번호판 및 그 봉인을 회수한 경우에는 다시 사용할 수 없는 상태로 폐기하여야 한다.

⑨ 누구든지 등록번호판 영치업무를 방해할 목적으로 등록번호판의 부착 및 봉인 이외의 방법으로 등록번호판을 부착하거나 봉인하여서는 아니 되며, 그러한 자동차를 운행하여서도 아니 된다.

■ **변경등록** : 자동차 소유자는 등록원부의 기재 사항이 변경된 경우에는 시·도지사에게 변경등록을 신청하여야 한다.

① 신청기간만료일부터 90일 이내인 때 : 과태료 2만원

② 신청기간만료일부터 90일을 초과한 경우 174일 이내인 경우 2만원에 91일째부터 계산하여 3일 초과 시마다 : 과태료 1만원

③ 신청 지연기간이 175일 이상인 경우 : 30만원

■ **이전등록**

① 등록된 자동차를 양수받는 자는 시·도지사에게 자동차 소유권의 이전등록을 신청하여야 한다.

② 자동차를 양수한 자가 다시 제3자에게 양도하려는 경우에는 양도 전에 자기 명의로 이전등록을 하여야 한다.

③ 자동차를 양수한 자가 이전등록을 신청하지 아니한 경우에는 그 양수인을 갈음하여 양도자가 신청할 수 있다.

④ 이전등록 신청을 받은 시·도지사는 등록을 수리하여야 한다.

⑤ 이전등록에 관하여는 신규등록의 규정을 준용한다.

■ **말소등록**

① 자동차 소유자는 등록된 자동차가 다음의 어느 하나의 사유에 해당하는 경우에는 자동차등록증, 자동차등록번호판 및 봉인을 반납하고 시·도지사에게 말소등록을 신청하여야 한다. 다만, ㉯ 및 ㉰의 사유에 해당하는 경우에는 말소등록을 신청할 수 있다.

㉠ 자동차해체재활용업을 등록한 자에게 폐차를 요청한 경우

㉡ 자동차제작·판매자등에게 반품한 경우(자동차의 교환 또는 환불 요구에 따라 반품된 경우 포함)

㉢ 여객자동차 운수사업법에 따른 차령이 초과된 경우

㉣ 여객자동차 운수사업법 및 화물자동차 운수사업법에 따라 면허·등록·인가 또는 신고가 실효(失效)되거나 취소된 경우

㉤ 천재지변·교통사고 또는 화재로 자동차 본래의 기능을 회복할 수 없게 되거나 멸실된 경우

㉯ 자동차를 수출하는 경우

㉰ 압류등록을 한 후에도 환가절차 등 후속 강제집행 절차가 진행되고 있지 아니하는 차량 중 차령 등 환가가치가 남아 있지 아니하다고 인정되는 경우

㉱ 자동차를 교육·연구의 목적으로 사용하는 등 대통령령으로 정하는 사유에 해당하는 경우

② 시·도지사는 다음의 어느 하나에 해당하는 경우에는 직권으로 말소등록을 할 수 있다.

㉠ 말소등록을 신청하여야 할 자가 신청하지 아니한 경우

㉡ 자동차의 차대[차대가 없는 자동차의 경우에는 차체를 말한다.]가 등록원부상의 차대와 다른 경우

ⓒ 자동차 운행정지 명령에도 불구하고 해당 자동차를 계속 운행하는 경우

ⓔ 자동차를 폐차한 경우

ⓜ 속임수나 그 밖의 부정한 방법으로 등록된 경우

▨ **자동차등록증의 비치 등** : 자동차 소유자는 자동차등록증이 없어지거나 알아보기 곤란하게 된 경우에는 재발급신청을 하여야 한다.

▨ **임시운행**

① **임시운행허가기간**

ㄱ 신규등록신청을 위하여 자동차를 운행하려는 경우 : 10일 이내

ㄴ 자동차의 차대번호 또는 원동기형식의 표기를 지우거나 그 표기를 받기 위하여 자동차를 운행하려는 경우 : 10일 이내

ㄷ 신규검사 또는 임시검사를 받기 위하여 자동차를 운행하려는 경우 : 10일 이내

ㄹ 자동차를 제작·조립·수입 또는 판매하는 자가 판매사업장·하치장 또는 전시장에 보관·전시하기 위하여 운행하려는 경우 : 10일 이내

ㅁ 자동차를 제작·조립·수입 또는 판매하는 자가 판매한 자동차를 환수하기 위하여 운행하려는 경우 : 10일 이내

ㅂ 자동차운전학원 및 자동차운전전문학원을 설립·운영하는 자가 검사를 받기 위하여 기능교육용 자동차를 운행하려는 경우 : 10일 이내

ㅅ 수출하기 위하여 말소등록한 자동차를 점검·정비하거나 선적하기 위하여 운행하려는 경우 : 20일 이내

ㅇ 자동차자기인증에 필요한 시험 또는 확인을 받기 위하여 자동차를 운행하려는 경우 : 40일 이내

ㅈ 자동차를 제작·조립 또는 수입하는 자가 자동차에 특수한 설비를 설치하기 위하여 다른 제작 또는 조립장소로 자동차를 운행하려는 경우 : 40일 이내

ㅊ 자가 시험·연구의 목적으로 자동차를 운행하려는 경우 : 2년의 범위에서 해당 시험·연구에 소요되는 기간

② **운행정지중인 자동차의 임시운행**

ㄱ 운행정지처분을 받아 운행정지중인 자동차

ㄴ 등록번호판이 영치된 자동차

ㄷ 화물자동차 운송사업의 허가 취소 등에 따른 사업정지처분을 받아 운행정지중인 자동차

ㄹ 자동차세의 납부의무를 이행하지 아니하여 자동차등록증이 회수되거나 등록번호판이 영치된 자동차

ㅁ 압류로 인하여 운행정지중인 자동차

ㅂ 의무보험에 가입되지 아니하여 자동차의 등록번호판이 영치된 자동차

ㅅ 자동차의 운행·관리 등에 관한 질서위반행위 중 대통령령으로 정하는 질서위반행위로 부과받은 과태료를 납부하지 아니하여 등록번호판이 영치된 자동차

## 3　자동차의 안전기준 및 자기인증

■ **자동차의 구조 및 장치** : 자동차는 구조 및 장치가 안전운행에 필요한 성능과 기준에 적합하지 아니하면 이를 운행하지 못한다.

■ **자동차의 튜닝**

① 자동차의 구조·장치 중 국토교통부령으로 정하는 것을 변경하려는 경우에는 그 자동차의 소유자가 시장·군수·구청장의 승인을 받아야 한다.

② 시장·군수 또는 구청장은 튜닝 승인에 관한 권한을 한국교통안전공단에 위탁한다.

③ **자동차 튜닝이 승인되지 않는 경우**

㉠ 총중량이 증가되는 튜닝

㉡ 승차정원 또는 최대적재량의 증가를 가져오는 승차장치 또는 물품적재장치의 튜닝(다만, 승차정원 또는 최대적재량을 감소시켰던 자동차를 원상회복하는 경우, 동일한 형식으로 자기 인증되어 제원이 통보된 차종의 승차정원 또는 최대적재량의 범위 안에서 최대적재량을 증가시키는 경우, 차대 또는 차체가 동일한 승용자동차·승합자동차의 승차정원 중 가장 많은 것의 범위 안에서 해당 자동차의 승차정원을 증가시키는 경우 제외)

㉢ 자동차의 종류가 변경되는 튜닝

㉣ 변경전보다 성능 또는 안전도가 저하될 우려가 있는 경우의 변경

④ **튜닝검사의 신청서류**

㉠ 자동차등록증, 튜닝승인서, 튜닝 전·후의 주요제원대비표

㉡ 튜닝 전·후의 자동차외관도(외관의 변경이 있는 경우에 한한다), 튜닝하려는 구조·장치의 설계도

## 4　자동차의 점검 및 정비

■ 시장·군수·구청장은 다음의 어느 하나에 해당하는 자동차 소유지에게 점검·정비·검사 또는 원상복구를 명할 수 있다. 다만, ②에 해당하는 경우에는 원상복구 및 임시검사를, ③에 해당하는 경우에는 정기검사 또는 종합검사를, ④에 해당하는 경우에는 임시검사를 각각 명하여야 한다.

① 자동차안전기준에 적합하지 아니하거나 안전운행에 지장이 있다고 인정되는 자동차

② 승인을 받지 아니하고 튜닝한 자동차

③ 자동차 정기검사 또는 자동차종합검사를 받지 아니한 자동차

④ 화물자동차 운수사업법에 따른 중대한 교통사고가 발생한 사업용 자동차

■ 시장·군수 또는 구청장은 점검·정비·검사 또는 원상복구를 명하려는 경우 국토교통부령으로 정하는 바에 따라 기간을 정하여야 한다. 이 경우 해당 자동차의 운행정지를 함께 명할 수 있다.

## 5 자동차의 검사

### ■ 자동차검사(법 제43조)

① 자동차 소유자는 해당 자동차에 대하여 다음의 구분에 따라 국토교통부장관이 실시하는 검사를 받아야 한다.

ㄱ 신규검사 : 신규등록을 하려는 경우 실시하는 검사

ㄴ 정기검사 : 신규등록 후 일정 기간마다 정기적으로 실시하는 검사

ㄷ 튜닝검사 : 자동차를 튜닝한 경우에 실시하는 검사

ㄹ 임시검사 : 자동차관리법 또는 자동차관리법에 따른 명령이나 자동차 소유자의 신청을 받아 비정기적으로 실시하는 검사

② 국토교통부장관은 자동차 소유자가 천재지변이나 그 밖의 부득이한 사유로 정기검사, 튜닝검사, 임시검사를 받을 수 없다고 인정될 때에는 그 기간을 연장하거나 자동차검사를 유예할 수 있다.

### ■ 자동차 정기검사 유효기간

| 차종 | 비사업용 승용자동차 및 피견인자동차 | 사업용 승용 자동차 | 경형·소형의 승합 및 화물자동차 | 사업용 대형화물자동차 | | 중형 승합자동차 및 사업용 대형 승합자동차 | | 그 밖의 자동차 | |
|---|---|---|---|---|---|---|---|---|---|
| 차령 | | | | 2년 이하 | 2년 초과 | 8년 이하 | 8년 초과 | 5년 이하 | 5년 초과 |
| 유효 기간 | 2년 (최초 4년) | 1년 (최초 2년) | 1년 | 1년 | 6월 | 1년 | 6월 | 1년 | 6월 |

### ■ 자동차종합검사

① 운행차 배출가스 정밀검사 시행지역에 등록한 자동차소유자 및 특정경유자동차 소유자는 자동차 정기검사와 배출가스 정밀검사 또는 특정경유자동차 배출가스 검사를 통합하여 국토교통부장관과 환경부장관이 공동으로 다음에 대하여 실시하는 자동차종합검사를 받아야 한다. 종합검사를 받은 경우에는 정기검사, 정밀검사, 특정경유자동차검사를 받은 것으로 본다.

ㄱ 자동차의 동일성 확인 및 배출가스 관련 장치 등의 작동 상태 확인을 관능검사 및 기능검사로 하는 공통 분야

ㄴ 자동차 안전검사 분야

ㄷ 자동차 배출가스 정밀검사 분야

② 종합검사의 대상과 유효기간

| 검사 대상 | | 적용 차령(車齡) | 검사 유효기간 |
|---|---|---|---|
| 승용자동차 | 비사업용 | 차령이 4년 초과인 자동차 | 2년 |
| | 사업용 | 차령이 2년 초과인 자동차 | 1년 |
| 경형·소형의 승합 및 화물자동차 | 비사업용 | 차령이 3년 초과인 자동차 | 1년 |
| | 사업용 | 차령이 2년 초과인 자동차 | 1년 |
| 사업용 대형화물자동차 | | 차령이 2년 초과인 자동차 | 6개월 |
| 사업용 대형승합자동차 | | 차령이 2년 초과인 자동차 | 차령 8년 까지는 1년, 이후부터는 6개월 |
| 중형 승합자동차 | 비사업용 | 차령이 3년 초과인 자동차 | 차령 8년까지는 1년, 이후부터는 6개월 |
| | 사업용 | 차령이 2년 초과인 자동차 | 차령 8년까지는 1년, 이후부터는 6개월 |
| 그 밖의 자동차 | 비사업용 | 차령이 3년 초과인 자동차 | 차령 5년까지는 1년, 이후부터는 6개월 |
| | 사업용 | 차령이 2년 초과인 자동차 | 차령 5년까지는 1년, 이후부터는 6개월 |

제**4**장

# 자동차관리법령 [적중문제]

CBT 대비
필기문제

QUALIFICATION TEST FOR CARGO WORKERS

**01** 다음 자동차관리법의 적용이 제외되는 자동차에 해당하지 않는 것은?

① 궤도 또는 공중선에 의하여 운행되는 차량
② 의료기기
③ 소형 승합차
④ 농업기계

> **해설** 자동차관리법의 적용이 제외되는 자동차 : 건설기계, 농업기계, 군수 차량, 궤도 또는 공중선에 의하여 운행되는 차량, 의료기기

**정답** ③

**02** 사람 또는 화물의 운송 여부에 관계없이 자동차를 그 용법에 따라 사용하는 것을 무엇이라 하는가?

① 운전 　　② 수송
③ 운송 　　④ 운행

> **해설** 운행 : 사람 또는 화물의 운송 여부에 관계없이 자동차를 그 용법에 따라 사용하는 것을 말한다.

**정답** ④

**03** 다음 자동차관리법상의 자동차가 아닌 것은?

① 덤프트럭 　　② 이륜자동차
③ 화물자동차 　　④ 승합자동차

> **해설** 자동차의 종류 : 승용자동차, 승합자동차, 화물자동차, 특수자동차 및 이륜자동차

**정답** ①

**04** 다음 승용자동차의 정원으로 옳은 것은?

① 4인 이하 　　② 6인 이하
③ 8인 이하 　　④ 10인 이하

> **해설** 승용자동차 : 10인 이하를 운송하기에 적합하게 제작된 자동차

**정답** ④

**05** 다음 화물자동차에 관한 설명으로 바르지 않은 것은?

① 화물을 운송하기 적합하게 바닥 면적이 최소 $2m^2$ 이상인 화물적재공간을 갖춘 자동차이다.
② 화물적재공간의 총적재화물의 무게가 운전자를 제외한 승객이 승차공간에 모두 탑승했을 때의 승객의 무게보다 적은 자동차이다.
③ 소형·경형화물자동차로서 이동용 음식판매 용도인 경우에는 $0.5m^2$ 이상인 화물적재공간을 갖춘 자동차를 말한다.
④ 특수용도형의 경형화물자동차는 $1m^2$ 이상인 화물적재공간을 갖춘 자동차이다.

> **해설** 화물자동차는 화물적재공간의 총적재화물의 무게가 운전자를 제외한 승객이 승차공간에 모두 탑승했을 때의 승객의 무게보다 많은 자동차이다.

**정답** ②

**06** 총배기량 또는 정격출력의 크기와 관계없이 1인 또는 2인의 사람을 운송하기에 적합하게 제작된 이륜의 자동차 및 그와 유사한 구조로 되어 있는 자동차는?

① 승용자동차 　　② 이륜자동차
③ 승합자동차 　　④ 특수자동차

> **해설** 이륜자동차 : 총배기량 또는 정격출력의 크기와 관계없이 1인 또는 2인의 사람을 운송하기에 적합하게 제작된 이륜의 자동차 및 그와 유사한 구조로 되어 있는 자동차

**정답** ②

**07** 다음 자동차등록번호판에 관한 내용으로 옳지 않은 것은?

① 시·도지사는 등록번호판 및 그 봉인을 회수한 경우에는 다시 사용할 수 없는 상태로 폐기하여야 한다.

② 자동차의 소유자는 자동차등록번호판을 붙이고 봉인을 하여야 한다.

③ 등록번호판의 부착 또는 봉인을 하지 아니한 자동차는 운행하지 못한다.

④ 누구든지 등록번호판을 가리거나 알아보기 곤란하게 하여서는 아니 되며, 그러한 자동차를 운행하여서는 아니 된다.

> **해설**  시·도지사는 국토교통부령으로 정하는 바에 따라 자동차등록번호판을 붙이고 봉인을 하여야 한다.

**정답** ②

**08** 자동차소유자 또는 자동차소유자에 갈음하여 자동차등록을 신청하는 자가 직접 자동차등록번호판을 붙이고 봉인을 하여야 하는 경우에 이를 이행하지 아니한 경우의 과태료는?

① 30만원  ② 50만원
③ 100만원  ④ 500만원

> **해설**  자동차소유자 또는 자동차소유자에 갈음하여 자동차등록을 신청하는 자가 직접 자동차등록번호판을 붙이고 봉인을 하여야 하는 경우에 이를 이행하지 아니한 경우 : 과태료 50만원

**정답** ②

**09** 고의로 자동차등록번호판을 가리거나 알아보기 곤란하게 한 자에 대한 처벌은?

① 1년 이하의 징역
② 1년 이하의 징역 또는 500만 원 이하의 벌금
③ 1년 이하의 징역 또는 1천만 원 이하의 벌금
④ 3년 이하의 징역 또는 3천만 원 이하의 벌금

> **해설**  고의로 등록번호판을 가리거나 알아보기 곤란하게 한 자 : 1년 이하의 징역 또는 1천만 원 이하의 벌금

**정답** ③

**10** 자동차의 변경등록신청을 하지 않은 경우 신청기간 만료일부터 90일 이내인 때의 과태료는?

① 1만원  ② 2만원
③ 5만원  ④ 30만원

> **해설**  자동차의 변경등록신청을 하지 않은 경우 과태료
> 1. 신청기간만료일부터 90일 이내인 때 : 과태료 2만원
> 2. 신청기간만료일부터 90일을 초과한 경우 174일 이내인 경우 2만원에 91일째부터 계산하여 3일 초과 시마다 : 과태료 1만원
> 3. 신청 지연기간이 175일 이상인 경우 : 30만원

**정답** ②

**11** 다음 자동차의 이전등록에 관한 설명으로 바르지 않은 것은?

① 이전등록 신청을 받은 시·도지사는 등록을 수리하여야 한다.

② 자동차를 양수한 자가 다시 제3자에게 양도하려는 경우에는 양도 후에 제3자로 이전등록을 하여야 한다.

③ 자동차를 양수한 자가 이전등록을 신청하지 아니한 경우에는 그 양수인을 갈음하여 양도자가 신청할 수 있다.

④ 이전등록에 관하여는 신규등록의 규정을 준용한다.

> **해설**  자동차를 양수한 자가 다시 제3자에게 양도하려는 경우에는 양도 전에 자기 명의로 이전등록을 하여야 한다.

**정답** ②

**12** 자동차 소유자가 말소등록을 신청하는 경우 반납하여야 할 사항이 아닌 것은?

① 자동차 수리 내역서
② 자동차등록증
③ 자동차등록번호판
④ 봉인

> **해설**  자동차 소유자는 등록된 자동차가 말소등록을 신청하는 경우에는 자동차등록증, 자동차등록번호판 및 봉인을 반납하고 시·도지사에게 말소등록을 신청하여야 한다.

**정답** ①

**13** 다음 자동차 소유자가 말소등록을 신청할 수 있는 경우는?

① 자동차를 수출하는 경우

② 천재지변·교통사고 또는 화재로 자동차 본래의 기능을 회복할 수 없게 되거나 멸실된 경우

③ 면허·등록·인가 또는 신고가 실효되거나 취소된 경우

④ 여객자동차 운수사업법에 따른 차령이 초과된 경우

> **해설** 자동차 소유자가 말소등록을 신청할 수 있는 경우
> 1. 자동차를 수출하는 경우
> 2. 압류등록을 한 후에도 환가절차 등 후속 강제집행 절차가 진행되고 있지 아니하는 차량 중 차령 등 환가가치가 남아 있지 아니하다고 인정되는 경우

**정답** ①

**14** 다음 시·도지사가 직권으로 말소등록을 할 수 있는 경우가 아닌 것은?

① 속임수나 그 밖의 부정한 방법으로 등록된 경우

② 자동차 운행정지 명령에도 불구하고 해당 자동차를 계속 운행하는 경우

③ 말소등록을 신청하여야 할 자가 신청하지 아니한 경우

④ 자동차를 수리하려고 해체한 경우

> **해설** 직권 말소등록 사유
> 1. 말소등록을 신청하여야 할 자가 신청하지 아니한 경우
> 2. 자동차의 차대[차대가 없는 자동차의 경우에는 차체를 말한다.]가 등록원부상의 차대와 다른 경우
> 3. 자동차 운행정지 명령에도 불구하고 해당 자동차를 계속 운행하는 경우
> 4. 자동차를 폐차한 경우
> 5. 속임수나 그 밖의 부정한 방법으로 등록된 경우

**정답** ④

**15** 신규등록신청을 위하여 자동차를 운행하려는 경우의 임시운행허가기간은?

① 5일 이내　　② 10일 이내

③ 30일 이내　　④ 90일 이내

> **해설** 신규등록신청을 위하여 자동차를 운행하려는 경우 : 10일 이내

**정답** ②

**16** 다음 임시운행허가기간의 연결이 옳지 않은 것은?

① 자동차를 제작·조립·수입 또는 판매하는 자가 판매한 자동차를 환수하기 위하여 운행하려는 경우 : 10일 이내

② 자동차운전학원 및 자동차운전전문학원을 설립·운영하는 자가 검사를 받기 위하여 기능교육용 자동차를 운행하려는 경우 : 10일 이내

③ 수출하기 위하여 말소등록한 자동차를 점검·정비하거나 선적하기 위하여 운행하려는 경우 : 40일 이내

④ 자동차자기인증에 필요한 시험 또는 확인을 받기 위하여 자동차를 운행하려는 경우 : 40일 이내

> **해설** 수출하기 위하여 말소등록한 자동차를 점검·정비하거나 선적하기 위하여 운행하려는 경우 : 20일 이내

**정답** ③

**17** 다음 자동차의 구조부분이 아닌 것은?

① 최저지상고

② 완충장치

③ 최소회전반경

④ 접지부분 및 접지압력

> **해설** 자동차의 구조 : 길이·너비 및 높이, 최저지상고, 총중량, 중량분포, 최대안전경사각도, 최소회전반경, 접지부분 및 접지압력

**정답** ②

**18** 다음 자동차의 튜닝이 승인되는 경우는?

① 변경전보다 성능 또는 안전도가 향상될 수 있는 변경

② 승차정원 또는 최대적재량의 증가를 가져오는 승차장치 또는 물품적재장치의 튜닝

③ 자동차의 종류가 변경되는 튜닝

④ 총중량이 증가되는 튜닝

> **해설** 변경전보다 성능 또는 안전도가 저하될 우려가 있는 경우의 변경은 승인되지 않는다.

**정답** ①

**19** 다음 자동차 튜닝검사 신청서류가 아닌 것은?

① 보험가입증명서
② 튜닝 전·후의 주요제원대비표
③ 튜닝승인신청서
④ 튜닝 전·후의 자동차의 외관도

> **해설** 자동차 튜닝검사 신청서류 : 튜닝 전·후의 주요제원대비표, 튜닝 전·후의 자동차의 외관도, 튜닝하려는 구조·장치의 설계도, 튜닝승인신청서, 자동차등록증

**정답** ①

**20** 다음 안전운행에 지장이 있다고 인정되는 자동차 소유자에게 점검·정비·검사 또는 원상복구를 명할 수 있는 자는?

① 국토교통부장관
② 시·도경찰청장
③ 시장·군수·구청장
④ 시·도지사

> **해설** 시장·군수·구청장은 안전운행에 지장이 있다고 인정되는 자동차 소유자에게 국토교통부령으로 정하는 바에 따라 점검·정비·검사 또는 원상복구를 명할 수 있다.

**정답** ③

**21** 화물자동차 운수사업법에 따른 중대한 교통사고가 발생한 사업용 자동차에 대하여 명하는 검사는?

① 특별검사
② 정기검사 또는 종합검사
③ 원상복구 및 임시검사
④ 임시검사

> **해설** 화물자동차 운수사업법에 따른 중대한 교통사고가 발생한 사업용 자동차 : 임시검사

**정답** ④

**22** 자동차를 튜닝한 경우에 실시하는 검사는?

① 정기검사　　② 신규검사
③ 임시검사　　④ 튜닝검사

> **해설** 튜닝검사 : 자동차를 튜닝한 경우에 실시하는 검사

**정답** ④

**23** 신규등록 후 일정 기간마다 정기적으로 실시하는 검사는?

① 튜닝검사　　② 신규검사
③ 정기검사　　④ 임시검사

> **해설** 정기검사 : 신규등록 후 일정 기간마다 정기적으로 실시하는 검사

**정답** ③

**24** 다음 자동차 정기검사의 유효기간으로 틀린 것은?

① 피견인자동차 : 2년
② 사업용 대형 승합자동차 중 차령 8년 초과 : 1년
③ 소형의 승합차 : 1년
④ 중형 승합자동차 중 차령 8년 초과 : 6월

> **해설** 사업용 대형 승합자동차 중 차령 8년 초과 : 6월

**정답** ②

**25** 다음 사업용 화물자동차로 차령이 2년 초과인 자동차의 종합검사 유효기간은?

① 6월　　　　② 1년
③ 2년　　　　④ 3년

> **해설** 사업용 화물자동차로 차령이 2년 초과인 자동차의 종합검사 유효기간 : 1년

**정답** ②

**26** 신규등록을 하는 자동차의 검사 유효기간의 계산 방법은?

① 자동차 도착일부터 계산
② 직전 검사 유효기간 마지막 날의 다음 날부터 계산
③ 자동차 출고일로부터 계산
④ 신규등록일부터 계산

> **해설** 신규등록을 하는 자동차 : 신규등록일부터 계산

**정답** ④

**27** 다음 자동차의 재검사를 받아야 할 때 제출해야 할 사항이 아닌 것은?

① 자동차종합검사 결과표
② 자동차기능 종합진단서
③ 자동차등록증
④ 자동차 수리 내역서

> **해설** 자동차의 소유자가 재검사를 받으려는 경우에는 종합검사대행자 또는 종합검사지정정비사업자에게 자동차등록증과 자동차종합검사 결과표 또는 자동차기능 종합진단서를 제출하고 해당 자동차를 제시하여야 한다.

**정답** ④

**28** 자동차종합검사기간 전에 자동차종합검사 부적합 판정을 받은 자동차의 소유자는 부적합 판정을 받은 날부터 며칠 이내에 재검사를 신청하여야 하는가?

① 2일
② 5일
③ 10일
④ 30일

> **해설** 종합검사기간 전 또는 후에 종합검사를 신청한 경우 : 부적합 판정을 받은 날부터 10일 이내

**정답** ③

**29** 자동차관리법령에 따라 검사기간을 연장 또는 유예할 수 있는 경우가 아닌 것은?

① 부득이한 사유로 자동차를 운행할 수 없다고 인정되는 경우
② 자동차를 도난당한 경우
③ 생업에 종사하느라 바쁜 경우
④ 신고된 매매용 자동차의 검사유효기간 만료일이 도래하는 경우

> **해설** 검사기간을 연장 또는 유예할 수 있는 경우 : 전시·사변 또는 이에 준하는 비상사태, 자동차의 도난·사고발생·폐차·압류 또는 장기간의 정비, 섬지역의 출장검사, 신고된 매매용 자동차의 검사유효기간 만료일이 도래하는 경우, 부득이한 사유로 자동차를 운행할 수 없다고 인정되는 경우

**정답** ③

**30** 자동차정기검사 유효기간 만료일부터 30일 이내인 때 과태료는 얼마인가?

① 1만원
② 3만원
③ 4만원
④ 5만원

> **해설** 검사지연기간이 30일 이내인 경우 : 4만 원

**정답** ③

# 제5장 도로법령 [핵심요약]

QUALIFICATION TEST FOR CARGO WORKERS

## 1 총칙

■ **도로의 정의** : 차도, 보도, 자전거도로, 측도(側道), 터널, 교량, 육교 등 도로의 종류와 등급에 열거된 것을 말하며, 도로의 부속물을 포함한다.

① **대통령령으로 정하는 시설** : 차도·보도·자전거도로 및 측도, 터널·교량·지하도 및 육교, 궤도, 옹벽·배수로·길도랑·지하통로 및 무넘기시설, 도선장 및 도선의 교통을 위하여 수면에 설치하는 시설

② **도로법 제10조의 도로** : 고속국도, 일반국도, 특별시도·광역시도, 지방도, 시도, 군도, 구도

③ **도로의 부속물** : 도로관리청이 도로의 편리한 이용과 안전 및 원활한 도로교통의 확보, 그 밖에 도로의 관리를 위하여 설치하는 시설 또는 공작물

ㄱ 주차장, 버스정류시설, 휴게시설 등 도로이용 지원시설

ㄴ 시선유도표지, 중앙분리대, 과속방지시설 등 도로안전시설

ㄷ 통행료 징수시설, 도로관제시설, 도로관리사업소 등 도로관리시설

ㄹ 도로표지 및 교통량 측정시설 등 교통관리시설

ㅁ 낙석방지시설, 제설시설, 식수대 등 도로에서의 재해 예방 및 구조 활동, 도로 환경의 개선·유지 등을 위한 도로부대시설

ㅂ 그 밖에 도로의 기능 유지 등을 위한 시설로서 대통령령으로 정하는 시설

■ **도로의 종류와 등급** : 도로의 종류는 다음과 같고 그 등급은 다음에 열거한 순위에 의한다. 고속국도, 일반국도, 특별시도·광역시도, 지방도, 시도, 군도, 구도

## 2 도로의 보전 및 공용부담

■ **도로에 관한 금지행위**

① 도로를 파손하는 행위

② 도로에 토석(土石), 입목·죽(竹) 등 장애물을 쌓아놓는 행위

③ 그 밖에 도로의 구조나 교통에 지장을 주는 행위

■ **차량의 운행제한**

① 축하중이 10톤을 초과하거나 총중량이 40톤을 초과하는 차량

② 차량의 폭이 2.5미터, 높이가 4.0미터, 길이가 16.7미터를 초과하는 차량

③ 도로관리청이 특히 도로구조의 보전과 통행의 안전에 지장이 있다고 인정하는 차량

■ **적재량 측정 방해 행위의 금지 등**

① 차량의 운전자는 자동차의 장치를 조작하는 등 차량의 적재량 측정을 방해하는 행위를 하여서는 아니 된다.

② 도로관리청은 차량의 운전자가 적재량 측정을 위반하였다고 판단하면 재측정을 요구할 수 있다.

■ **자동차전용도로의 통행방법**

① 자동차전용도로에서는 차량만을 사용해서 통행하거나 출입하여야 한다.

② 도로관리청은 자동차전용도로의 입구나 그 밖에 필요한 장소에 자동차전용도로의 내용과 자동차전용도로의 통행을 금지하거나 제한하는 대상 등을 구체적으로 밝힌 도로표지를 설치하여야 한다.

part
01

교통 및 화물 관련 법규

# 도로법령 [적중문제]

QUALIFICATION TEST FOR CARGO WORKERS

## 01 다음 도로법령의 목적이 아닌 것은?

① 도로망의 계획수립, 도로 노선의 지정, 도로공사의 시행과 도로의 시설 기준, 도로의 관리·보전 및 비용 부담 등에 관한 사항 규정
② 국민이 안전하고 편리하게 이용할 수 있는 도로 건설
③ 교통의 원활한 소통
④ 도로의 건설과 공공복리 향상에 이바지

> **해설** 도로법은 도로망의 계획수립, 도로 노선의 지정, 도로공사의 시행과 도로의 시설 기준, 도로의 관리·보전 및 비용 부담 등에 관한 사항을 규정하여 국민이 안전하고 편리하게 이용할 수 있는 도로의 건설과 공공복리의 향상에 이바지함을 목적으로 한다.
>
> **정답** ③

## 02 도로법령에서 도로관리청이 도로의 편리한 이용과 안전 및 원활한 도로교통의 확보, 그밖에 도로의 관리를 위하여 설치하는 시설 또는 공작물을 무엇이라 하는가?

① 도로의 부속물　　② 일반국도
③ 지방도　　　　　④ 궤도

> **해설** **도로의 부속물** : 도로관리청이 도로의 편리한 이용과 안전 및 원활한 도로교통의 확보, 그밖에 도로의 관리를 위하여 설치하는 시설 또는 공작물
>
> **정답** ①

## 03 다음 도로법에 의한 도로가 아닌 것은?

① 군도　　　　　　② 특별시도·광역시도
③ 지방도　　　　　④ 고속도로

> **해설** **도로법 제10조의 도로** : 고속국도(고속국도의 지선 포함), 일반국도(일반국도의 지선 포함), 특별시도·광역시도, 지방도, 시도, 군도, 구도
>
> **정답** ④

## 04 다음 시청 또는 군청 소재지를 서로 연결하는 도로는?

① 일반국도
② 고속국도
③ 특별시도·광역시도
④ 지방도

> **해설** **지방도** : 시·도의 간선도로망을 이루는 도청 소재지에서 시청 또는 군청 소재지에 이르는 도로, 시청 또는 군청 소재지를 서로 연결하는 도로
>
> **정답** ④

## 05 다음 도로에 관한 금지행위가 아닌 것은?

① 도로를 통행하는 행위
② 도로에 토석, 입목·죽 등 장애물을 쌓아놓는 행위
③ 도로의 구조나 교통에 지장을 주는 행위
④ 도로를 파손하는 행위

> **해설** 도로에 관한 금지행위
> 1. 도로를 파손하는 행위
> 2. 도로에 토석, 입목·죽 등 장애물을 쌓아놓는 행위
> 3. 그 밖에 도로의 구조나 교통에 지장을 주는 행위
>
> **정답** ①

## 06 정당한 사유 없이 도로를 파손하여 교통을 방해하거나 교통에 위험을 발생하게 한 자에 대한 처벌은?

① 1년 이하의 징역이나 1천만원 이하의 벌금
② 5년 이하의 징역이나 5천만원 이하의 벌금
③ 10년 이하의 징역이나 1억원 이하의 벌금
④ 10년 이상의 유기징역이나 1억원 이상의 벌금

> **해설** 정당한 사유 없이 도로(고속국도는 제외)를 파손하여 교통을 방해하거나 교통에 위험을 발생하게 한 자 : 10년 이하의 징역이나 1억원 이하의 벌금
>
> **정답** ③

**07** 도로관리청이 운행을 제한할 수 있는 차량이 아닌 것은?

① 축하중이 5톤을 초과하거나 총중량이 30톤을 초과하는 차량
② 차량의 폭이 2.5m를 초과하는 차량
③ 높이가 4.0m를 초과하는 차량
④ 길이가 16.7m를 초과하는 차량

> **해설** 축하중이 10톤을 초과하거나 총중량이 40톤을 초과하는 차량은 운행을 제한할 수 있는 차량에 해당한다.

**정답** ①

**08** 도로법령상 차량의 구조나 적재화물의 특수성으로 인하여 관리청의 운행허가를 받으려는 자는 신청서를 작성하여 관리청에 제출해야 하는데, 신청서 기재 사항으로 옳지 않은 것은?

① 운행하려는 도로의 종류 및 노선명
② 운행구간 및 그 총 연장
③ 하이패스 및 블랙박스 설치 유무
④ 차량의 제원

> **해설** 차량의 구조나 적재화물의 특수성으로 인하여 관리청의 허가를 받으려는 자가 신청서에 기재할 사항 : 운행하려는 도로의 종류 및 노선명, 운행구간 및 그 총 연장, 차량의 제원, 운행기간, 운행목적, 운행방법

**정답** ③

**09** 운행 제한을 위반한 차량의 운전자, 운행 제한 위반의 지시·요구 금지를 위반한 자에 대한 처벌은?

① 1백만원 이하의 과태료
② 2백만원 이하의 과태료
③ 3백만원 이하의 과태료
④ 5백만원 이하의 과태료

> **해설** 운행 제한을 위반한 차량의 운전자, 운행 제한 위반의 지시·요구 금지를 위반한 자 : 500만원 이하의 과태료

**정답** ④

**10** 차량의 적재량 측정을 방해한 자, 정당한 사유 없이 도로관리청의 재측정 요구에 따르지 아니한 자에 대한 처벌은?

① 6월 이하의 징역이나 5백만원 이하의 벌금
② 1년 이하의 징역이나 5백만원 이하의 벌금
③ 1년 이하의 징역이나 1천만원 이하의 벌금
④ 3년 이하의 징역이나 3천만원 이하의 벌금

> **해설** 차량의 적재량 측정을 방해한 자, 정당한 사유 없이 도로관리청의 재측정 요구에 따르지 아니한 자 : 1년 이하의 징역이나 1천만원 이하의 벌금

**정답** ③

# 제6장 대기환경보전법령 [핵심요약]

QUALIFICATION TEST FOR CARGO WORKERS

## 1 총칙

■ 용어의 정의

① **대기오염물질** : 대기오염의 원인이 되는 가스·입자상물질로서 환경부령으로 정하는 것

② **온실가스** : 적외선 복사열을 흡수하거나 다시 방출하여 온실효과를 유발하는 대기 중의 가스상태 물질로서 이산화탄소, 메탄, 아산화질소, 수소불화탄소, 과불화탄소, 육불화황을 말한다.

③ **가스** : 물질이 연소·합성·분해될 때에 발생하거나 물리적 성질로 인하여 발생하는 기체상물질을 말한다.

④ **입자상물질** : 물질이 파쇄·선별·퇴적·이적될 때, 그 밖에 기계적으로 처리되거나 연소·합성·분해될 때에 발생하는 고체상 또는 액체상의 미세한 물질을 말한다.

⑤ **먼지** : 대기 중에 떠다니거나 흩날려 내려오는 입자상물질을 말한다.

⑥ **매연** : 연소할 때에 생기는 유리 탄소가 주가 되는 미세한 입자상물질을 말한다.

⑦ **검댕** : 연소할 때에 생기는 유리(遊離) 탄소가 응결하여 입자의 지름이 1미크론 이상이 되는 입자상물질을 말한다.

⑧ **저공해자동차** : 대기오염물질의 배출이 없는 자동차 또는 제작차의 배출허용기준보다 오염물질을 적게 배출하는 자동차를 말한다.

⑨ **배출가스저감장치** : 자동차에서 배출되는 대기오염물질을 줄이기 위하여 자동차에 부착 또는 교체하는 장치로서 환경부령으로 정하는 저감효율에 적합한 장치를 말한다.

⑩ **저공해엔진** : 자동차에서 배출되는 대기오염물질을 줄이기 위한 엔진으로서 환경부령으로 정하는 배출허용기준에 맞는 엔진

⑪ **공회전제한장치** : 자동차에서 배출되는 대기오염물질을 줄이고 연료를 절약하기 위하여 자동차에 부착하는 장치로서 기준에 적합한 장치

## 2 자동차배출가스의 규제

■ 저공해자동차의 운행 등

① 특별시장·광역시장·특별자치시장·특별자치도지사·시장·군수는 다음의 어느 하나에 해당하는 조치를 하도록 명령하거나 조기에 폐차할 것을 권고할 수 있다.

㉠ 저공해자동차로의 전환 또는 개조

㉡ 배출가스저감장치의 부착 또는 교체 및 배출가스 관련 부품의 교체

㉢ 저공해엔진으로의 개조 또는 교체

② 배출가스보증기간이 경과한 자동차의 소유자는 해당 자동차에서 배출되는 배출가스가 운행차배출허용기준에 적합하게 유지되도록 배출가스저감장치를 부착 또는 교체하거나 저공해엔진으로 개조 또는 교체할 수 있다.

③ 국가나 지방자치단체는 저공해자동차의 보급, 배출가스저감장치의 부착 또는 교체와 저공해엔진으로의 개조 또는 교체를 촉진하기 위하여 다음의 어느 하나에 해당하는 자에 대하여 예산의 범위에서 필요한 자금을 보조하거나 융자할 수 있다.

　㉠ 저공해자동차를 구입하거나 저공해자동차로 개조하는 자

　㉡ 저공해자동차에 연료를 공급하기 위한 시설을 설치하는 자

　㉢ 자동차에 배출가스저감장치를 부착 또는 교체하거나 자동차의 엔진을 저공해엔진으로 개조 또는 교체하는 자

　㉣ 자동차의 배출가스 관련 부품을 교체하는 자

　㉤ 권고에 따라 자동차를 조기에 폐차하는 자

　㉥ 그 밖에 배출가스가 매우 적게 배출되는 것으로서 환경부장관이 정하여 고시하는 자동차를 구입하는 자

### ▦ 공회전의 제한

① 시·도지사는 터미널, 차고지, 주차장 등의 장소에서 자동차의 원동기를 가동한 상태로 주차하거나 정차하는 행위를 제한할 수 있다.

② 시·도지사는 대중교통용 자동차 등 시·도 조례에 따라 공회전제한장치의 부착을 명령할 수 있다.

③ 국가나 시·도자치단체는 부착 명령을 받은 자동차 소유자에 대하여는 예산의 범위에서 필요한 자금을 보조하거나 융자할 수 있다.

### ▦ 운행차의 수시 점검

① 환경부장관, 특별시장·광역시장·특별자치시장·특별자치도지사·시장·군수·구청장은 자동차에서 배출되는 배출가스가 운행차배출허용기준에 맞는지 확인하기 위하여 도로나 주차장 등에서 자동차의 배출가스 배출상태를 수시로 점검하여야 한다.

② 자동차 운행자는 점검에 협조하여야 하며 이에 응하지 아니하거나 기피 또는 방해하여서는 아니 된다.

③ 점검방법 등에 관하여 필요한 사항은 환경부령으로 정한다.

# 제6장 대기환경보전법령 [적중문제]

QUALIFICATION TEST FOR CARGO WORKERS

**01** 다음 대기환경보전법령의 목적으로 바르지 않은 것은?

① 대기오염으로 인한 국민건강이나 환경에 관한 위해 예방
② 대기오염을 낮추어 공기의 질을 좋게 하는 것
③ 모든 국민이 건강하고 쾌적한 환경에서 생활할 수 있게 하는 것
④ 대기환경을 적정하게 지속가능하게 관리·보전

**해설** 대기환경보전법은 대기오염으로 인한 국민건강이나 환경에 관한 위해를 예방하고 대기환경을 적정하게 지속가능하게 관리·보전하여 모든 국민이 건강하고 쾌적한 환경에서 생활할 수 있게 하는 것을 목적으로 한다.

**정답** ②

**02** 적외선 복사열을 흡수하거나 다시 방출하여 온실효과를 유발하는 대기 중의 가스상태 물질은?

① 가스 　　　　② 온실가스
③ 입자상물질 　　④ 검댕

**해설** 온실가스 : 적외선 복사열을 흡수하거나 다시 방출하여 온실효과를 유발하는 대기 중의 가스상태 물질로서 이산화탄소, 메탄, 아산화질소, 수소불화탄소, 과불화탄소, 육불화황을 말한다.

**정답** ②

**03** 대기 중에 떠다니거나 흩날려 내려오는 입자상물질은?

① 온실가스 　　　② 검댕
③ 먼지 　　　　　④ 가스

**해설** 먼지 : 대기 중에 떠다니거나 흩날려 내려오는 입자상물질을 말한다.

**정답** ③

**04** 연소할 때에 생기는 유리(遊離) 탄소가 응결하여 입자의 지름이 1미크론 이상이 되는 입자상물질은?

① 가스 　　　　② 검댕
③ 매연 　　　　④ 입자상물질

**해설** 검댕 : 연소할 때에 생기는 유리(遊離) 탄소가 응결하여 입자의 지름이 1미크론 이상이 되는 입자상물질을 말한다.

**정답** ②

**05** 자동차에서 배출되는 대기오염물질을 줄이기 위하여 자동차에 부착 또는 교체하는 장치는?

① 공회전제한장치
② 저공해엔진
③ 저공해자동차
④ 배출가스저감장치

**해설** 배출가스저감장치 : 자동차에서 배출되는 대기오염물질을 줄이기 위하여 자동차에 부착 또는 교체하는 장치로서 환경부령으로 정하는 저감효율에 적합한 장치를 말한다.

**정답** ④

**06** 시·도지사가 대기질 개선을 위하여 필요하다고 인정하여 그 지역에서 운행하는 자동차 중 일정 요건을 갖춘 자동차 소유자에 대하여 취하도록 하는 조치에 해당하지 않는 것은?

① 저공해자동차로의 개조
② 배출가스저감장치의 교체
③ 원동기장치자전거 구매
④ 저공해엔진으로의 개조

**해설** 시·도지사의 대기질 개선을 위하여 필요한 조치
1. 저공해자동차로의 전환 또는 개조
2. 배출가스저감장치의 부착 또는 교체 및 배출가스 관련 부품의 교체
3. 저공해엔진(혼소엔진을 포함한다)으로의 개조 또는 교체

**정답** ③

**07** 국가나 지방자치단체는 저공해자동차의 보급, 배출가스저감장치의 부착 또는 교체와 저공해엔진으로의 개조 또는 교체를 촉진하기 위하여 필요한 자금을 보조하거나 융자할 수 있는 자가 아닌 자는?

① 저공해자동차를 구입하는 자
② 저공해자동차로 개조하는 자
③ 자동차의 배출가스 관련 부품을 교체하는 자
④ 휘발유를 공급하기 위한 시설을 설치하는 자

> **해설** 국가나 지방자치단체는 저공해자동차의 보급, 배출가스저감장치의 부착 또는 교체와 저공해엔진으로의 개조 또는 교체를 촉진하기 위하여 필요한 자금을 보조하거나 융자할 수 있는 자
> 1. 저공해자동차를 구입하거나 저공해자동차로 개조하는 자
> 2. 저공해자동차에 연료를 공급하기 위한 시설 중 다음의 시설을 설치하는 자
> ㉠ 천연가스를 연료로 사용하는 자동차에 천연가스를 공급하기 위한 시설로서 환경부장관이 정하는 시설
> ㉡ 전기를 연료로 사용하는 자동차에 전기를 충전하기 위한 시설로서 환경부장관이 정하는 시설
> ㉢ 그 밖에 태양광, 수소연료 등 환경부장관이 정하는 저공해자동차 연료공급시설
> 3. 자동차에 배출가스저감장치를 부착 또는 교체하거나 자동차의 엔진을 저공해엔진으로 개조 또는 교체하는 자
> 4. 자동차의 배출가스 관련 부품을 교체하는 자
> 5. 권고에 따라 자동차를 조기에 폐차하는 자
>
> **정답** ④

**08** 공회전제한장치의 부착을 명령할 수 있는 자동차가 아닌 것은?

① 시내버스운송사업에 사용되는 자동차
② 일반택시운송사업에 사용되는 자동차
③ 화물자동차운송사업에 사용되는 최대적재량이 3톤 이상인 화물자동차
④ 화물자동차운송사업에 사용되는 최대적재량이 1톤 이하인 밴형 화물자동차로서 택배용으로 사용되는 자동차

> **해설** 공회전 제한장치 부착명령 대상 자동차
> 1. 시내버스운송사업에 사용되는 자동차
> 2. 일반택시운송사업에 사용되는 자동차
> 3. 화물자동차운송사업에 사용되는 최대적재량이 1톤 이하인 밴형 화물자동차로서 택배용으로 사용되는 자동차
>
> **정답** ③

**09** 운행차 수시점검을 면제할 수 있는 자동차가 아닌 것은?

① 환경부장관이 정하는 저공해자동차
② 긴급자동차
③ 군용 및 경호업무용 등 국가의 특수한 공용 목적으로 사용되는 자동차
④ 공무에 사용되는 화물자동차

> **해설** 운행차 수시점검의 면제
> 1. 환경부장관이 정하는 저공해자동차
> 2. 도로교통법 제2조제22호 및 같은 법 시행령 제2조에 따른 긴급자동차
> 3. 군용 및 경호업무용 등 국가의 특수한 공용 목적으로 사용되는 자동차
>
> **정답** ④

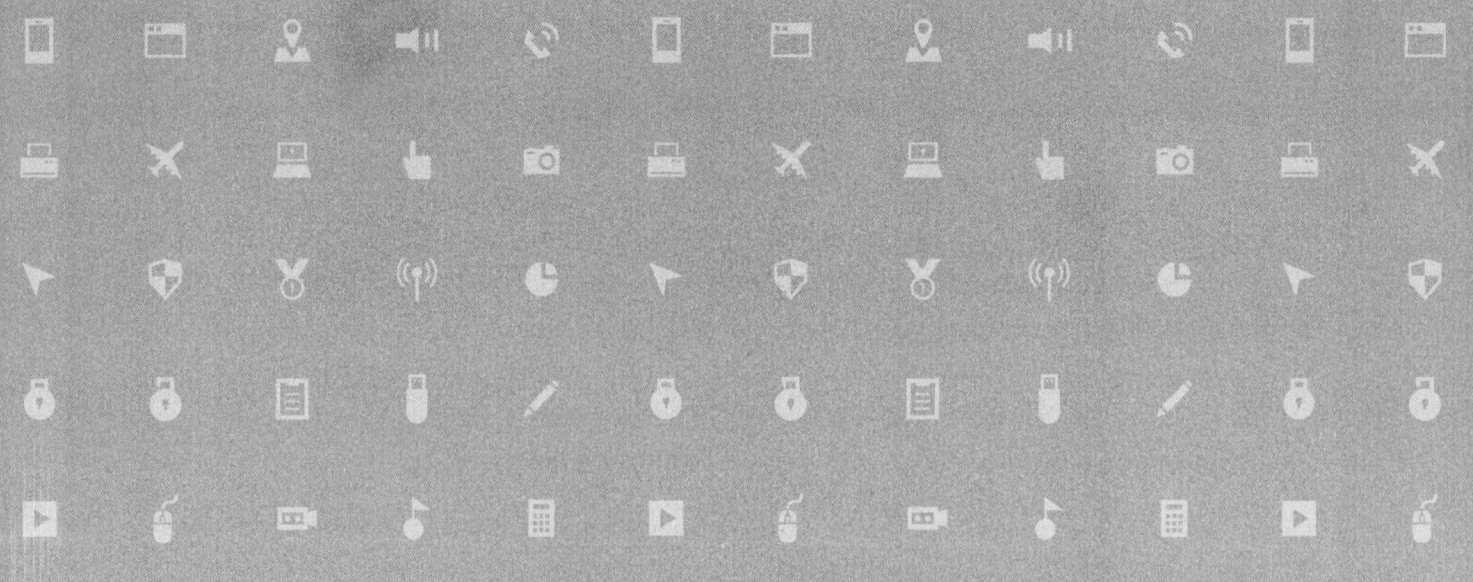

Qualification Test for Cargo Workers

PART 2

# 화물취급요령

Qualification Test for Cargo Workers

# 제 1 장 화물취급요령의 개요 [핵심요약]

QUALIFICATION TEST FOR CARGO WORKERS

### ▥ 화물의 결박

① 화물을 불안전하게 취급할 경우 본인뿐만 아니라 다른 사람의 안전까지 위험하게 된다.

② 결박 상태가 느슨한 화물은 교통사고의 주요한 요인이 될 수 있다.

③ 적재물이 낙하하는 돌발 상황이 발생하여 급정지하거나 급회전할 경우 위험은 가중된다.

### ▥ 화물의 과적

① 과적은 엔진, 차량자체 및 운행하는 도로 등에 악영향을 미치고, 자동차의 핸들조작·제동장치조작·속도조절 등을 어렵게 한다.

② 과적 차량은 오르막길이나 내리막길에서는 서행하며 주의운행 해야 한다.

③ 내리막길 운행 중 갑자기 멈출 경우 브레이크 파열이나 적재물의 쏠림에 의한 위험이 있으므로 주의하여 운행해야 한다.

### ▥ 적재화물의 무게중심

① 화물을 적재할 때에는 차량의 적재함 가운데부터 좌우로 적재하고, 앞쪽이나 뒤쪽으로 무게중심이 치우치지 않도록 한다.

② 적재함 아래쪽에 상대적으로 무거운 화물을 적재한다.

③ 화물이 차량 밖으로 낙하하지 않도록 앞뒤좌우로 차단한다.

④ 화물이 운송 중에 쏠리지 않도록 윗부분부터 아래 바닥까지 팽팽히 고정시킨다.

### ▥ 컨테이너 운반차량의 화물적재

① 드라이 벌크 탱크 차량은 일반적으로 무게중심이 높고 적재물이 쏠리기 쉬우므로 커브길이나 급회전할 때 주의해야 한다.

② 냉동차량은 냉동설비 등으로 인해 무게중심이 높기 때문에 급회전할 때 특별한 주의 및 서행운전이 필요하다.

③ 가축 또는 살아있는 동물을 운송하는 차량은 무게중심이 이동하면 전복될 우려가 있으므로 커브길 등에서 특별한 주의하여 운전한다.

④ 길이가 긴 화물, 폭이 넓은 화물 또는 부피에 비하여 중량이 무거운 화물 등 비정상화물을 운반하는 때에는 적재물의 특성을 알리는 특수장비를 갖추거나 경고표시를 한다.

제 **1** 장

PART 2 화물취급요령

# 화물취급요령의 개요 [적중문제]

CBT 대비
필기문제

QUALIFICATION TEST FOR CARGO WORKERS

part
**02**

화물취급요령

**01** 다음 화물취급요령에 관한 내용으로 옳지 않은 것은?

① 화물을 불안전하게 취급할 경우 본인뿐만 아니라 다른 사람의 안전까지 위험하게 된다.

② 결박 상태가 느슨한 화물은 차로변경 또는 서행 등을 유발한다.

③ 적재물이 낙하하는 돌발 상황이 발생하여 급정지 하거나 급회전할 경우 위험은 가중된다.

④ 결박 상태가 느슨한 화물은 교통사고의 보조요인이 될 수 있다.

> **해설** 결박 상태가 느슨한 화물은 다른 운전자의 긴장감을 고조시키고 차로변경 또는 서행 등을 유발하여 다른 사람들을 다치게 하거나 사망하게 하는 교통사고의 주요한 요인이 될 수 있다.

> **정답** ④

**02** 다음 화물의 과적에 관한 내용으로 틀린 것은?

① 과적은 엔진, 차량자체 및 운행하는 도로 등에 악 영향을 미친다.

② 과적은 자동차의 핸들조작, 제동장치조작을 어렵게 하나 상대적으로 속도조절을 편하게 한다.

③ 과적 차량은 오르막길이나 내리막길에서는 서행하며 주의운행 해야 한다.

④ 내리막길 운행 중 갑자기 멈출 경우, 브레이크 파열이나 적재물의 쏠림에 의한 위험이 있으므로 주의하여 운행해야 한다.

> **해설** 과적은 자동차의 핸들조작, 제동장치조작, 속도조절 등을 어렵게 한다.

> **정답** ②

**03** 다음 운전자가 운행 중 적재화물의 상태는 몇 시간마다 확인해야 하는가?

① 2시간 운행 후          ② 4시간 운행 후

③ 6시간 운행 후          ④ 10시간 운행 후

> **해설** 적재화물의 상태는 2시간 운행 후, 200㎞ 운행 후 또는 휴식할 때 적재물 상태를 파악해야 한다.

> **정답** ①

**04** 컨테이너 운반차량의 화물적재에 관한 내용으로 바르지 않은 것은?

① 컨테이너의 차량 밖 이탈을 방지하기 위해 컨테이너의 잠금장치를 하지 않는다.

② 컨테이너를 차량의 해당 홈에 안전하게 걸어 고정시켜야 한다.

③ 화물이 낙하하여 사람을 다치지 않게 하기 위하여 덮개를 씌워야 한다.

④ 악천후를 대비하여 덮개를 씌워야 한다.

> **해설** 컨테이너 운반차량의 경우에는 컨테이너의 차량 밖 이탈을 방지하기 위해 컨테이너의 잠금장치를 차량의 해당 홈에 안전하게 걸어 고정시킨다.

> **정답** ①

**05** 다음 컨테이너 운반차량의 화물취급요령으로 바르지 않은 것은?

① 드라이 벌크 탱크 차량은 커브길에 주의해야 한다.

② 냉동차량은 인해 무게중심이 높기 때문에 급회전할 서행운전이 필요하다.

③ 소나 돼지와 같은 가축 또는 살아있는 동물을 운송하는 차량은 커브길 등에서 특별한 주의를 필요로 하지 않다.

④ 길이가 긴 화물, 폭이 넓은 화물 또는 부피에 비하여 중량이 무거운 화물 등 비정상화물을 운반하는 때에는 운행에 특별히 주의한다.

> **해설** 소나 돼지와 같은 가축 또는 살아있는 동물을 운송하는 차량은 무게중심이 이동하면 전복될 우려가 있으므로 커브길 등에서 특별히 주의하여 운전한다.

> **정답** ③

# 제2장 운송장 작성과 화물포장 [핵심요약]

QUALIFICATION TEST FOR CARGO WORKERS

## 1 운송장의 기능과 운영

■ **운송장의 기능** : 계약서 기능, 화물인수증 기능, 운송요금 영수증 기능, 정보처리 기본자료, 배달에 대한 증빙, 수입금 관리자료, 행선지 분류정보 제공(작업지시서 기능) 등

■ **운송장의 형태**

① **기본형 운송장** : 송하인용, 전산처리용, 수입관리용, 배달표용, 수하인용으로 구성된다.

② **보조운송장** : 동일 수하인에게 다수의 화물이 배달될 때 운송장 비용을 절약하기 위하여 사용하는 운송장으로서 간단한 기본적인 내용과 원운송장을 연결시키는 내용만 기록한다.

③ **스티커형 운송장** : 운송장 제작비와 전산 입력비용을 절약하기 위하여 기업고객과 완벽한 EDI(전자문서교환 : Electronic Data Interchange)시스템이 구축될 수 있는 경우에 이용된다.

  ㉠ **배달표형 스티커 운송장** : 화물에 부착된 스티커형 운송장을 떼어 내어 배달표로 사용할 수 있는 운송장

  ㉡ **바코드 절취형 스티커 운송장** : 스티커에 부착된 바코드만을 절취하여 별도의 화물배달표에 부착하여 배달확인을 받는 운송장

■ **운송장의 기록과 운영** : 운송장 번호와 바코드, 송하인 주소, 성명 및 전화번호, 수하인 주소, 성명 및 전화번호, 주문번호 또는 고객번호, 화물명, 화물의 가격, 화물의 크기(중량, 사이즈), 운임의 지급방법, 운송요금, 발송지(집하점), 도착지(코드), 집하자, 인수자 날인, 특기사항, 면책사항, 화물의 수량

## 2 운송장 기재요령

■ **송하인 기재사항**

① 송하인의 주소, 성명(또는 상호) 및 전화번호

② 수하인의 주소, 성명, 전화번호

③ 물품의 품명, 수량, 가격

④ 특약사항 약관설명 확인필 자필 서명

⑤ 파손품 또는 냉동 부패성 물품의 경우 : 면책확인서 자필 서명

■ **집하담당자 기재사항** : 접수일자, 발송점, 도착점, 배달 예정일, 운송료, 집하자 성명 및 전화번호, 수하인용 송장상의 좌측하단에 총수량 및 도착점 코드, 기타 물품의 운송에 필요한 사항

▒ 운송장 기재 시 유의사항

① 화물 인수 시 적합성 여부를 확인한 다음, 고객이 직접 운송장 정보를 기입하도록 한다.

② 운송장은 꼭꼭 눌러 기재하여 맨 뒷면까지 잘 복사되도록 한다.

③ 수하인의 주소 및 전화번호가 맞는지 재차 확인한다.

④ 도착점 코드가 정확히 기재되었는지 확인한다.

⑤ 특약사항에 대하여 고객에게 고지한 후 특약사항 약관설명 확인필에 서명을 받는다.

⑥ 파손, 부패, 변질 등 문제의 소지가 있는 물품의 경우에는 면책확인서를 받는다.

⑦ 고가품에 대하여는 그 품목과 물품가격을 정확히 확인하여 기재하고, 할증료를 청구하여야 하며, 할증료를 거절하는 경우에는 특약사항을 설명하고 보상한도에 대해 서명을 받는다.

⑧ 같은 장소로 2개 이상 보내는 물품에 대해서는 보조송장을 기재할 수 있으며, 보조송장도 주송장과 같이 정확한 주소와 전화번호를 기재한다.

⑨ 산간 오지, 섬 지역 등은 지역특성을 고려하여 배송예정일을 정한다.

## 3 운송장 부착요령

▒ 운송장 부착요령

① 운송장 부착은 접수 장소에서 매 건마다 작성하여 화물에 부착한다.

② 운송장은 물품의 정중앙 상단에 뚜렷하게 보이도록 부착한다.

③ 물품 정중앙 상단에 부착이 어려운 경우 최대한 잘 보이는 곳에 부착한다.

④ 박스 모서리나 후면 또는 측면에 부착하여 혼동을 주어서는 안 된다.

⑤ 운송장이 떨어지지 않도록 손으로 잘 눌러서 부착한다.

⑥ 운송장을 부착할 때에는 운송장과 물품이 정확히 일치하는지 확인하고 부착한다.

⑦ 운송장을 화물포장 표면에 부착할 수 없는 소형, 변형화물은 박스에 넣어 수탁한 후 부착하고, 작은 소포의 경우에도 운송장 부착이 가능한 박스에 포장하여 수탁한 후 부착한다.

⑧ 쌀, 매트, 카펫 등은 물품의 정중앙에 운송장을 부착하며, 운송장의 바코드가 가려지지 않도록 한다.

⑨ 운송장이 떨어질 우려가 큰 물품의 경우 송하인의 동의를 얻어 포장재에 수하인 주소 및 전화번호 등 필요한 사항을 기재하도록 한다.

⑩ 운송장 2개가 한 개의 물품에 부착되는 경우가 발생하지 않도록 상차할 때마다 확인하고, 2개 운송장이 부착된 물품이 도착되었을 때에는 바로 집하지점에 통보하여 확인하도록 한다.

⑪ 구 운송장은 제거하고 새로운 운송장을 부착하여 1개의 화물에 2개의 운송장이 부착되지 않도록 한다.

⑫ 취급주의 스티커의 경우 운송장 바로 우측 옆에 붙여서 눈에 띄게 한다.

## 4 운송화물의 포장

▒ **포장의 개념** : 포장이란 물품의 수송, 보관, 취급, 사용 등에 있어 물품의 가치 및 상태를 보호하기 위해 적절한 재료, 용기 등을 물품에 사용하는 기술 또는 그 상태를 말한다.

▥ **포장의 기능** : 보호성, 표시성, 상품성, 편리성, 효율성, 판매촉진성

▥ **포장의 분류**

① **상업포장** : 소매를 주로 하는 상거래 상품의 일부로서 또는 상품을 정리하여 취급하기 위해 시행하는 것으로 상품 가치를 높이기 위해 하는 포장이다.

② **공업포장** : 물품의 수송·보관을 주목적으로 하는 포장으로, 물품을 상자, 자루, 나무통, 금속 등에 넣어 수송·보관·하역과정 등에서 물품이 변질되는 것을 방지하는 포장이다.

③ **포장 재료의 특성에 따른 분류** : 유연포장, 강성포장, 반강성포장

④ **포장방법(포장기법)별 분류** : 방수포장, 방습포장, 방청포장, 완충포장, 진공포장, 압축포장, 수축포장

▥ **화물포장에 관한 일반적 유의사항**

① 고객에게 화물이 훼손되지 않게 포장을 보강하도록 양해를 구한다.

② 포장비를 별도로 받고 포장할 수 있다.

③ 포장이 미비하거나 포장 보강을 고객이 거부할 경우, 집하를 거절할 수 있으며 부득이 발송할 경우에는 면책확인 서에 고객의 자필 서명을 받고 집하한다.

▥ **집하시의 유의사항**

① 물품의 특성을 잘 파악하여 물품의 종류에 따라 포장방법을 달리하여 취급하여야 한다.

② 집하할 때에는 반드시 물품의 포장상태를 확인한다.

▥ **일반 화물의 취급 표지**

① **취급 표지의 표시** : 취급 표지는 포장에 직접 스텐실 인쇄하거나 라벨을 이용하여 부착하는 방법 중 적절한 것을 사용하여 표시한다.

② **취급 표지의 색상** : 표지의 색은 기본적으로 검은색을 사용한다.

③ **취급 표지의 크기** : 일반적인 목적으로 사용하는 취급 표지의 전체 높이는 100mm, 150mm, 200mm의 세 종류 가 있다.

④ **취급 표지의 수와 위치**

㉠ 하나의 포장 화물에 사용되는 동일한 취급 표지의 수는 그 포장 화물의 크기나 모양에 따라 다르다.

㉡ 수송 포장 화물을 단위 적재 화물화하였을 경우는 취급 표지는 잘 보일 수 있는 곳에 적절히 표시하여야 한다.

# 제2장 운송장 작성과 화물포장 [적중문제]

QUALIFICATION TEST FOR CARGO WORKERS

**01** 다음 운송장에 관한 내용으로 바르지 않은 것은?

① 화물에 대한 정보를 담고 있다.
② 화물을 보내는 송하인으로부터 그 화물을 인수할 때 부착된다.
③ 물표로 인식된다.
④ 택배에서는 중요하지 않다.

> **해설** 운송장은 택배에서는 그 기능이 매우 중요하므로 그 관리 및 운영의 효율을 높이려는 노력이 기울여지고 있다.

정답 ④

**02** 다음 운송장의 기능으로 옳지 않은 것은?

① 운송요금 영수증 기능
② 수입금
③ 계약서 기능
④ 정보처리 기본자료

> **해설** 운송장의 기능 : 계약서 기능, 화물인수증 기능, 운송요금 영수증 기능, 정보처리 기본자료, 배달에 대한 증빙, 수입금 관리자료, 행선지 분류정보 제공

정답 ②

**03** 다음 기본형 운송장에 기록되는 용도가 아닌 것은?

① 수하인용
② 표본집계용
③ 배달표용
④ 수입관리용

> **해설** 기본형 운송장은 송하인용, 전산처리용, 수입관리용, 배달표용, 수하인용으로 구성된다.

정답 ②

**04** 다음 운송자의 형태로 바르지 않은 것은?

① 기본형 운송장
② 보조운송장
③ 메모리형 운송장
④ 스티커형 운송장

> **해설** 운송자의 형태 : 기본형 운송장, 보조운송장, 스티커형 운송장

정답 ③

**05** 다음 운송장에 기록되어야 할 내용이 아닌 것은?

① 면책사항
② 운임의 지급방법
③ 발송지
④ 송하인의 주민등록번호

> **해설** 운송장에 기록되어야 할 내용 : 운송장 번호와 바코드, 송하인 주소·성명 및 전화번호, 수하인 주소·성명 및 전화번호, 주문번호 또는 고객번호, 화물명, 화물의 가격, 화물의 크기, 운임의 지급방법, 운송요금, 발송지, 도착지, 집하자, 인수자 날인, 특기사항, 면책사항, 화물의 수량

정답 ④

**06** 다음 화물명에 관한 내용으로 옳지 않은 것은?

① 파손, 분실 등 사고발생시 손해배상의 기준이 된다.
② 취급금지 및 제한 품목 여부를 알기 위해서 기록한다.
③ 여러 가지 화물을 하나의 박스에 포장하는 경우에도 중요한 화물명은 기록해야 한다.
④ 화물명이 취급금지 품목임을 알고도 수탁을 한 때에는 위탁자가 그 책임을 져야 한다.

> **해설** 화물명은 취급금지 및 제한 품목 여부를 알기 위해서도 반드시 기록하도록 해야 한다. 만약 화물명이 취급금지 품목임을 알고도 수탁을 한 때에는 운송회사가 그 책임을 져야 한다.

정답 ④

**07** 다음 운송장에 송하인 기재사항이 아닌 것은?

① 송하인의 주소, 성명(상호) 및 전화번호
② 물품의 원산지 표시
③ 물품의 품명, 수량, 가격
④ 특약사항 약관설명 확인필 자필 서명

> **해설** 송하인 기재사항
> 1. 송하인의 주소, 성명(상호) 및 전화번호
> 2. 수하인의 주소, 성명, 전화번호(거주지 또는 핸드폰번호)
> 3. 물품의 품명, 수량, 가격

4. 특약사항 약관설명 확인필 자필 서명
5. 파손품 또는 냉동 부패성 물품의 경우 : 면책확인서(별도 양식) 자필 서명

정답 ②

## 08 다음 중 운송장의 기재내용으로 바르지 않은 것은?

① 주문번호 또는 고객번호
② 운임의 지급방법
③ 수하인 주소 및 주민등록번호
④ 배달 예정일

해설  주민등록번호는 기재사항이 아니다.

정답 ③

## 09 다음 운송장 기재 시 유의사항으로 틀린 것은?

① 고객이 직접 운송장 정보를 기입하도록 한다.
② 운송장은 꼭꼭 눌러 기재하여 맨 뒷면까지 잘 복사되도록 한다.
③ 화물 인수 시 적합성 여부를 확인한다.
④ 산간 오지, 섬 지역도 배송예정일을 동일하게 한다.

해설  산간 오지, 섬 지역 등은 지역특성을 고려하여 배송예정일을 정하여야 한다.

정답 ④

## 10 산간 오지, 섬 지역으로 배송 의뢰된 고객의 운송장 기재 시 유의사항으로 맞는 것은?

① 보조송장도 주송장과 같이 정확한 주소와 전화번호를 기재한다.
② 고가품에 대하여는 그 품목과 물품가격을 정확히 확인한다.
③ 지역특성을 고려하여 배송예정일을 잡는다.
④ 산간, 오지, 섬 지역도 배송예정일을 동일하게 한다.

해설  산간 오지, 섬 지역 등은 지역특성을 고려하여 배송예정일을 잡는다.

정답 ③

## 11 다음 운송장을 기재하는 경우 유의사항으로 적절하지 않은 것은?

① 운송장은 꼭꼭 눌러 기재하여 맨 뒷면까지 잘 복사되도록 한다.
② 특약사항에 대하여 고객에게 고지하면 확인필에 서명을 받지 않아도 된다.
③ 파손, 부패, 변질 등 문제의 소지가 있는 물품의 경우에는 면책확인서를 받는다.
④ 같은 장소로 2개 이상 보내는 물품에 대해서는 보조송장을 기재할 수 있다.

해설  특약사항에 대하여 고객에게 고지한 후 특약사항 약관설명 확인필에 서명을 받아야 한다.

정답 ②

## 12 다음 운송장 부착요령으로 바르지 않은 것은?

① 운송장 부착은 원칙적으로 접수 장소에서 화물에 부착한다.
② 매 건마다 작성하여 화물에 부착한다.
③ 물품 정중앙 상단에 부착이 어려운 경우 최대한 잘 보이는 곳에 부착한다.
④ 박스 모서리나 후면 또는 측면에 부착한다.

해설  운송장은 박스 모서리나 후면 또는 측면에 부착하여 혼동을 주어서는 안 된다.

정답 ④

## 13 화물에 운송장을 부착하는 방법으로 올바르지 않은 것은?

① 박스 물품이 아닌 쌀, 매트, 카펫 등은 물품의 모서리에 운송장을 부착한다.
② 운송장 부착은 원칙적으로 접수장소에서 매 건마다 작성하여 화물에 부착한다.
③ 테이프 등을 이용하여 운송장이 떨어지지 않도록 조치한다.
④ 운송장의 바코드가 가려지지 않도록 한다.

해설  박스 물품이 아닌 쌀, 매트, 카펫 등은 물품의 정중앙에 운송장을 부착한다.

정답 ①

**14** 다음 운송장 부착요령으로 틀린 것은?

① 1개의 화물에 2개의 운송장이 부착되지 않도록 한다.

② 반드시 구 운송장은 제거하고 새로운 운송장을 부착

③ 운송장이 떨어질 우려가 큰 물품의 경우 부착하지 않아도 된다.

④ 취급주의 스티커의 경우 운송장 바로 우측 옆에 붙여서 눈에 띄게 한다.

> **해설** 운송장이 떨어질 우려가 큰 물품의 경우 송하인의 동의를 얻어 포장재에 수하인 주소 및 전화번호 등 필요한 사항을 기재하도록 한다.

**정답** ③

**15** 물품의 수송, 보관, 취급, 사용 등에 있어 물품의 가치 및 상태를 보호하기 위해 적절한 재료, 용기 등을 물품에 사용하는 기술 또는 그 상태는?

① 포장　　　　　② 개장

③ 내장　　　　　④ 외장

> **해설** 포장 : 물품의 수송, 보관, 취급, 사용 등에 있어 물품의 가치 및 상태를 보호하기 위해 적절한 재료, 용기 등을 물품에 사용하는 기술 또는 그 상태를 말한다.

**정답** ①

**16** 포장의 기능 중 작업효율이 양호한 것을 의미하는 것은?

① 판매촉진성　　　② 상품성

③ 표시성　　　　　④ 효율성

> **해설** 효율성 : 작업효율이 양호한 것을 의미하며, 구체적으로는 생산, 판매, 하역, 수·배송 등의 작업이 효율적으로 이루어진다.

**정답** ④

**17** 다음 포장의 보호성 기능에 관한 내용으로 바르지 않은 것은?

① 내용물의 변형과 파손으로부터의 보호

② 물리적인 변화 방지

③ 이물질의 혼입과 오염으로부터의 보호

④ 생산, 판매, 하역, 수·배송 등의 효율적 작업

> **해설** 작업의 효율성은 포장의 효율성에 관한 내용이다.

**정답** ④

**18** 다음 상품의 가치를 높이기 위해 하는 포장은?

① 방수포장　　　　② 상업포장

③ 방청포장　　　　④ 강성포장

> **해설** 상업포장 : 소매를 주로 하는 상거래 상품의 일부로서 또는 상품을 정리하여 취급하기 위해 시행하는 것으로 상품 가치를 높이기 위해 하는 포장이다.

**정답** ②

**19** 다음 종이, 플라스틱필름, 알루미늄포일(알루미늄박), 면포 등에 적합한 포장은?

① 완충포장　　　　② 방수포장

③ 유연포장　　　　④ 진공포장

> **해설** 유연포장 : 종이, 플라스틱필름, 알루미늄포일(알루미늄박), 면포 등의 유연성이 풍부한 재료로 하는 포장으로 필름이나 얇은 종이, 셀로판 등으로 포장하는 경우 부드럽게 구부리기 쉬운 포장형태를 말한다.

**정답** ③

**20** 다음 방습포장을 하는 이유로 바르지 않은 것은?

① 고수분 식품, 청과물 : 탈습에 의한 변질, 신선도 저하 방지

② 식료품, 섬유제품 및 피혁제품 : 내부의 변색 방지

③ 금속제품 : 표면의 변색 방지

④ 정밀기기(전자제품 등) : 기능 저하 방지

> **해설** 식료품, 섬유제품 및 피혁제품 : 곰팡이 발생 방지

**정답** ②

**21** 포장비와 운송, 보관, 하역비 등을 절감하기 위하여 상품을 압축, 적은 용적이 되게 한 후 결속재로 결체하는 포장방법은?

① 방습포장　　　　② 진공포장

③ 압축포장　　　　④ 수축포장

> **해설** 압축포장 : 포장비와 운송, 보관, 하역비 등을 절감하기 위하여 상품을 압축, 적은 용적이 되게 한 후 결속재로 결체하는 포장방법을 말하며, 그 대표적인 것이 수입면의 포장이다.

**정답** ③

## 22 특별 품목에 대한 포장시 유의사항으로 바르지 않은 것은?

① 고가품의 경우 내용물이 파악되지 않도록 별도의 박스로 이중 포장한다.

② 손잡이가 있는 박스 물품의 경우 손잡이를 안으로 접어 사각이 되게 한 다음 테이프로 포장한다.

③ 배나 사과 등을 박스에 담아 좌우에서 들 수 있도록 되어있는 물품의 경우 손잡이 부분의 구멍을 테이프로 막아 내용물의 파손을 방지한다.

④ 꿀 등을 담은 제품의 경우 가능한 유리병으로 대체한다.

> **해설** 꿀 등을 담은 병제품의 경우 가능한 플라스틱 병으로 대체하거나 병이 움직이지 않도록 포장재를 보강하여 낱개로 포장한 뒤 박스로 포장하여 집하한다.

**정답** ④

## 23 특별 품목에 대한 포장시 유의사항으로 바르지 않은 것은?

① 매트 제품의 경우 화물중간에 테이핑 처리 후 운송장을 부착한다.

② 도자기, 유리병 등 일부 물품은 충격 완화포장을 한다.

③ 서류 등 부피가 작고 가벼운 물품의 경우 작은 박스에 넣어 포장한다.

④ 깨지기 쉬운 물품 등의 경우 플라스틱 용기로 대체한다.

> **해설** 도자기, 유리병 등 일부 물품은 집하금지 품목에 해당한다.

**정답** ②

## 24 일반화물의 취급표시에 관한 내용으로 바르지 않은 것은?

① 취급 표지는 적절한 것을 사용하여 표시한다.

② 취급 표지는 포장에 직접 스텐실 인쇄하거나 라벨을 이용하여 부착한다.

③ 취급 표지의 색상은 기본적으로 흰색을 사용한다.

④ 적색, 주황색, 황색 등의 사용은 이들 색의 사용이 규정화되어 있는 지역 및 국가 외에서는 사용을 피하는 것이 좋다.

> **해설** 취급 표지의 색상 : 표지의 색은 기본적으로 검은색을 사용한다. 포장의 색이 검은색 표지가 잘 보이지 않는 색이라면 흰색과 같이 적절한 대조를 이룰 수 있는 색을 부분 배경으로 사용한다. 위험물 표지와 혼동을 가져올 수 있는 색의 사용은 피해야 한다.

**정답** ③

## 25 다음 취급 표지의 수와 위치에 관한 내용으로 바르지 않은 것은?

① 하나의 포장 화물에 사용되는 동일한 취급 표지의 수는 그 포장 화물의 크기나 모양에 따라 다르다.

② "지게차 꺾쇠 취급 표시" 표지는 클램프를 이용하여 취급할 화물에 사용한다.

③ "무게 중심 위치" 표지와 "거는 위치" 표지는 그 의미가 정확하고 완벽한 전달을 위해 각 화물의 상단에 표시되어야 한다.

④ 표지 "쌓는 단수 제한"에서의 n은 위에 쌓을 수 있는 최대한의 포장 화물 수를 말한다.

> **해설** "무게 중심 위치" 표지와 "거는 위치" 표지는 그 의미가 정확하고 완벽한 전달을 위해 각 화물의 적절한 위치에 표시되어야 한다.

**정답** ③

# 제3장 화물의 상·하차 [핵심요약]

QUALIFICATION TEST FOR CARGO WORKERS

## 1 화물취급 전 준비사항

**▦ 화물을 취급하기 전에 준비, 확인 또는 확인할 사항 등**

① 위험물, 유해물을 취급할 때에는 보호구를 착용하고, 안전모는 턱끈을 매어 착용한다.

② 보호구의 자체결함은 없는지 또는 사용방법은 알고 있는지 확인한다.

③ 화물의 품목별, 포장별, 비포장별 등에 따른 취급방법 및 작업순서를 사전 검토한다.

④ 유해, 유독화물 확인을 철저히 하고, 위험에 대비한 약품, 세척용구 등을 준비한다.

⑤ 화물의 포장이 기칠거나 미끄러움, 뾰족함 등은 없는지 확인한 후 작업에 착수한다.

⑥ 화물의 낙하, 분탄화물의 비산 등의 위험을 사전에 제거하고 작업을 시작한다.

⑦ 작업도구는 해당 작업에 적합한 물품으로 필요한 수량만큼 준비한다.

## 2 창고 내 작업 및 입·출고 작업 요령

**▦ 창고 내 작업 및 입·출고 작업 요령**

① 창고 내에서 작업할 때에는 어떠한 경우라도 흡연을 금한다.

② 화물적하장소에 무단으로 출입하지 않는다.

③ 창고 내에서 화물을 옮길 때에의 주의 사항

　㉠ 창고의 통로 등에는 장애물이 없도록 조치한다.

　㉡ 작업 안전통로를 충분히 확보한 후 화물을 적재한다.

　㉢ 바닥에 물건 등이 놓여 있으면 즉시 치우도록 한다.

　㉣ 바닥의 기름기나 물기는 즉시 제거하여 미끄럼 사고를 예방한다.

　㉤ 운반통로에 있는 맨홀이나 홈에 주의해야 한다.

　㉥ 운반통로에 안전하지 않은 곳이 없도록 조치한다.

④ 화물더미에서 작업할 때에의 주의 사항

　㉠ 화물더미 한쪽 가장자리에서 작업할 때에는 화물더미의 불안전한 상태를 수시 확인하여 붕괴 등의 위험이 발생하지 않도록 주의해야 한다.

　㉡ 화물더미에 오르내릴 때에는 화물의 쏠림이 발생하지 않도록 조심해야 한다.

　㉢ 화물을 쌓거나 내릴 때에는 순서에 맞게 신중히 하여야 한다.

　㉣ 화물더미의 화물을 출하할 때에는 위에서부터 순차적으로 층계를 지으면서 헐어낸다.

　㉤ 화물더미의 상층과 하층에서 동시에 작업을 하지 않는다.

ⓑ 화물더미의 중간에서 화물을 뽑아내거나 직선으로 깊이 파내는 작업을 하지 않는다.

ⓢ 화물더미 위에서 작업을 할 때에는 힘을 줄 때 발 밑을 항상 조심한다.

ⓞ 화물더미 위로 오르고 내릴 때에는 안전한 승강시설을 이용한다.

⑤ 화물을 연속적으로 이동시키기 위해 컨베이어를 사용할 때의 주의 사항

ㄱ 컨베이어 위로는 절대 올라가서는 안 된다.

ㄴ 상차 작업자와 컨베이어를 운전하는 작업자는 상호간에 신호를 긴밀히 해야 한다.

⑥ 화물을 운반할 때에의 주의 사항

ㄱ 운반하는 물건이 시야를 가리지 않도록 한다.

ㄴ 뒷걸음질로 화물을 운반해서는 안 된다.

ㄷ 작업장 주변의 화물상태, 차량 통행 등을 항상 살핀다.

ㄹ 원기둥형 화물을 굴릴 때는 앞으로 밀어 굴리고 뒤로 끌어서는 안 된다.

⑦ 발판을 활용한 작업을 할 때에의 주의 사항

ㄱ 발판은 경사를 완만하게 하여 사용한다.

ㄴ 발판을 이용하여 오르내릴 때에는 2명 이상이 동시에 통행하지 않는다.

ㄷ 발판의 넓이와 길이는 작업에 적합하고 자체결함이 없는지 확인한다.

ㄹ 발판의 설치는 안전하게 되어 있는지 확인한다.

ㅁ 발판의 미끄럼 방지조치는 되어 있는지 확인한다.

⑧ 화물의 붕괴를 막기 위하여 적재규정을 준수하고 있는지 확인한다.

⑨ 작업 종료 후 작업장 주위를 정리해야 한다.

## 3 하역방법

**하역방법**

① 상자로 된 화물은 취급 표지에 따라 다루어야 한다.

② 화물의 적하순서에 따라 작업을 한다.

③ 종류가 다른 것을 적치할 때는 무거운 것을 밑에 쌓는다.

④ 부피가 큰 것을 쌓을 때는 무거운 것은 밑에 가벼운 것은 위에 쌓는다.

⑤ 화물 종류별로 표시된 쌓는 단수 이상으로 적재를 하지 않는다.

⑥ 길이가 고르지 못하면 한쪽 끝이 맞도록 한다.

⑦ 작은 화물 위에 큰 화물을 놓지 말아야 한다.

⑧ 물건을 쌓을 때는 떨어지거나 건드려서 넘어지지 않도록 한다.

⑨ 물품을 야외에 적치할 때는 밑받침을 하여 부식을 방지하고, 덮개로 덮어야 한다.

⑩ 높이 올려 쌓는 화물은 무너질 염려가 없도록 한다.

⑪ 화물을 한 줄로 높이 쌓지 말아야 한다.

⑫ 화물을 내려서 밑바닥에 닿을 때에는 안전한 거리를 유지한다.

⑬ 화물을 쌓아 올릴 때에 깔판 자체의 결함 및 깔판 사이의 간격 등을 확인한다.

⑭ 화물을 싣고 내릴 때에는 화물더미 적재순서를 준수하여 화물의 붕괴 등을 예방한다.

⑮ 화물더미에서 한쪽으로 치우치는 편중작업을 하는 경우 위험에 각별히 유의한다.

⑯ 화물을 적재할 때에는 설비사용에 장애를 주지 않도록 해야 한다.

⑰ 포대화물을 적치할 때는 화물더미의 주위와 중심이 일정하게 쌓아야 한다.

⑱ 높이가 2미터 이상 되는 화물더미와 인접 화물더미 사이의 간격은 10센티미터 이상으로 하여야 한다.

⑲ 팔레트에 화물을 적치할 때는 적재물을 묶어 팔레트에 고정시킨다.

⑳ 원목과 같은 원기둥형의 화물은 구르기 쉬우므로 외측에 제동장치를 해야 한다.

㉑ 화물더미가 무너질 위험이 있는 경우에는 위험방지를 위한 조치를 하여야 한다.

㉒ 제재목을 적치할 때는 건너지르는 대목을 3개소에 놓아야 한다.

㉓ 높은 곳에 적재할 때나 무거운 물건을 적재할 때에는 안전모를 착용해야 한다.

㉔ 물건을 적재할 때 주변으로 넘어질 것을 대비해 위험한 요소는 사전에 제거한다.

㉕ 물품을 적재할 때는 구르거나 무너지지 않도록 받침대를 사용하거나 로프로 묶어야 한다.

㉖ 같은 종류 또는 동일규격끼리 적재해야 한다.

## 4 적재함 적재방법

### ▥ 적재함 적재방법

① 화물을 적재할 때는 한쪽으로 기울지 않게, 적재하중을 초과하지 않도록 해야 한다.

② 무거운 화물을 적재함 뒤쪽에 실으면 앞바퀴가 들려 조향이 마음대로 되지 않아 위험하다.

③ 무거운 화물을 적재함 앞쪽에 실으면 조향이 무겁고 좌·우로 틀어지는 경우가 발생한다.

④ 최대한 무게가 분산될 수 있도록 하고, 무거운 화물은 중간부분에 무게가 집중될 수 있도록 적재한다.

⑤ 냉동 및 냉장차량은 적절한 온도로 유지되고 있는지 확인한다.

⑥ 가축은 한데 몰아 움직임을 제한하는 임시 칸막이를 사용한다.

⑦ 적재물 전체의 무게중심 위치는 적재한 전후좌우의 중심위치로 하는 것이 바람직하다.

⑧ 화물을 적재할 때 적재함의 폭을 초과하여 과다하게 적재하지 않도록 한다.

⑨ 가벼운 화물이라도 너무 높게 적재하지 않도록 한다.

⑩ 차량에 물건을 적재할 때에는 적재중량을 초과하지 않도록 한다.

⑪ 물건을 적재한 후에는 로프나 체인 등으로 단단히 묶어야 한다.

⑫ 상차할 때 화물이 넘어지지 않도록 질서 있게 정리하면서 적재한다.

⑬ 차의 동요로 안정이 파괴되기 쉬운 짐은 결박을 철저히 한다.

⑭ 둥글고 구르기 쉬운 물건은 상자 등으로 포장한 후 적재한다.

⑮ 볼트와 같이 세밀한 물건은 상자 등에 넣어 적재한다.

⑯ 적재함보다 긴 물건을 적재할 때에는 적재함 밖으로 나온 부위에 위험표시를 하여 둔다.

⑰ 적재함 문짝을 개폐할 때에는 신체의 일부가 끼이거나 물리지 않도록 각별히 주의한다.

⑱ 작업 전 적재함 바닥의 파손, 돌출 또는 낙하물이 없는지 확인한다.

⑲ 적하할 때 적재함의 난간(문짝 위)에 서서 작업하지 않는다.

⑳ 방수천은 주행할 때 펄럭이지 않도록 묶는다.

㉑ 적재함에 덮개를 씌우거나 화물을 결박할 때에 추락, 전도 위험이 크므로 특히 유의한다.

㉒ 적재함 위에서 화물을 결박할 때 앞에서 뒤로 당겨 떨어지지 않도록 주의한다.

㉓ 차량용 로프나 고무바는 항상 점검 후 사용하고, 불량일 경우 즉시 교체한다.

㉔ 지상에서 결박하는 사람은 옆으로 서서 고무바를 짧게 잡고 조금씩 여러 번 당긴다.

㉕ 적재함 위에서는 두 손으로 고무바를 위쪽으로 들어서 좌우로 이동시킨다.

㉖ 밧줄을 결박할 때 끊어질 것에 대비해 안전한 작업 자세를 취한 후 결박한다.

㉗ 적재함의 문짝 또는 연결고리는 결함이 없는지 확인한다.

㉘ 적재할 때에는 제품의 무게를 반드시 고려해야 한다.

㉙ 적재 후 밴딩 끈을 사용할 때 견고하게 묶여졌는지 여부를 항상 점검해야 한다.

㉚ 컨테이너는 트레일러에 단단히 고정되어야 한다.

㉛ 차량에 헤더보드가 없다면 화물을 차단하거나 잘 묶어야 한다.

㉜ 체인은 화물이 움직이지 않을 정도로 탄탄하게 당길 수 있도록 바인더를 사용한다.

㉝ 적재품의 붕괴여부를 상시 점검해야 한다.

㉞ 트랙터 차량의 캡과 적재물의 간격을 120㎝ 이상으로 유지해야 한다.

## 5 운반방법

**▦ 운반방법**

① 물품 및 박스의 날카로운 모서리나 가시를 제거한다.

② 물품 운반에 적합한 장갑을 착용하고 작업한다.

③ 작업할 때 집게 또는 자석 등 적절한 보조공구를 사용하여 작업한다.

④ 너무 성급하게 서둘러서 작업하지 않는다.

⑤ 공동 작업을 할 때는 진행 속도를 맞춘다.

⑥ 물품을 들어 올릴 때의 자세 잘 유지한다.

⑦ 가능한 한 물건을 신체에 붙여서 단단히 잡고 운반한다.

⑧ 무거운 물건을 무리해서 들거나 너무 많이 들지 않는다.

⑨ 단독으로 화물을 운반하고자 할 때에는 인력운반중량 권장기준 준수

 ㉠ 일시작업(시간당 2회 이하) : 성인남자(25~30kg), 성인여자(15~20kg)

 ㉡ 계속작업(시간당 3회 이상) : 성인남자(10~15kg), 성인여자(5~10kg)

⑩ 물품을 들어올리기에 힘겨운 것은 단독작업을 금한다.

⑪ 무거운 물품은 공동운반하거나 운반차를 이용한다.

⑫ 물품을 몸에 밀착시켜서 몸의 균형이 파괴되어 비틀거리지 않게 한다.

⑬ 긴 물건을 어깨에 메고 운반할 때에는 모서리 등에 충돌하지 않도록 운반한다.

⑭ 시야를 가리는 물품은 계단이나 사다리를 이용하여 운반하지 않는다.

⑮ 물품을 운반하고 있는 사람과 마주치면 그 발밑을 방해하지 않게 피해준다.

⑯ 타이어를 굴릴 때는 보행자와 충돌하지 않도록 해야 한다.

⑰ 운반할 때에는 주위의 작업에 주의하고, 기계 사이를 통과할 때는 주의를 요한다.

⑱ 허리를 구부린 자세로 물건을 운반하지 않고, 몸의 균형을 유지한다.

⑲ 화물을 운반할 때는 들었다 놓았다 하지 말고 직선거리로 운반한다.

⑳ 화물을 들어 올리거나 내리는 높이는 작게 할수록 좋다.

㉑ 보조용구(갈고리, 지렛대, 로프 등)는 항상 점검하고 바르게 사용한다.

㉒ 취급할 화물 크기와 무게를 파악하고, 못이나 위험물이 부착되어 있는지 살펴본다.

㉓ 운반도중 잡은 손의 위치를 변경하고자 할 때에는 지주에 기댄 다음 고쳐 잡는다.

㉔ 화물을 놓을 때는 다리를 굽히면서 한쪽 모서리를 놓은 다음 손을 뺀다.

㉕ 갈고리를 사용할 때는 포장 끈이나 매듭이 있는 곳에 깊이 걸고 천천히 당긴다.

㉖ 갈고리는 지대, 종이상자, 위험 유해물에는 사용하지 않는다.

㉗ 물품을 어깨에 메고 운반할 때 진행방향의 안전을 확인하면서 운반한다.

㉘ 장척물, 구르기 쉬운 화물은 단독 운반을 피하고, 중량물은 하역기계를 사용한다.

## 6 기타 작업

### ▓ 기타 작업

① 화물은 가급적 세우지 말고 눕혀 놓는다.

② 화물을 바닥에 놓는 경우 화물의 가장 넓은 면이 바닥에 놓이도록 한다.

③ 바닥이 약하거나 원형물건 등 평평하지 않는 화물은 지지력이 있고 평평한 면적을 가진 받침을 이용한다.

④ 사람의 손으로 하는 작업은 가능한 한 줄이고, 기계를 이용한다.

⑤ 화물을 하역하기 위해 로프를 풀고 문을 열 때는 짐이 무너질 위험이 있으므로 주의한다.

⑥ 화물 위에 올라타지 않도록 한다.

⑦ 동일거래처의 제품이 자주 파손될 때에는 포장상태를 점검하고, 스티커와 취급주의 스티커의 부착이 필요하다.

⑧ 제품 파손을 인지하였을 때는 2차 오손을 방지한다.

⑨ 박스가 물에 젖어 훼손되었을 때에는 제품피손이 발생하지 않도록 한다.

⑩ 수작업 운반과 기계작업 운반의 기준

　㉠ 수작업 운반기준

　　ⓐ 두뇌작업이 필요한 작업 : 분류, 판독, 검사

　　ⓑ 얼마동안 시간 간격을 두고 되풀이되는 소량취급 작업

　　ⓒ 취급물품의 형상, 성질, 크기 등이 일정하지 않은 작업

　　ⓓ 취급물품이 경량물인 작업

　㉡ 기계작업 운반기준

　　ⓐ 단순하고 반복적인 작업 : 분류, 판독, 검사

　　ⓑ 표준화되어 있어 지속적으로 운반량이 많은 작업

　　ⓒ 취급물품의 형상, 성질, 크기 등이 일정한 작업

　　ⓓ 취급물품이 중량물인 작업

## 7 고압가스의 취급

■ 고압가스의 취급

① 고압가스를 운반할 때에는 그 고압가스의 명칭, 성질 및 이동 중의 재해방지를 위해 필요한 주의 사항을 기재한 서면을 운반책임자 또는 운전자에게 교부하고 운반 중에 휴대시킬 것

② 차량의 고장, 교통사정 또는 운반책임자, 운전자의 휴식 등 부득이한 경우를 제외하고는 장시간 정차하지 않으며, 운반책임자와 운전자가 동시에 차량에서 이탈하지 아니할 것

③ 고압가스를 운반할 때에는 안전관리책임자가 운반책임자 또는 운반차량 운전자에게 그 고압가스의 위해 예방에 필요한 사항을 주지시킬 것

④ 고압가스를 운반하는 자는 그 충전용기를 수요자에게 인도하는 때까지 최선의 주의를 다하여 안전하게 운반하여야 하며, 운반도중 보관하는 때에는 안전한 장소에 보관할 것

⑤ 200km 이상의 거리를 운행하는 경우에는 중간에 충분한 휴식을 취한 후 운전할 것

⑥ 노면이 나쁜 도로에서는 가능한 한 운행하지 말 것

⑦ 노면이 나쁜 도로를 운행한 후에는 일시정지하여 적재 상황, 용기밸브, 로프 등의 풀림 등이 없도록 확인할 것

## 8 컨테이너의 취급

■ 컨테이너의 구조 : 컨테이너는 해당 위험물의 운송에 충분히 견딜 수 있는 구조와 강도를 가져야 하며, 또한 영구히 반복하여 사용할 수 있도록 견고하게 제조되어야 한다.

■ 위험물의 수납방법 및 주의사항 : 위험물의 수납에 앞서 위험물의 성질, 성상, 취급방법, 방제대책을 충분히 조사하는 동시에 해당 위험물의 적화방법 및 주의사항을 지킬 것

■ 위험물의 표시 : 컨테이너에 수납되어 있는 위험물의 분류명, 표찰 및 컨테이너 번호를 외측부 가장 잘 보이는 곳에 표시한다.

■ 적재방법

① 전도, 손상, 찌그러지는 현상 등이 생기지 않도록 적재한다.

② 구획에 적재할 경우는 상호 관계를 참조하여 적재하도록 한다.

③ 컨테이너를 적재 후 반드시 콘(잠금장치)을 잠근다.

## 9 위험물 탱크로리 취급 시의 확인·점검

■ 위험물 탱크로리 취급 시의 확인·점검

① 탱크로리에 커플링(coupling)은 잘 연결되었는지 확인한다.

② 접지는 연결시켰는지 확인한다.

③ 플랜지(flange) 등 연결부분에 새는 곳은 없는지 확인한다.

④ 플렉서블 호스(flexible hose)는 고정시켰는지 확인한다.

⑤ 누유된 위험물은 회수하여 처리한다.

⑥ 인화성물질을 취급할 때에는 소화기를 준비하고, 흡연자가 없는지 확인한다.

⑦ 주위 정리정돈상태는 양호한지 점검한다.

⑧ 담당자 이외에는 손대지 않도록 조치한다.

⑨ 주위에 위험표지를 설치한다.

## 10 주유취급소의 위험물 취급기준

### ▥ 주유취급소의 위험물 취급기준

① 자동차 등에 주유할 때에는 고정주유설비를 사용하여 직접 주유한다.

② 자동차 등을 주유할 때는 자동차 등의 원동기를 정지시킨다.

③ 자동차 등의 일부 또는 전부가 주유취급소 밖에 나온 채로 주유하지 않는다.

④ 주유취급소의 전용탱크 또는 간이탱크에 위험물을 주입할 때는 그 탱크에 연결되는 고정주유설비의 사용을 중지하여야 한다.

⑤ 유분리 장치에 고인 유류는 넘치지 않도록 수시로 피내이야 힌다.

⑥ 고정주유설비에 유류를 공급하는 배관은 전용탱크 또는 간이탱크로부터 고정주유설비에 직접 연결된 것이어야 한다.

⑦ 자동차 등에 주유할 때는 다른 자동차 등을 주유취급소 안에 주차시켜서는 아니 된다.

## 11 독극물 취급 시의 주의사항

### ▥ 독극물 취급 시의 주의사항

① 독극물을 취급하거나 운반할 때는 안전한 용기, 도구, 운반구 및 운반차를 이용할 것

② 취급불명의 독극물은 함부로 다루지 말고, 독극물 취급방법을 확인한 후 취급할 것

③ 독극물의 취급 및 운반은 거칠게 다루지 말 것

④ 독극물을 보호할 수 있는 조치를 취하고 주차 브레이크를 사용하여 차량이 움직이지 않도록 조치할 것

⑤ 독극물이 들어있는 용기가 쓰러지거나 미끄러지거나 튀지 않도록 철저하게 고정할 것

⑥ 독극물 저장소, 드럼통, 용기, 배관 등은 내용물을 알 수 있도록 표시하여 놓을 것

⑦ 독극물이 들어 있는 용기는 마개를 단단히 닫고 빈 용기와 확실하게 구별하여 놓을 것

⑧ 용기가 깨어질 염려가 있는 것은 나무상자나 플라스틱상자 속에 넣어 보관하고, 쌓아둔 것은 울타리나 철망 등으로 둘러싸서 보관할 것

⑨ 취급하는 독극물의 물리적, 화학적 특성을 충분히 알고, 방호수단을 알고 있을 것

⑩ 만약 독극물이 새거나 엎질러졌을 때는 신속히 제거할 수 있는 조치를 하여 놓을 것

⑪ 도난방지 및 오용 방지를 위해 보관을 철저히 할 것

## 11  상·하차 작업 시의 확인사항

■ 상·하차 작업 시의 확인사항

① 작업원에게 화물의 내용, 특성 등을 잘 주지시켰는가?

② 받침목, 지주, 로프 등 필요한 보조용구는 준비되어 있는가?

③ 차량에 구름막이는 되어 있는가?

④ 위험한 승강을 하고 있지는 않는가?

⑤ 던지기 및 굴려 내리기를 하고 있지 않는가?

⑥ 적재량을 초과하지 않았는가?

⑦ 적재화물의 높이, 길이, 폭 등의 제한은 지키고 있는가?

⑧ 화물의 붕괴를 방지하기 위한 조치는 취해져 있는가?

⑨ 위험물이나 긴 화물은 소정의 위험표지를 하였는가?

⑩ 차량의 이동 신호는 잘 지키고 있는가?

⑪ 작업 신호에 따라 작업이 잘 행하여지고 있는가?

⑫ 차를 통로에 방치해 두지 않았는가?

# 제3장 화물의 상·하차 [적중문제]

QUALIFICATION TEST FOR CARGO WORKERS

**01 다음 화물취급 전 준비사항으로 옳지 않은 것은?**

① 보호구의 자체결함은 없는지 확인한다.
② 위험물, 유해물을 취급할 때에는 반드시 보안면을 착용한다.
③ 취급할 화물의 취급방법 및 작업순서를 사전 검토한다.
④ 유해, 유독화물 확인을 철저히 한다.

> **해설** 위험물, 유해물을 취급할 때에는 반드시 보호구를 착용한다.

> **정답** ②

**02 다음 화물취급 전 준비사항으로 틀린 것은?**

① 위험물, 유해물을 취급할 때에는 반드시 보호구를 착용한다.
② 화물의 낙하, 분탄화물의 비산 등의 위험을 사전에 제거하고 작업을 시작한다.
③ 유해, 유독화물 확인을 철저히 하고, 위험에 대비한 약품, 세척용구 등은 생략한다.
④ 작업도구는 해당 작업에 적합한 물품으로 필요한 수량만큼 준비한다.

> **해설** 유해, 유독화물 확인을 철저히 하고, 위험에 대비한 약품, 세척용구 등을 준비한다.

> **정답** ③

**03 창고 내 작업 및 입·출고 작업 요령으로 바르지 않은 것은?**

① 창고 내에서 작업할 때에는 어떠한 경우라도 흡연을 금한다.
② 화물더미에서 작업할 때에는 맨홀이나 홈에 주의해야 한다.
③ 창고 내에서 화물을 옮길 때에는 쏠림이 발생하지 않도록 주의해야 한다.
④ 화물적하장소는 누구나 출입할 수 있다.

> **해설** 화물적하장소에 무단으로 출입하지 않는다.

> **정답** ④

**04 다음 창고 내에서 화물을 옮길 때의 주의사항이 바르지 않은 것은?**

① 운반통로에 있는 맨홀이나 홈에 주의해야 한다.
② 작업 안전통로를 충분히 확보한 후 화물을 적재한다.
③ 운반통로에 안전하지 않은 곳이 없도록 조치한다.
④ 바닥의 기름기나 물기는 작업 후 제거하여 미끄럼 사고를 예방한다.

> **해설** 바닥의 기름기나 물기는 즉시 제거하여 미끄럼 사고를 예방한다.

> **정답** ④

**05 화물더미에서 작업할 때의 주의사항으로 바르지 않은 것은?**

① 화물더미의 상층과 하층은 동시에 작업을 한다.
② 화물더미 한쪽 가장자리에서 작업할 때에는 화물더미의 불안전한 상태를 수시 확인한다.
③ 화물더미에 오르내릴 때에는 화물의 쏠림이 발생하지 않도록 조심해야 한다.
④ 붕괴 등의 위험이 발생하지 않도록 주의해야 한다.

> **해설** 화물더미의 상층과 하층에서 동시에 작업을 하지 않아야 한다.

> **정답** ①

**06** 화물을 연속적으로 이동시키기 위해 컨베이어를 사용할 때의 주의사항으로 적합하지 않은 것은?

① 상차용 컨베이어를 이용하여 타이어 등을 상차할 때는 타이어 등이 떨어지는 곳에서 작업을 해선 안 된다.

② 상차 작업자와 컨베이어를 운전하는 작업자는 상호간에 신호를 긴밀히 해야 한다.

③ 컨베이어 위로 올라가서 작업을 한다.

④ 상차용 컨베이어를 이용하여 물품을 상차할 때는 물품이 떨어질 위험이 있는 곳에서 작업을 해선 안 된다.

**해설** 컨베이어 위로는 절대 올라가서는 안 된다.

**정답** ③

**07** 발판을 활용한 작업을 할 때의 주의사항으로 옳지 않은 것은?

① 발판 상·하 부위에 고정조치를 철저히 하도록 한다.

② 발판을 이용하여 오르내릴 때에는 2명 이상이 동시에 통행한다.

③ 발판의 설치는 안전하게 되어 있는지 확인한다.

④ 발판은 움직이지 않도록 목마위에 설치한다.

**해설** 발판을 이용하여 오르내릴 때에는 2명 이상이 동시에 통행하지 않는다.

**정답** ②

**08** 다음 화물의 하역방법으로 바르지 않은 것은?

① 부피가 큰 것을 쌓을 때는 가벼운 것은 밑에 무거운 것은 위에 쌓는다.

② 종류가 다른 것을 적치할 때는 무거운 것을 밑에 쌓는다.

③ 길이가 고르지 못하면 한쪽 끝이 맞도록 한다.

④ 상자로 된 화물은 취급 표지에 따라 다루어야 한다.

**해설** 부피가 큰 것을 쌓을 때는 무거운 것은 밑에 가벼운 것은 위에 쌓는다.

**정답** ①

**09** 다음 화물의 하역방법으로 바르지 않은 것은?

① 화물 종류별로 표시된 쌓는 단수 이상으로 적재를 하지 않는다.

② 물건을 쌓을 때는 떨어지거나 건드려서 넘어지지 않도록 한다.

③ 부피가 큰 것을 쌓을 때는 무거운 것은 밑에 가벼운 것은 위에 쌓는다.

④ 길이가 고르지 못하면 중앙에 무게중심이 맞도록 한다.

**해설** 길이가 고르지 못하면 한쪽 끝이 맞도록 한다.

**정답** ④

**10** 다음 화물의 하역방법으로 바르지 않은 것은?

① 화물을 한 줄로 높게 쌓아야 한다.

② 물품을 야외에 적치할 때는 밑받침을 하여 부식을 방지하고, 덮개로 덮어야 한다.

③ 높이 올려 쌓는 화물은 무너질 염려가 없도록 한다.

④ 쌓아 놓은 물건 위에 다른 물건을 던져 쌓아 화물이 무너지는 일이 없도록 하여야 한다.

**해설** 화물을 한 줄로 높이 쌓지 말아야 한다.

**정답** ①

**11** 다음 화물의 하역방법으로 적절하지 않은 것은?

① 높이 올려 쌓는 화물은 무너질 염려가 없도록 하여야 한다.

② 쌓아 놓은 물건 위에 다른 물건을 던져 쌓아 화물이 무너지는 일이 없도록 하여야 한다.

③ 화물을 내려서 밑바닥에 닿을 때에는 갑자기 화물이 무너지는 일이 있으므로 안전한 거리를 유지하고 무심코 접근하지 말아야 한다.

④ 화물을 쌓아 올릴 때에 사용하는 깔판 자체의 결함 및 깔판 사이의 간격 등은 무시한다.

**해설** 화물을 쌓아 올릴 때에 사용하는 깔판 자체의 결함 및 깔판 사이의 간격 등의 이상 유·무를 확인한다.

**정답** ④

**12** 다음 화물의 하역방법으로 옳지 않은 것은?

① 화물더미가 무너질 위험이 있는 경우에는 로프를 사용하여 묶어야 한다.

② 제재목(製材木)을 적치할 때는 건너지르는 대목을 5개소에 놓아야 한다.

③ 원목과 같은 원기둥형의 화물은 구르기 쉬우므로 외측에 제동장치를 해야 한다.

④ 바닥으로부터의 높이가 2미터 이상 되는 화물더미와 인접 화물더미 사이의 간격은 화물더미의 밑부분을 기준으로 10센티미터 이상으로 하여야 한다.

> **해설** 제재목(製材木)을 적치할 때는 건너지르는 대목을 3개소에 놓아야 한다.

**정답** ②

**13** 다음 적재함 적재방법으로 바르지 않은 것은?

① 적재하중을 초과하여 최대한 많이 적재하도록 한다.

② 화물자동차에 화물을 적재할 때는 한쪽으로 기울지 않게 쌓는다.

③ 무거운 화물은 적재함의 중간부분에 무게가 집중될 수 있도록 적재한다.

④ 화물을 적재할 때에는 최대한 무게가 골고루 분산될 수 있도록 한다.

> **해설** 화물자동차에 화물을 적재할 때는 한쪽으로 기울지 않게 쌓고, 적재하중을 초과하지 않도록 해야 한다.

**정답** ①

**14** 다음 적재함 적재방법으로 올바르지 않은 것은?

① 적재물 전체의 무게중심 위치는 적재함 전후좌우의 중심위치로 하는 것이 바람직하다.

② 볼트와 같이 세밀한 물건은 화물차의 바닥에 적재한다.

③ 작업 전 적재함 바닥의 파손, 돌출 또는 낙하물이 없는지 확인한다.

④ 물건을 적재한 후에는 로프나 체인 등으로 단단히 묶어야 한다.

> **해설** 볼트와 같이 세밀한 물건은 상자 등에 넣어 적재한다.

**정답** ②

**15** 다음 적재함 적재방법으로 적절하지 않은 것은?

① 적재함 문짝을 개폐할 때에는 신체의 일부가 끼이거나 물리지 않도록 각별히 주의한다.

② 작업 전 적재함 바닥의 파손, 돌출 또는 낙하물이 없는지 확인한다.

③ 트랙터 차량의 캡과 적재물의 간격을 120㎝ 이상으로 유지해야 한다.

④ 적하할 때 적재함의 난간(문짝 위)에 서서 작업한다.

> **해설** 적하할 때 적재함의 난간(문짝 위)에 서서 작업하지 않는다.

**정답** ④

**16** 다음 적재함 적재방법으로 옳지 않는 것은?

① 지상에서 결박하는 사람은 한 발을 타이어 또는 차량 하단부를 밟고 당기지 않는다.

② 지상에서 결박하는 사람은 옆으로 서서 고무바를 길게 잡고 한번에 당긴다.

③ 밧줄을 결박할 때 끊어질 것에 대비해 안전한 작업 자세를 취한 후 결박한다.

④ 적재함의 문짝 또는 연결고리는 결함이 없는지 확인한다.

> **해설** 지상에서 결박하는 사람은 한 발을 타이어 또는 차량 하단부를 밟고 당기지 않으며, 옆으로 서서 고무바를 짧게 잡고 조금씩 여러 번 당긴다.

**정답** ②

**17** 다음 적재함 적재방법으로 적절하지 않은 것은?

① 적재품의 붕괴여부를 상시 점검해야 한다.

② 체인은 화물 위나 둘레에 놓이도록 하고 화물이 움직이지 않을 정도로 탄탄하게 당길 수 있도록 바인더를 사용한다.

③ 트랙터 차량의 캡과 적재물의 간격을 100㎝ 이상으로 유지해야 한다.

④ 차량에 헤더보드가 없다면 화물을 차단하거나 잘 묶어야 한다.

> **해설** 트랙터 차량의 캡과 적재물의 간격을 120㎝ 이상으로 유지해야 한다.

**정답** ③

**18** 다음 운반방법으로 옳지 않은 것은?

① 물품 및 박스의 날카로운 모서리나 가시를 그대로 둔다.
② 물품을 운반할 때에는 장갑을 착용하고 작업한다.
③ 작업할 때 집게 또는 자석 등 적절한 보조공구를 사용하여 작업한다.
④ 너무 성급하게 서둘러서 작업하지 않는다.

> **해설** 물품 및 박스의 날카로운 모서리나 가시를 제거한다.

**정답** ①

**19** 물품을 들어 올릴 때의 자세 및 방법으로 올바르지 않은 것은?

① 몸의 균형을 유지하기 위해서 발은 어깨 넓이만큼 벌리고 물품으로 향한다.
② 다리와 어깨의 근육에 힘을 넣고 팔꿈치를 바로 구부린 상태에서 물품을 들어올린다.
③ 물품을 들 때는 허리를 똑바로 펴야 한다.
④ 물품은 허리의 힘으로 드는 것이 아니고 무릎을 굽혀 펴는 힘으로 물품을 든다.

> **해설** 다리와 어깨의 근육에 힘을 넣고 팔꿈치를 바로 펴서 서서히 물품을 들어올린다.

**정답** ②

**20** 화물 운반작업을 할 때의 방법으로 적합하지 않은 것은?

① 화물을 운반할 때는 들었다 놓았다 하며 운반한다.
② 갈고리는 지대, 종이상자, 위험 유해물에는 사용하지 않는다.
③ 운반도중 잡은 손의 위치를 변경하고자 할 때에는 지주에 기댄 다음 고쳐 잡는다.
④ 화물을 놓을 때는 다리를 굽히면서 한쪽 모서리를 놓은 다음 손을 뺀다.

> **해설** 화물을 운반할 때는 들었다 놓았다 하지 말고 직선거리로 운반한다.

**정답** ①

**21** 화물 운반작업을 할 때의 방법으로 바르지 않은 것은?

① 물품을 들어올리기에 힘겨운 것은 단독작업으로 한다.
② 무거운 물품은 공동운반하거나 운반차를 이용한다.
③ 물품을 몸에 밀착시켜서 몸의 균형중심에 가급적 접근시킨다.
④ 물품을 몸에 밀착시켜서 몸의 일부에 변형이 생기거나 균형이 파괴되어 비틀거리지 않게 한다.

> **해설** 물품을 들어올리기에 힘겨운 것은 단독작업을 금한다.

**정답** ①

**22** 화물 운반작업을 할 때의 방법으로 적절하지 않은 것은?

① 타이어를 굴릴 때는 좌·우 앞을 잘 살펴서 굴려야 한다.
② 타이어를 굴릴 때는 보행자와 충돌하지 않도록 해야 한다.
③ 운반할 때에는 주위의 작업에 주의하고, 기계 사이를 통과할 때는 주의를 요한다.
④ 허리를 구부린 자세로 물건을 운반하도록 한다.

> **해설** 허리를 구부린 자세로 물건을 운반하지 않고, 몸의 균형을 유지한다.

**정답** ④

**23** 물품을 어깨에 메고 운반할 때의 방법으로 적합하지 않은 것은?

① 진행방향의 안전을 확인하면서 운반한다.
② 호흡을 맞추어 어깨로 받아 화물 중심과 몸 중심을 맞춘다.
③ 물품을 받아 어깨에 멜 때는 어깨를 세우고 몸을 곧추세워야 한다.
④ 물품을 어깨에 메거나 받아들 때 한쪽으로 쏠리거나 꼬이더라도 충돌하지 않도록 공간을 확보하고 작업을 한다.

> **해설** 물품을 받아 어깨에 멜 때는 어깨를 낮추고 몸을 약간 기울여야 한다.

**정답** ③

**24** 다음 화물을 작업할 때의 방법으로 바르지 않은 것은?

① 화물은 가급적 눕히지 말고 세워 놓는다.
② 사람의 손으로 하는 작업은 가능한 한 줄이고, 기계를 이용한다.
③ 화물을 바닥에 놓는 경우 화물의 가장 넓은 면이 바닥에 놓이도록 한다.
④ 바닥이 약하거나 원형물건 등 평평하지 않는 화물은 평평한 면적을 가진 받침을 이용한다.

> **해설** 화물은 가급적 세우지 말고 눕혀 놓아야 한다.

**정답** ①

**25** 수작업으로 운반할 때의 기준으로 바르지 않은 것은?

① 두뇌작업이 필요한 작업
② 취급물품이 경량물인 작업
③ 취급물품의 형상, 성질, 크기 등이 일정하지 않은 작업
④ 표준화되어 있어 지속적으로 운반량이 많은 작업

> **해설** 표준화되어 있고 지속적으로 운반량이 많은 작업은 기계로 운반을 하도록 한다.

**정답** ④

**26** 다음 고압가스의 취급에 관한 주의사항으로 옳지 않은 것은?

① 200km 이상의 거리를 운행하는 경우에는 중간에 충분한 휴식을 취한 후 운전할 것
② 노면이 나쁜 도로를 운행한 후에는 일시정지하여 적재 상황, 용기밸브, 로프 등의 풀림 등이 없도록 확인할 것
③ 운반책임자와 운전자가 동시에 차량에서 이탈하지 아니할 것
④ 노면이 나쁜 도로에서는 가능한 한 빠른 속도로 운행할 것

> **해설** 노면이 나쁜 도로에서는 가능한 한 운행하지 말아야 한다.

**정답** ④

**27** 다음 컨테이너의 구조로 바르지 않은 것은?

① 해당 위험물의 운송에 충분히 견딜 수 있는 구조를 가질 것
② 해당 위험물의 운송에 충분히 견딜 수 있는 강도를 가질 것
③ 영구히 반복하여 사용할 수 있을 것
④ 화물의 운반에 필요한 충분한 공간을 가질 것

> **해설** 컨테이너의 구조 : 컨테이너는 해당 위험물의 운송에 충분히 견딜 수 있는 구조와 강도를 가져야 하며, 또한 영구히 반복하여 사용할 수 있도록 견고하게 제조되어야 한다.

**정답** ④

**28** 컨테이너에 위험물의 수납방법 및 주의사항으로 바르지 않은 것은?

① 포장 및 용기가 파손되었거나 불완전한 것은 분리하여 수납시킬 것
② 구조와 상태 등이 불안한 컨테이너를 사용하지 아니할 것
③ 컨테이너에 위험물을 수납하기 전에 철저히 점검할 것
④ 수납에 있어서는 화물의 이동, 전도, 충격, 마찰, 누설 등에 의한 위험이 생기지 않도록 충분한 깔판 및 각종 고임목을 사용하여 화물을 보호하는 동시에 단단히 고정시킬 것

> **해설** 수납되는 위험물 용기의 포장 및 표찰이 완전한가를 충분히 점검하여 포장 및 용기가 파손되었거나 불완전한 것은 수납을 금지시킬 것

**정답** ①

**29** 다음 컨테이너에 위험물의 수납방법 및 주의사항으로 옳지 않은 것은?

① 화물의 이동, 전도, 충격, 마찰, 누설 등에 의한 위험이 생기지 않도록 충분한 깔판 및 각종 고임목을 사용하여야 한다.
② 수납이 완료되면 즉시 문을 폐쇄한다.
③ 수납에 있어서 화물을 보호하는 동시에 단단히 고정시켜야 한다.
④ 화물 중량의 배분과 외부충격의 완화를 고려하는 동시에 필요한 경우 화물 일부가 컨테이너 밖으로 튀어 나오게 적재할 수 있다.

해설 화물 중량의 배분과 외부충격의 완화를 고려하는 동시에 어떠한 경우라도 화물 일부가 컨테이너 밖으로 튀어 나와서는 안 된다.

정답 ④

**30** 다음 컨테이너에 표시하여야 할 내용이 아닌 것은?

① 위험물의 분류명
② 용량
③ 표찰
④ 컨테이너 번호

해설 위험물의 표시 : 컨테이너에 수납되어 있는 위험물의 분류명, 표찰 및 컨테이너 번호를 외측부 가장 잘 보이는 곳에 표시한다.

정답 ②

**31** 위험물 탱크로리 취급 시의 확인·점검방법으로 바르지 않은 것은?

① 인화성물질을 취급할 때에는 소화기를 준비한다.
② 담당자 이외에는 손대지 않도록 조치한다.
③ 흡연자가 없는지 확인한다.
④ 누유된 위험물은 바닥에 버린다.

해설 누유된 위험물은 회수하여 처리하여야 한다.

정답 ④

**32** 위험물 탱크로리 취급 시의 확인·점검방법으로 옳지 않은 것은?

① 주위에 위험표지를 설치한다.
② 인화성물질을 취급할 때에는 소화기를 준비한다.
③ 플랜지(flange)는 고정시켰는지 확인한다.
④ 주위 정리정돈상태는 양호한지 점검한다.

해설 플랜지(flange) 등 연결부분에 새는 곳은 없는지 확인한다.

정답 ③

**33** 다음 주유취급소의 위험물 취급기준으로 바르지 않은 것은?

① 유분리 장치에 고인 유류는 흘러내리도록 둔다.
② 자동차 등을 주유할 때는 자동차 등의 원동기를 정지시킨다.
③ 자동차 등에 주유할 때는 다른 자동차 등을 그 주유취급소 안에 주차시켜서는 아니 된다.
④ 자동차 등에 주유할 때에는 고정주유설비를 사용하여 직접 주유한다.

해설 유분리 장치에 고인 유류는 넘치지 않도록 수시로 퍼내어야 한다.

정답 ①

**34** 주유취급소의 위험물 취급기준으로 옳지 않은 것은?

① 자동차를 주유할 때에는 고정주유설비를 사용하여 직접 주유하여야 한다.
② 자동차에 주유할 때는 자동차 원동기의 출력을 낮추어야 한다.
③ 자동차 등의 일부 또는 전부가 주유취급소 밖에 나온 채로 주유하지 않는다.
④ 유분리 장치에 고인 유류는 넘치지 않도록 한다.

해설 자동차에 주유할 때는 자동차 원동기를 정지시켜야 한다.

정답 ②

**35** 다음 독극물 취급 시의 주의사항으로 바르지 않은 것은?

① 취급불명의 독극물은 함부로 다루지 말고 그대로 둘 것
② 독극물의 취급 및 운반은 거칠게 다루지 말 것
③ 독극물을 취급하거나 운반할 때는 소정의 안전한 용기, 도구, 운반구 및 운반차를 이용할 것
④ 독극물이 들어 있는 용기는 마개를 단단히 닫고 빈 용기와 확실하게 구별하여 놓을 것

해설 취급불명의 독극물은 함부로 다루지 말고, 독극물 취급방법을 확인한 후 취급하여야 한다.

정답 ①

**36** 다음 독극물 취급 시의 주의사항으로 적절하지 않은 것은?

① 도난방지를 위해 보관을 철저히 할 것
② 오용(誤用) 방지를 위해 보관을 철저히 할 것
③ 취급하는 독극물의 물리적, 화학적 특성을 충분히 알고, 그 성질에 따른 방호수단을 알고 있을 것
④ 독극물이 새거나 엎질러졌을 때는 일정 시간 경과 후 안전한 조치를 하여 놓을 것

**해설** 독극물이 새거나 엎질러졌을 때는 신속히 제거할 수 있는 안전한 조치를 하여 놓아야 한다.

**정답** ④

**37** 다음 상·하차 작업 시의 확인사항으로 바르지 않은 것은?

① 던지지 않고 굴려 내리기를 하고 있는가?
② 적재량을 초과하지 않았는가?
③ 차량에 구름막이는 되어 있는가?
④ 차량의 이동 신호는 잘 지키고 있는가?

**해설** 던지기 및 굴려 내리기를 하고 있지 않은가?

**정답** ①

**38** 화물의 상·하차 작업 시 확인사항이 옳지 않은 것은?

① 작업 신호에 따라 작업이 잘 행하여지고 있는지 여부
② 화물의 붕괴를 방지하기 위한 조치는 취해져 있는지 여부
③ 차량의 이동 속도는 잘 지키고 있는지 여부
④ 던지기 및 굴려 내리기를 하고 있지 않는지 여부

**해설** 차량의 이동 속도는 잘 지키고 있는지 여부는 차량의 운행과 관계된 것으로 화물의 상·하차 작업 시 확인사항이 아니다.

**정답** ③

# 제4장 적재물 결박·덮개 설치 [핵심요약]

QUALIFICATION TEST FOR CARGO WORKERS

## 1 팔레트(Pallet) 화물의 붕괴 방지요령

▧ 밴드걸기 방식

① 나무상자를 팔레트에 쌓는 경우의 붕괴 방지에 많이 사용되는 방법이다.

② 밴드가 걸려 있는 부분은 화물의 움직임을 억제하지만, 밴드가 걸리지 않은 부분의 화물이 튀어나오는 결점이 있다.

③ 각목대기 수평 밴드걸기 방식은 포장화물의 네 모퉁이에 각목을 대고, 그 바깥쪽으로 부터 밴드를 거는 방법이다.

▧ 주연(周緣)어프 방식 : 팔레트의 가장자리(주연)를 높게 하여 포장화물을 안쪽으로 기울여, 화물이 갈라지는 것을 방지하는 방법이다.

▧ 슬립 멈추기 시트삽입 방식

① 포장과 포장 사이에 미끄럼을 멈추는 시트를 넣음으로써 안전을 도모하는 방법이다.

② 부대화물에는 효과가 있으나, 상자는 진동하면 튀어 오르기 쉽다는 문제가 있다.

▧ 풀 붙이기 접착 방식 : 팔레트 화물의 붕괴 방지대책의 자동화·기계화가 가능하고, 비용도 저렴한 방식이다.

▧ 수평 밴드걸기 풀 붙이기 방식

① 풀 붙이기와 밴드걸기 방식을 병용한 것이다.

② 화물의 붕괴를 방지하는 효과를 한층 더 높이는 방법이다.

▧ 슈링크 방식 : 열수축성 플라스틱 필름을 팔레트 화물에 씌우고 슈링크 터널을 통과시킬 때 가열하여 필름을 수축시켜 팔레트와 밀착시키는 방식이다.

▧ 스트레치 방식 : 스트레치 포장기를 사용하여 플라스틱 필름을 팔레트 화물에 감아 움직이지 않게 하는 방법이다.

▧ 박스 테두리 방식 : 팔레트에 테두리를 붙이는 박스 팔레트와 같은 형태는 화물이 무너지는 것을 방지하는 효과는 크다.

## 2 화물붕괴 방지요령

▧ 팔레트 화물 사이에 생기는 틈바구니를 적당한 재료로 메우는 방법 : 화물 사이의 틈새가 적을수록 짐이 허물어지는 일도 적다는 사실에 고안된 방법

① 팔레트 화물이 서로 얽히지 않도록 사이사이에 합판을 넣는다.

② 여러 가지 두께의 발포 스티롤판으로 틈새를 없앤다.

③ 에어백이라는 공기가 든 부대를 사용한다.

▨ **차량에 특수장치를 설치하는 방법** : 차량에 특수한 장치를 설치하는 방법, 적재함의 천장이나 측벽에서 팔레트 화물이 붕괴되지 않도록 누르는 장치를 설치하는 방법, 적재공간이 팔레트 화물치수에 맞추어 작은 칸으로 구분되는 장치를 설치하는 방법

### 3 포장화물 운송과정의 외압과 보호요령

▨ **하역 시의 충격**

① 하역 시의 충격 중 가장 큰 충격은 낙하충격이다.

② 일반적으로 수하역의 경우에 낙하의 높이는 아래와 같다.

　　㉠ 견하역 : 100cm 이상

　　㉡ 요하역 : 10cm 정도

　　㉢ 팔레트 쌓기의 수하역 : 40cm 정도

▨ **수송중의 충격 및 진동**

① 트랙터와 트레일러를 연결할 때 발생하는 수평충격이 있는데, 이것은 낙하충격에 비하면 적은 편이다.

② 화물은 수평충격과 함께 수송 중에는 항상 진동을 받고 있다.

③ 비포장 도로 등 포장상태가 나쁜 길을 달리는 경우에는 상하진동이 발생하게 되므로 화물을 고정시켜 진동으로부터 화물을 보호한다.

▨ **보관 및 수송중의 압축하중**

① 포장화물은 보관 중 또는 수송 중에 밑에 쌓은 화물이 반드시 압축하중을 받는다.

② 내하중은 포장 재료에 따라 상당히 다르다.

# 제4장 적재물 결박·덮개 설치 [적중문제]

QUALIFICATION TEST FOR CARGO WORKERS

**01** 팔레트(Pallet) 화물의 붕괴 방지요령 중 밴드걸기 방식으로 바르지 않은 것은?

① 밴드걸기 방식은 나무상자를 팔레트에 쌓는 경우의 붕괴 방지에 많이 사용되는 방법이다.

② 밴드걸기 방식은 밴드가 걸리지 않은 부분의 화물이 튀어나오는 결점이 있다.

③ 수평 밴드걸기 방식과 수직 밴드걸기 방식이 있다.

④ 어느 쪽이나 밴드가 걸려 있는 부분은 화물의 움직임을 억제하지 못한다.

**해설** 어느 쪽이나 밴드가 걸려 있는 부분은 화물의 움직임을 억제하지만, 밴드가 걸리지 않은 부분의 화물이 튀어나오는 결점이 있다.

**정답** ④

**02** 팔레트(Pallet) 화물의 붕괴 방지요령 중 주연(周緣)어프 방식으로 옳지 않은 것은?

① 팔레트의 가장자리(주연)를 높게 하여 포장화물을 안쪽으로 기울인다.

② 부대화물 등에는 효과가 없다.

③ 화물이 갈라지는 것을 방지하는 방법이다.

④ 주연(周緣)어프 방식만으로 화물이 갈라지는 것을 방지하기 어렵다.

**해설** 주연(周緣)어프 방식은 팔레트의 가장자리(주연)를 높게 하여 포장화물을 안쪽으로 기울여, 화물이 갈라지는 것을 방지하는 방법으로서 부대화물 따위에 효과가 있다.

**정답** ②

**03** 팔레트(Pallet) 화물의 붕괴 방지요령 중 슬립 멈추기 시트삽입 방식에 관한 내용으로 바르지 않은 것은?

① 포장과 포장 사이에 미끄럼을 멈추는 시트를 넣는다.

② 안전을 도모하는 방법이다.

③ 부대화물에는 효과가 있다.

④ 상자는 진동하면 튀어 오르지 않는다.

**해설** 슬립 멈추기 시트삽입 방식은 부대화물에는 효과가 있으나, 상자는 진동하면 튀어 오르기 쉽다는 문제가 있다.

**정답** ④

**04** 열수축성 플라스틱필름을 팔레트 화물에 씌우고 이를 가열하여 필름을 수축시켜 팔레트와 밀착시키는 화물붕괴 방지 방식은?

① 스트레치 방식 　　　② 수평 밴드걸기 방식

③ 풀 붙이기 접착 방식　④ 슈링크 방식

**해설** 슈링크 방식은 열수축성 플라스틱필름을 팔레트 화물에 씌우고 슈링크 터널을 통과시킬 때 가열하여 필름을 수축시켜 팔레트와 밀착시키는 방식이다.

**정답** ④

**05** 팔레트 화물의 붕괴를 방지하기 위한 스트레치 방식으로 옳지 않은 것은?

① 스트레치 포장기를 사용한다.

② 플라스틱 필름을 팔레트 화물에 감아 움직이지 않게 하는 방법이다.

③ 열처리는 행하지 않으나 통기성이 좋다.

④ 비용이 많이 드는 단점이 있다.

**해설** 스트레치 방식은 열처리는 행하지 않으나 통기성은 없다.

**정답** ③

**06** 팔레트 화물 사이에 생기는 틈바구니를 적당한 재료로 메우는 방법으로 바르지 않은 것은?

① 화물 사이의 틈새가 적을수록 짐이 허물어지는 일도 적다는 사실에 고안된 방법이다.
② 적재함의 천장이나 측벽에 누르는 장치를 설치한다.
③ 에어백이라는 공기가 든 부대를 사용한다.
④ 팔레트 화물이 서로 얽히지 않도록 사이사이에 합판을 넣는다.

> **해설** ②는 차량에 특수장치를 설치하는 방법이다.

> **정답** ②

**07** 다음 하역 시의 충격 중 가장 큰 충격은?

① 전도충격          ② 비래충격
③ 낙하충격          ④ 압축충격

> **해설** 하역 시의 충격 중 가장 큰 충격은 낙하충격이다.

> **정답** ③

**08** 팔레트 쌓기의 수하역의 경우에 낙하의 높이는?

① 40cm 정도          ② 100cm 이상
③ 10cm 정도          ④ 10cm 이하

> **해설** 팔레트 쌓기의 수하역 : 40cm 정도

> **정답** ①

# 운행요령 [핵심요약]

QUALIFICATION TEST FOR CARGO WORKERS

## 1 일반사항

### 일반사항

① 배차지시에 따라 차량을 운행한다.

② 물자를 지정된 장소로 한정된 시간 내에 안전하고 정확하게 운송할 책임이 있다.

③ 관계법규를 준수함은 물론 운전 전, 운전 중, 운전 후 점검 및 정비를 철저히 이행한다.

④ 충분한 수면을 취하고, 주취운전이나 운전 중에는 흡연 또는 잡담을 하지 않는다.

⑤ 주차할 때에는 엔진을 끄고 주차브레이크 장치로 완전 제동한다.

⑥ 내리막길을 운전할 때에는 기어를 중립에 두지 않는다.

⑦ 트레일러를 운행할 때에는 트랙터와의 연결부분을 점검하고 확인한다.

⑧ 크레인의 인양중량을 초과하는 작업을 허용하지 않는다.

⑨ 미끄러지는 물품, 길이가 긴 물건, 인화성물질 운반 시는 각별한 안전관리를 한다.

⑩ 고속도로 휴게소 등에서 휴식을 취하다가 잠들어 시간이 지연되는 일이 없도록 한다.

⑪ 고속도로 운전, 장마철, 여름철, 한랭기, 악천후, 철길 건널목, 나쁜 길, 야간에 운전할 때에는 제반 안전관리 사항에 대해 더욱 주의한다.

## 2 운행요령

### 운행에 따른 일반적인 주의사항

① 규정속도로 운행한다.

② 비포장도로나 위험한 도로에서는 반드시 서행한다.

③ 정량초과 적재를 절대로 하지 않는다.

④ 화물을 편중되게 적재하지 않는다.

⑤ 교통법규를 항상 준수하여 타인에게 양보할 수 있는 여유를 갖는다.

⑥ 올바른 운전조작과 철저한 예방정비 점검을 실시한다.

⑦ 후진할 때에는 반드시 뒤를 확인 후에 후진경고하면서 서서히 후진한다.

⑧ 가능한 한 경사진 곳에 주차하지 않는다.

⑨ 화물을 적재하고 운행할 때에는 수시로 화물적재 상태를 확인한다.

⑩ 운전은 절대 서두르지 말고 침착하게 해야 한다.

⑪ 위험물을 운반할 때에는 위험물 표지 설치 등 관련규정을 준수하여야 한다.

■ 트랙터 운행에 따른 주의사항

① 중량물 및 활대품을 수송하는 경우 화물결박을 철저히 하고, 수시로 결박 상태를 확인한다.

② 고속주행 중의 급제동은 잭나이프 현상 등의 위험을 초래하므로 조심한다.

③ 트랙터는 트레일러와 연결하여 운행하므로 회전반경 및 점유면적이 크다.

④ 화물의 균등한 적재가 이루어지도록 한다.

⑤ 후진할 때에는 반드시 뒤를 확인 후 서행한다.

⑥ 가능한 한 경사진 곳에 주차하지 않도록 한다.

⑦ 2시간 주행마다 10분 이상 휴식하면서 타이어 및 화물결박 상태를 확인한다.

■ 컨테이너 상차 등에 따른 주의사항

① 상차 전의 확인사항

㉠ 배차부서로부터 배차지시를 받는다.

㉡ 배차부서에서 보세 면장번호를 통보 받는다.

㉢ 컨테이너 라인을 배차부서로부터 통보 받는다.

㉣ 배차부서로부터 화주, 공장위치, 공장전화번호, 담당자 이름 등을 통보 받는다.

㉤ 배차부서로부터 상차지, 도착시간을 통보 받는다.

㉥ 배차부서로부터 컨테이너 중량을 통보 받는다.

㉦ 다른 라인의 컨테이너를 상차할 때 배차부서로부터 통보받아야 할 사항 : 라인 종류, 상차 장소, 담당자 이름과 직책, 전화번호, 터미널일 경우 반출 전송을 하는 사람

② 상차할 때의 확인사항

㉠ 손해여부와 봉인번호를 체크해야 하고 그 결과를 배차부서에 통보한다.

㉡ 상차할 때는 안전하게 실었는지를 확인한다.

㉢ 샤시 잠금 장치는 안전한지를 확실히 검사한다.

㉣ 다른 라인의 컨테이너 상차가 어려울 경우 배차부서로 통보한다.

③ 상차 후의 확인사항

㉠ 도착장소와 도착시간을 다시 한 번 정확히 확인한다.

㉡ 실중량이 더 무겁다고 판단되면 관련부서로 연락해서 운송 여부를 통보 받는다.

㉢ 상차한 후에는 해당 게이트로 가서 전산 정리를 해야 하고, 다른 라인일 경우에는 배차부서에게 면장번호, 컨테이너번호, 화주이름을 말해주고 전산정리를 한다.

④ 도착이 지연될 때 : 일정시간 이상 지연될 때에는 반드시 배차부서에 출발시간, 도착 지연이유, 현재 위치, 예상 도착 시간 등을 연락해야 한다.

⑤ 화주 공장에 도착하였을 때

㉠ 공장 내 운행속도를 준수한다.

㉡ 문제가 발생하면 직접 담당자와 문제를 해결하지 말고, 반드시 배차부서에 연락한다.

㉢ 복장 불량, 폭언 등은 절대 하지 않는다.

㉣ 상·하차할 때 시동은 반드시 끈다.

㉤ 각 공장 작업자의 모든 지시 사항을 반드시 따른다.

㉥ 작업 상황을 배차부서로 통보한다.

⑥ **작업 종료 후** : 작업 종료 후 배차부서에 통보

▨ **고속도로 제한차량 및 운행허가**

① **고속도로 제한차량**

　　㉠ 축하중 : 차량의 축하중이 10톤을 초과

　　㉡ 총중량 : 차량 총중량이 40톤을 초과

　　㉢ 길이 : 적재물을 포함한 차량의 길이가 16.7m 초과

　　㉣ 폭 : 적재물을 포함한 차량의 폭이 2.5m 초과

　　㉤ 높이 : 적재물을 포함한 차량의 높이가 4.0m 초과

　　㉥ 적재불량 차량

　　㉦ 저속 : 정상운행속도가 50km/h 미만 차량

　　㉧ 이상기후일 때 연결 화물차량

　　㉨ 도로의 구조보전과 운행의 위험을 방지하기 위하여 운행제한이 필요하다고 인정하는 차량

② **제한차량의 표시 및 공고** : 해당도로의 종류, 노선번호 및 노선명, 차량운행이 제한되는 구간 및 기간, 운행이 제한되는 차량, 차량운행을 제한하는 사유, 그 밖에 차량운행의 제한에 필요한 사항

▨ **과적 차량 단속**

① **과적차량에 대한 단속 근거**

　　㉠ 도로법의 목적과 단속의 필요성

　　㉡ 위반에 따른 벌칙

| 위반항목 | 벌 칙 |
|---|---|
| • 총중량 40톤, 축하중 10톤, 높이 4.0m, 길이 16.7m, 폭 2.5m 초과<br>• 운행제한을 위반하도록 지시하거나 요구한 자<br>• 임차한 화물적재차량이 운행제한을 위반하지 않도록 관리하지 아니한 임차인 | 500만 원 이하의 과태료 |
| • 적재량의 측정 및 관계서류의 제출요구 거부 시<br>• 적재량 측정 방해(축조작)행위 및 재측정 거부 시<br>• 적재량 측정을 위한 도로관리원의 차량 승차요구 거부 시 | 1년 이하 징역이나 1천만 원 이하의 벌금 |

② **과적의 폐해 및 방지방법**

　　㉠ 과적의 폐해 : 타이어 파손 및 타이어 내구 수명 감소로 사고 위험성 증가, 제동거리가 길어져 사고의 위험성 증가, 전도될 위험성 증가, 충돌 시의 충격력은 차량의 중량과 속도에 비례하여 증가

　　㉡ 과적차량이 도로에 미치는 영향 : 과적차량의 운행에 따른 파손, 축하중이 증가할수록 포장의 수명은 급격하게 감소

# 제 5 장 운행요령 [적중문제]

QUALIFICATION TEST FOR CARGO WORKERS

**01** 다음 운행요령 일반사항에 관한 내용으로 바르지 않은 것은?

① 주차할 때에는 엔진을 끄고 주차브레이크 장치로 완전 제동한다.

② 배차지시에 따라 배정된 물자를 지정된 장소로 한정된 시간 내에 안전하고 정확하게 운송할 책임이 있다.

③ 배차지시에 따라 차량을 운행한다.

④ 내리막길을 운전할 때에는 기어를 중립에 둔다.

> **해설** 내리막길을 운전할 때에는 기어를 중립에 두지 않는다.

**정답** ④

**02** 다음 운행요령 일반사항에 관한 내용으로 옳지 않은 것은?

① 주차할 때에는 엔진을 끈다.

② 주차는 주차브레이크 장치로 완전 제동한다.

③ 트레일러를 운행할 때에는 트랙터와의 연결부분을 섬섬하고 확인한다.

④ 크레인의 인양중량을 초과하는 작업을 허용한다.

> **해설** 크레인의 인양중량을 초과하는 작업을 허용하지 않는다.

**정답** ④

**03** 운행에 따른 일반적인 주의사항으로 바르지 않은 것은?

① 규정속도로 운행한다.

② 비포장도로나 위험한 도로에서는 반드시 서행한다.

③ 정량초과 적재를 절대로 하지 않는다.

④ 화물을 앞쪽이든 뒤쪽이든 한 곳으로 몰아 적재한다.

> **해설** 화물을 편중되게 적재하지 않는다.

**정답** ④

**04** 다음 운행에 따른 일반적인 주의사항이 바르지 않은 것은?

① 교통법규를 항상 준수하여 타인에게 양보할 수 있는 여유를 갖는다.

② 올바른 운전조작과 철저한 예방정비 점검을 실시한다.

③ 후진할 때에는 뒤를 확인 후에 후진경고하면서 정속 후진한다.

④ 운전은 절대 서두르지 말고 침착하게 해야 한다.

> **해설** 후진할 때에는 반드시 뒤를 확인 후에 후진경고하면서 서서히 후진한다.

**정답** ③

**05** 다음 트랙터 운행에 따른 주의사항으로 바르지 않은 것은?

① 가능한 한 경사진 곳에 주차하지 않도록 한다.

② 운행경로의 도로정보는 내비게이션이 익지하도록 한다.

③ 후진할 때에는 반드시 뒤를 확인 후 서행한다.

④ 트레일러에 중량물을 적재할 때에는 화물적재 전에 중심을 정확히 파악하여 적재토록 해야 한다.

> **해설** 트랙터는 일반적으로 트레일러와 연결하여 운행하므로 일반 차량에 비해 회전반경 및 점유면적이 크다. 따라서 미리 운행경로의 도로정보와 화물의 제원, 장비의 제원을 정확히 파악한다.

**정답** ②

**06** 다음 컨테이너 상차 전의 확인사항으로 바르지 않은 것은?

① 배차부서로부터 컨테이너 중량을 통보 받는다.
② 배차부서에서 보세 면장번호를 통보 받는다.
③ 철도 상차일 경우에는 화주의 담당자, 기타 사업장일 경우에는 화물담당자로부터 면장 출력 장소를 통보 받는다.
④ 배차부서로부터 화주, 공장위치, 공장전화번호, 담당자 이름 등을 통보 받는다.

**해설** 철도 상차일 경우에는 철도역의 담당자, 기타 사업장일 경우에는 배차부서로부터 면장 출력 장소를 통보 받는다.

**정답** ③

**07** 다음 화물을 상차할 때의 확인사항으로 바르지 않은 것은?

① 손해여부와 봉인번호를 체크한다.
② 상차할 때는 컨테이너가 맞는지를 확인한다.
③ 샤시 잠금 장치는 안전한지를 확실히 검사한다.
④ 다른 라인(Line)의 컨테이너 상차가 어려울 경우 배차부서로 통보한다.

**해설** 컨테이너가 맞는지의 여부는 상차 시 확인사항이 아니다.

**정답** ②

**08** 도착이 지연될 때 배차부서에 연락해야 할 사항이 아닌 것은?

① 화물의 수량
② 도착 지연이유
③ 출발시간
④ 예상 도착 시간

**해설** 일정시간 이상 지연될 때에는 반드시 배차부서에 출발시간, 도착 지연이유, 현재 위치, 예상 도착 시간 등을 연락해야 한다.

**정답** ①

**09** 다음 고속도로 제한차량으로 바르지 않은 것은?

① 축하중 : 차량의 축하중이 10톤을 초과
② 총중량 : 차량 총중량이 40톤을 초과
③ 길이 : 적재물을 포함한 차량의 길이가 16.7m 초과
④ 폭 : 적재물을 포함한 차량의 폭이 1.5m 초과

**해설** 폭 : 적재물을 포함한 차량의 폭이 2.5m 초과

**정답** ④

**10** 다음 고속도로 제한차량 적재불량 차량으로 볼 수 없는 것은?

① 모래, 흙, 골재류, 쓰레기 등을 운반하면서 덮개를 미설치하거나 없는 차량
② 스페어 타이어가 없는 차량
③ 덮개를 씌우지 않았거나 묶지 않아 결속상태가 불량한 차량
④ 사고 차량을 견인하면서 파손품의 낙하가 우려되는 차량

**해설** 스페어 타이어 고정상태가 불량한 차량이 적재불량 차량이다.

**정답** ②

**11** 다음 제한차량의 표시 및 공고의 내용으로 바르지 않은 것은?

① 해당도로의 종류, 노선번호 및 노선명
② 차량운행의 제한에 필요한 사항
③ 제한차량의 차종, 톤수 등
④ 운행이 제한되는 차량

**해설** 제한차량의 표시 및 공고의 내용
1. 해당도로의 종류, 노선번호 및 노선명
2. 차량운행이 제한되는 구간 및 기간
3. 운행이 제한되는 차량
4. 차량운행을 제한하는 사유
5. 그 밖에 차량운행의 제한에 필요한 사항

**정답** ③

**12** 총중량 40톤, 축하중 10톤, 높이 4.0m, 길이 16.7m, 폭 2.5m 초과한 자에 대한 벌칙은?

① 100만 원 이하의 과태료

② 200만 원 이하의 과태료

③ 300만 원 이하의 과태료

④ 500만 원 이하의 과태료

> **해설** 총중량 40톤, 축하중 10톤, 높이 4.0m, 길이 16.7m, 폭 2.5m 초과한 자 : 500만 원 이하의 과태료

**정답** ④

**13** 과적차량이 도로에 미치는 영향으로 옳지 않은 것은?

① 과적에 의한 축하중은 도로포장 손상에 직접적으로 가장 큰 영향을 미치는 원인

② 총중량의 증가는 교량의 손상도를 높이는 주요 원인

③ 축하중이 증가할수록 포장의 수명은 급격하게 증가

④ 축하중이 10%만 증가하여도 도로파손에 미치는 영향은 무려 50%가 상승

> **해설** 축하중이 증가할수록 포장의 수명은 급격하게 감소한다.

**정답** ③

part
02

운행요령

# 제6장 화물의 인수·인계요령 [핵심요약]

QUALIFICATION TEST FOR CARGO WORKERS

## 1 화물의 인수요령

### ▦ 화물의 인수요령

① 포장 및 운송장 기재 요령을 반드시 숙지하고 인수에 임한다.

② 집하 자제품목 및 집하 금지품목의 경우는 양해를 구한 후 정중히 거절한다.

③ 집하물품의 도착지와 고객의 배달요청일을 확인하고, 배송 가능한 물품을 인수한다.

④ 제주도 및 도서지역인 경우 부대비용을 알려주고, 이해를 구한 후 인수한다.

⑤ 도서지역의 경우 차량이 직접 들어갈 수 없는 지역은 운임 및 도선료는 선불로 처리한다.

⑥ 항공기 탑재 불가 물품과 공항유치물품은 집하시 거절함으로써 고객과의 마찰을 방지한다.

⑦ 운송인의 책임은 물품을 인수하고 운송장을 교부한 시점부터 발생한다.

⑧ 운송장에 대한 비용은 상호 동의가 되었을 때 운송장을 작성, 발급하게 하여 불필요한 운송장 낭비를 막는다.

⑨ 화물은 취급가능 화물규격 및 중량, 취급불가 화물품목 등을 확인하고 결정한다.

⑩ 두 개 이상의 화물을 밴딩처리한 경우에는 각각 운송장 및 보조송장을 부착하여 집하한다.

⑪ 신용업체의 대량화물을 집하할 때는 BOX 수량과 운송장에 기재된 수량을 확인한다.

⑫ 전화로 접수 받을 때 반드시 집하 가능한 일자와 고객의 배송 요구일자를 확인한다.

⑬ 인수(집하)예약은 반드시 접수대장에 기재하여 누락되는 일이 없도록 한다.

⑭ 반품요청이 들어왔을 때 반품요청일 다음 날로부터 빠른 시일 내에 처리한다.

## 2 화물의 적재요령

### ▦ 화물의 적재요령

① 긴급을 요하는 화물은 우선적으로 배송될 수 있도록 쉽게 꺼낼 수 있게 적재한다.

② 취급주의 스티커 부착 화물은 적재함 별도공간에 위치하도록 하고, 중량화물은 적재함 하단에 적재하여 타 화물이 훼손되지 않도록 주의한다.

③ 다수화물이 도착하였을 때에는 미도착 수량이 있는지 확인한다.

### ③ 화물의 인계요령

**■ 화물의 인계요령**

① 수하인의 주소 및 수하인이 맞는지 확인한 후에 인계한다.

② 지점에 도착된 물품에 대해서는 당일 배송을 원칙으로 한다.

③ 수하인에게 물품을 인계할 때 인계 물품의 이상 유무를 확인하여, 이상이 있을 경우 즉시 지점에 알려 조치하도록 한다.

④ 각 영업소로 분류된 물품은 수하인에게 물품의 도착 사실을 알리고 배송 가능한 시간을 약속한다.

⑤ 부패성 물품과 긴급을 요하는 물품은 우선 배송하여 손해배상 요구가 없도록 한다.

⑥ 배송할 때 물품뿐만 아니라 고객의 마음까지 배달한다는 자세로 배송한다.

⑦ 사소한 문제로 수하인과 마찰이 발생할 경우 마찰을 최소화할 수 있도록 한다.

⑧ 물품포장에 경미한 이상이 있는 경우에는 고객들의 불만을 가중시키지 않도록 한다.

⑨ 수하인에게 배달처를 못 찾으니 어디로 나오라고 하던가, 배달처 위치가 높아 못 올라간다는 말을 하지 않는다.

⑩ 1인이 배송하기 힘든 물품의 경우 도착된 물품에 대해서는 수하인에게 정중히 요청하여 같이 운반할 수 있도록 한다.

⑪ 물품을 고객에게 인계할 때 인수증에 정자로 인수자 서명을 받도록 한다.

⑫ 배송할 때 부드러운 말씨와 친절한 서비스정신으로 고객과의 마찰을 예방한다.

⑬ 배송지연이 예상될 경우 고객에게 사전에 양해를 구하고 이행하도록 한다.

⑭ 배송확인 문의 전화를 받았을 경우, 해당 영업소에 확인하여 고객에게 전달하도록 한다.

⑮ 배송할 때 수하인 부재로 배송이 곤란한 경우 수하인에게 연락하여 전달한다.

⑯ 방문시간에 수하인이 부재중일 경우에는 부재중 방문표를 활용하여 방문근거를 남긴다.

⑰ 대리인에게 인계할 때에는 사후조치로 실제 수하인과 연락을 취하여 확인한다.

⑱ 물품을 다른 곳에 맡길 경우 수하인과 연락하여 맡겨놓은 위치 및 연락처를 남긴다.

⑲ 배송이 어려운 경우 집하지점 또는 송하인과 연락하여 조치하도록 한다.

⑳ 귀중품 및 고가품의 경우는 직접 전달하도록 한다.

㉑ 배송중 수하인이 직접 찾으러 오는 경우 직접 서명을 받는다.

㉒ 차에서 떠날 때는 반드시 잠금장치를 하여 사고를 미연에 방지하도록 한다.

㉓ 당일 배송하지 못한 물품에 대하여는 익일 영업시간까지 물품이 안전하게 보관될 수 있는 장소에 물품을 보관하여야 한다.

### ④ 인수증 관리요령

**■ 인수증 관리요령**

① 인수증은 반드시 인수자 확인란에 수령인이 누구인지 인수자가 자필로 바르게 적도록 한다.

② 수령인 구분 : 본인, 동거인, 관리인, 지정인, 기타 등으로 구분하여 확인

③ 같은 장소에 여러 박스를 배송할 때에는 인수증에 반드시 실제 배달한 수량을 기재받아 차후에 수량차이로 인한 시비가 발생하지 않도록 하여야 한다.

④ 수령인이 물품의 수하인과 다른 경우 반드시 수하인과의 관계를 기재하여야 한다.

⑤ 지점에서는 회수된 인수증 관리를 철저히 하고, 인수 근거가 없는 경우 즉시 확인하여 인수인계 근거를 명확히 관리하여야 한다.

⑥ 인수증 상에 인수자 서명을 운전자가 임의 기재한 경우는 무효로 간주되며, 문제가 발생하면 배송완료로 인정받을 수 없다.

## 5 고객 유의사항

■ 고객 유의사항의 필요성
① 택배는 소화물 운송으로 무한책임이 아닌 과실 책임에 한정하여 변상할 필요성
② 내용검사가 부적당한 수탁물에 대한 송하인의 책임을 명확히 설명할 필요성
③ 운송인이 통보받지 못한 위험부분까지 책임지는 부담 해소

■ 고객 유의사항 사용범위(매달 지급하는 거래처 제외–계약서상 명시)
① 수리를 목적으로 운송을 의뢰하는 모든 물품
② 포장이 불량하여 운송에 부적합하다고 판단되는 물품
③ 중고제품으로 원래의 제품 특성을 유지하고 있다고 보기 어려운 물품
④ 통상적으로 물품의 안전을 보장하기 어렵다고 판단되는 물품
⑤ 일정금액을 초과하는 물품으로 위험 부담률이 극히 높고, 할증료를 징수하지 않은 물품
⑥ 물품 사고 시 다른 물품에까지 영향을 미쳐 손해액이 증가하는 물품

■ 고객 유의사항 확인 요구 물품
① 중고 가전제품 및 A/S용 물품
② 기계류, 장비 등 중량 고가물로 40kg 초과 물품
③ 포장 부실물품 및 무포장 물품(비닐포장 또는 쇼핑백 등)
④ 파손 우려 물품 및 내용검사가 부적당하다고 판단되는 부적합 물품

## 6 사고발생 방지와 처리요령

■ 화물사고의 유형과 원인, 방지요령
① 파손사고
ㄱ 원인 : 집하할 때 화물의 포장상태 미확인한 경우, 화물을 함부로 던지거나 발로 차거나 끄는 경우, 화물을 적재할 때 무분별한 적재로 압착되는 경우, 차량에 상하차할 때 컨베이어 벨트 등에서 떨어져 파손되는 경우
ㄴ 대책 : 집하할 때 고객에게 내용물에 관한 정보를 충분히 듣고 포장상태 확인, 가까운 거리 또는 가벼운 화물이라도 절대 함부로 취급금지, 사고위험이 있는 물품은 안전박스에 적재하거나 별도 적재 관리, 충격에 약한 화물은 보강포장 및 특기사항 표기
② 오손사고
ㄱ 원인
ⓐ 김치, 젓갈, 한약류 등 수량에 비해 포장이 약한 경우

ⓑ 화물을 적재할 때 중량물을 상단에 적재하여 하단 화물 오손피해가 발생한 경우

ⓒ 쇼핑백, 이불, 카펫 등 포장이 미흡한 화물을 중심으로 오손피해가 발생한 경우

ⓛ 대책 : 상습적으로 오손이 발생하는 화물은 안전박스에 적재하여 위험으로부터 격리, 중량물은 하단에, 경량물은 상단에 적재한다는 규정준수

③ 분실사고

ⓐ 원인 : 대량화물을 취급할 때 수량 미확인 및 송장이 2개 부착된 화물을 집하한 경우, 집배송을 위해 차량을 이석하였을 때 차량 내 화물이 도난당한 경우, 화물을 인계할 때 인수자 확인이 부실한 경우

ⓛ 대책 : 집하할 때 화물수량 및 운송장 부착여부 확인 등 분실원인 제거, 차량에서 벗어날 때 시건장치 확인 철저, 인계할 때 인수자 확인은 반드시 인수자가 직접 서명하도록 할 것

④ 내용물 부족사고

ⓐ 원인 : 마대화물 등 박스가 아닌 화물의 포장이 파손된 경우, 포장이 부실한 화물에 대한 절취 행위가 발생한 경우

ⓛ 대책 : 대량거래처의 부실포장 화물에 대한 포장개선 업무요청, 부실포장 화물을 집하할 때 내용물 상세 확인 및 포장보강 시행

⑤ 오배달 사고

ⓐ 원인 : 수령인이 없을 때 임의장소에 두고 간 후 미확인한 경우, 수령인의 신분 확인 없이 화물을 인계한 경우

ⓛ 대책 : 화물을 인계하였을 때 수령인 본인여부 확인 작업 필히 실시, 우편함·우유통·소화전 등 임의장소에 화물 방치 행위 엄금

⑥ 지연배달사고

ⓐ 원인 : 사전에 배송연락 미실시로 제3자가 수취한 후 전달이 늦어지는 경우, 당일 배송되지 않는 화물에 대한 관리가 미흡한 경우, 제3자에게 전달한 후 원래 수령인에게 받은 사람을 미통지한 경우, 집하 부주의·터미널 오분류로 터미널 오착 및 잔류되는 경우

ⓛ 대책

ⓐ 사전에 배송연락 후 배송 계획 수립으로 효율적 배송 시행

ⓑ 미배송되는 화물 명단 작성과 조치사항 확인으로 최대한의 사고예방조치

ⓒ 터미널 잔류화물 운송을 위한 가용차량 사용 조치

ⓓ 부재중 방문표의 사용으로 방문사실을 고객에게 알려 고객과의 분쟁 예방

⑦ 받는 사람과 보낸 사람을 알 수 없는 화물사고

ⓐ 원인 : 미포장 화물, 마대화물 등에 운송장을 부착한 경우 떨어지거나 훼손된 경우

ⓛ 대책 : 집하단계에서부터 운송장 부착여부 확인 및 테이프 등으로 떨어지지 않도록 고정 실시, 운송장과 보조운송장을 부착하여 훼손 가능성을 최소화

▨ 사고발생 시 영업사원의 역할 : 영업사원의 모든 조치가 고객의 서비스 만족 성향을 좌우한다는 신념으로 적극적인 업무자세 필요

▨ 사고화물의 배달 요령

① 사고의 책임여하를 떠나 대면할 때 정중히 인사를 한 뒤, 사고경위를 설명한다.

② 화주와 화물상태를 상호 확인하고 상태를 기록한 뒤, 사고관련 자료를 요청한다.

③ 대략적인 사고처리과정을 알리고 해당 지점 또는 사무소 연락처와 사후 조치사항에 대해 안내를 하고, 사과를 한다.

# 제6장 화물의 인수·인계요령 [적중문제]

QUALIFICATION TEST FOR CARGO WORKERS

**01 다음 화물의 인수요령으로 바르지 않은 것은?**

① 기간 내에 배송 가능하지 않은 물품도 인수한다.
② 집하 자제품목의 경우는 그 취지를 알리고 양해를 구한 후 정중히 거절한다.
③ 포장 및 운송장 기재 요령을 반드시 숙지하고 인수에 임한다.
④ 제주도 및 도서지역인 경우 그 지역에 적용되는 부대비용을 수하인에게 징수할 수 있음을 반드시 알려준다.

**해설** 집하물품의 도착지와 고객의 배달요청일이 배송 소요일수 내에 가능한지 필히 확인하고, 기간 내에 배송 가능한 물품을 인수한다.

**정답** ①

**02 다음 화물의 인수요령으로 옳지 않은 것은?**

① 화물은 취급가능 화물규격 및 중량, 취급불가 화물품목 등을 확인한다.
② 항공료가 착불일 경우 기타란에 항공료 착불이라고 기재하고 합계란은 공란으로 비워둔다.
③ 운송인의 책임은 물품을 인수하고 운송장을 교부한 날의 다음날부터 발생한다.
④ 인수(집하)예약은 반드시 접수대장에 기재하여 누락되는 일이 없도록 한다.

**해설** 운송인의 책임은 물품을 인수하고 운송장을 교부한 시점부터 발생한다.

**정답** ③

**03 다음 화물의 적재요령으로 바르지 않은 것은?**

① 부패성 식품은 마지막에 배송될 수 있도록 적재한다.
② 중량화물은 적재함 하단에 적재하여 타 화물이 훼손되지 않도록 주의한다.
③ 긴급을 요하는 화물은 우선적으로 배송될 수 있도록 쉽게 꺼낼 수 있게 적재한다.
④ 다수화물이 도착하였을 때에는 미도착 수량이 있는지 확인한다.

**해설** 긴급을 요하는 화물(부패성 식품 등)은 우선적으로 배송될 수 있도록 쉽게 꺼낼 수 있게 적재한다.

**정답** ①

**04 다음 화물의 인계요령으로 옳지 않은 것은?**

① 수하인의 주소 및 수하인이 맞는지 확인한 후에 인계한다.
② 지점에 도착된 물품에 대해서는 당일 배송을 원칙으로 한다.
③ 산간 오지 및 당일배송이 불가능한 경우 소비자의 양해를 구한 뒤 조치하도록 한다.
④ 수하인에게 물품을 인계할 때 인계 물품의 이상 유무를 확인하여, 이상이 있을 경우 폐기하도록 한다.

**해설** 수하인에게 물품을 인계할 때 인계 물품의 이상 유무를 확인하여, 이상이 있을 경우 즉시 지점에 알려 조치하도록 한다.

**정답** ④

**05** 다음 화물의 인계요령으로 옳지 않은 것은?

① 각 영업소로 분류된 물품은 수하인에게 배송 가능한 시간을 약속한다.

② 택배물품을 배송할 때 물품뿐만 아니라 고객의 마음까지 배달한다는 자세로 성심껏 배송하여야 한다.

③ 배송 중 사소한 문제로 수하인과 마찰이 발생할 경우 일단 소비자의 입장에서 생각하도록 한다.

④ 물품포장에 경미한 이상이 있는 경우에는 고객에게 사과하고 보험으로 해결할 수 있도록 한다.

> **해설** 물품포장에 경미한 이상이 있는 경우에는 고객에게 사과하고 대화로 해결할 수 있도록 한다.

> **정답** ④

**06** 다음 화물의 인계요령으로 적절하지 않은 것은?

① 택배는 수하인에게 배달처를 못 찾으니 어디로 나오라고 하지 않는다.

② 1인이 배송하기 힘든 물품의 경우라도 원칙적으로 집하해야 한다.

③ 택배는 배달처 위치가 높아 못 올라간다는 말을 하지 않는다.

④ 1인이 배송하기 힘든 물품의 경우 도착된 물품에 대해서는 수하인에게 정중히 요청하여 같이 운반할 수 있도록 한다.

> **해설** 1인이 배송하기 힘든 물품의 경우 원칙적으로 집하해서는 아니 되지만, 도착된 물품에 대해서는 수하인에게 정중히 요청하여 같이 운반할 수 있도록 한다.

> **정답** ②

**07** 다음 화물의 인계요령으로 볼 수 없는 것은?

① 배송지연이 예상될 경우 고객에게 사전에 양해를 구한다.

② 고객과의 약속한 것에 대해서는 반드시 이행하도록 한다.

③ 배송확인 문의 전화를 받았을 경우, 임의적으로 약속한다.

④ 배송할 때 수하인 부재로 배송이 곤란한 경우 수하인에게 연락하여 지정하는 장소에 전달한다.

> **해설** 배송확인 문의 전화를 받았을 경우, 임의적으로 약속하지 말고 반드시 해당 영업소에 확인하여 고객에게 전달하도록 한다.

> **정답** ③

**08** 다음 화물의 인계요령으로 바르지 않은 것은?

① 당일 배송하지 못한 물품에 대하여는 미배달로 분류하여 반송처리한다.

② 수하인이 장기부재, 휴가, 주소불명, 기타 사유 등으로 배송이 어려운 경우, 집하지점 또는 송하인과 연락하여 조치하도록 한다.

③ 부득이 본인에게 전달이 어려울 경우 정확하게 전달될 수 있도록 조치하여야 한다.

④ 수하인에게 인계가 어려워 부득이하게 대리인에게 인계할 때에는 사후조치로 실제 수하인과 연락을 취하여 확인한다.

> **해설** 당일 배송하지 못한 물품에 대하여는 익일 영업시간까지 물품이 안전하게 보관될 수 있는 장소에 물품을 보관하여야 한다.

> **정답** ①

**09** 다음 배송할 때 수하인의 부재로 배송이 곤란한 경우 인계요령으로 옳지 않은 것은?

① 임의적으로 방치 또는 집안으로 무단투기하지 않는다.

② 근거리 배송이라도 차에서 떠날 때는 반드시 잠금장치를 하여 사고를 미연에 방지하도록 한다.

③ 수하인과 통화가 되지 않을 경우 송하인과 통화하여 반송 또는 익일 재배송할 수 있도록 한다.

④ 눈에 잘 띄는 아파트의 소화전이나 집 앞에 물건을 둔다.

> **해설** 배송할 때 아파트의 소화전이나 집 앞에 물건을 방치해 두지 않아야 한다.

> **정답** ④

**10** 다음 인수증 관리요령으로 적절하지 않은 것은?

① 수령인이 누구인지 인계자가 자필로 바르게 적도록 한다.

② 수령인을 본인, 동거인, 관리인, 지정인, 기타 등으로 구분하여 확인한다.

③ 실제 배달한 수량을 기재받아 차후에 수량차이로 인한 시비가 발생하지 않도록 하여야 한다.

④ 같은 장소에 여러 박스를 배송할 때에는 인수증에 반드시 실제 배달한 수량을 기재받는다.

> **해설** 인수증은 반드시 인수자 확인란에 수령인이 누구인지 인수자가 자필로 바르게 적도록 한다.

> **정답** ①

**11** 다음 고객 유의사항의 필요성으로 볼 수 없는 것은?

① 택배는 소화물 운송으로 무한책임이 아닌 과실 책임에 한정하여 변상할 필요성
② 내용검사가 부적당한 수탁물에 대한 송하인의 책임을 명확히 설명할 필요성
③ 운송인의 과실로 인해 변상을 설명할 필요성
④ 운송인이 통보받지 못한 위험부분까지 책임지는 부담 해소

해설 운송인의 과실로 인해 변상을 설명할 필요성은 운송인의 유의사항에 해당한다.

정답 ③

**12** 다음 고객 유의사항 사용범위로 옳지 않은 것은?

① 중고제품으로 원래의 제품 특성을 유지하고 있다고 보기 어려운 물품
② 포장이 불량하여 운송에 부적합하다고 판단되는 물품
③ 일정금액을 초과하는 물품으로 위험 부담률이 극히 높고, 할증료를 징수하지 않은 물품
④ 물품 사고 시 다른 물품에까지 영향을 미쳐 손해액이 감소하는 물품

해설 물품 사고 시 다른 물품에까지 영향을 미쳐 손해액이 증가하는 물품

정답 ④

**13** 다음 파손사고의 원인으로 보기 어려운 것은?

① 화물을 적재할 때 목록별로 적재한 경우
② 화물을 함부로 던지거나 발로 차거나 끄는 경우
③ 집하할 때 화물의 포장상태 미확인한 경우
④ 차량에 상하차할 때 컨베이어 벨트 등에서 떨어져 파손되는 경우

해설 화물을 적재할 때 목록별로 적재하면 파손이 발생하지 않는다.

정답 ①

**14** 다음 화물의 오손사고의 원인으로 바르지 않은 것은?

① 가벼운 화물을 상단에 적재하여 하단 화물에 오손 피해가 발생한 경우
② 이불, 카펫 등 포장이 미흡한 화물을 중심으로 오손피해가 발생한 경우
③ 쇼핑백 등 포장이 미흡한 화물을 중심으로 오손피해가 발생한 경우
④ 김치, 젓갈, 한약류 등 수량에 비해 포장이 약한 경우

해설 가벼운 화물을 상단에 적재하면 오손피해가 발생할 가능성이 거의 없다.

정답 ①

**15** 다음 화물 분실사고의 원인으로 바르지 않은 것은?

① 대량화물을 취급할 때 수량 미확인 및 송장이 2개 부착된 화물을 집하한 경우
② 화물의 포장지가 찢어진 경우
③ 집배송을 위해 차량을 이석하였을 때 차량 내 화물이 도난당한 경우
④ 화물을 인계할 때 인수자 확인(서명 등)이 부실한 경우

해설 화물의 포장지가 찢어진 경우는 분실이 아니다.

정답 ②

**16** 다음 내용물 부족사고의 원인으로 옳지 않은 것은?

① 쌀의 포장이 파손된 경우
② 수령인의 신분 확인 없이 화물을 인계한 경우
③ 포장이 부실한 화물에 대한 절취 행위(과일, 가전 제품 등)가 발생한 경우
④ 잡곡의 포장이 파손된 경우

해설 수령인의 신분 확인 없이 화물을 인계한 경우는 오배달 사고의 원인이다.

정답 ②

**17** 다음 화물의 지연배달사고의 원인으로 볼 수 없는 것은?

① 이미 배달된 화물을 착오로 잊어버린 경우

② 사전에 배송연락 미실시로 제3자가 수취한 후 전달이 늦어지는 경우

③ 당일 배송되지 않는 화물에 대한 관리가 미흡한 경우

④ 집하 부주의, 터미널 오분류로 터미널 오착 및 잔류되는 경우

 **해설** 이미 배달된 화물을 착오로 잊어버린 경우는 수취한 사람의 분실이다.

**정답** ①

**18** 미포장 화물, 마대화물 등에 운송장을 부착한 경우 떨어지거나 훼손된 경우의 사고는?

① 분실사고

② 받는 사람과 보낸 사람을 알 수 없는 화물사고

③ 지연배달사고

④ 내용물 부족사고

**해설** 받는 사람과 보낸 사람을 알 수 없는 화물사고의 원인은 미포장 화물, 마대화물 등에 운송장을 부착한 경우 떨어지거나 훼손된 경우이다.

**정답** ②

# 제7장 화물자동차의 종류 [핵심요약]

QUALIFICATION TEST FOR CARGO WORKERS

## 1 자동차관리법령상 화물자동차 유형별 세부기준

### ▨ 화물자동차

① **일반형** : 보통의 화물운송용인 것

② **덤프형** : 적재함의 적재물을 중력에 의하여 쉽게 미끄러뜨리는 구조의 화물운송용인 것

③ **밴형** : 지붕구조의 덮개가 있는 화물운송용인 것

④ **특수용도형** : 특정한 용도를 위하여 특수한 구조로 하거나, 기구를 장치한 것으로서 일반형, 덤프형, 밴형 어느 형에도 속하지 아니하는 화물운송용인 것

### ▨ 특수자동차

① **견인형** : 피견인차의 견인을 전용으로 하는 구조인 것

② **구난형** : 고장·사고 등으로 운행이 곤란한 자동차를 구난·견인할 수 있는 구조인 것

③ **특수작업형** : 견인형, 구난형 어느 형에도 속하지 아니하는 특수작업용인 것

## 2 산업현장의 일반적인 화물자동차 호칭

▨ **보닛 트럭** : 원동기부의 덮개가 운전실의 앞쪽에 나와 있는 트럭

▨ **캡 오버 엔진 트럭** : 원동기의 전부 또는 대부분이 운전실의 아래쪽에 있는 트럭

▨ **밴** : 상자형 화물실을 갖추고 있는 트럭. 다만, 지붕이 없는 것(오픈 톱형)도 포함

▨ **픽업** : 화물실의 지붕이 없고, 옆판이 운전대와 일체로 되어 있는 화물자동차

▨ **특수자동차**

① 특별한 장비를 한 사람 및 물품의 수송전용, 특수한 작업 전용, 특별한 장비를 한 사람 및 물품의 수송전용과 특수한 작업 전용을 겸하여 갖춘 것

② 종류 : 특수 용도 자동차, 특수장비차,

▨ **냉장차** : 수송물품을 냉각제를 사용하여 냉장하는 설비를 갖추고 있는 특수 용도 자동차

▨ **탱크차** : 탱크모양의 용기와 펌프 등을 갖추고 물, 휘발유와 같은 액체를 수송하는 특수 장비차

▨ **덤프차** : 화물대를 기울여 적재물을 중력으로 쉽게 미끄러지게 내리는 구조의 특수 장비 자동차로 리어 덤프, 사이드 덤프, 삼전 덤프 등이 있다.

▨ **믹서 자동차** : 시멘트, 골재, 물을 드럼 내에서 혼합 반죽하여 콘크리트로 하는 특수 장비 자동차로 특히, 생 콘크리트

를 교반하면서 수송하는 것을 애지테이터라 한다.

■ **레커차** : 크레인 등을 갖추고, 고장차의 앞 또는 뒤를 매달아 올려서 수송하는 특수 장비 자동차

■ **트럭 크레인** : 크레인을 갖추고 크레인 작업을 하는 특수 장비 자동차

■ **크레인붙이트럭** : 차에 실은 화물의 쌓아 내림용 크레인을 갖춘 특수 장비 자동차

■ **트레일러 견인 자동차** : 풀 트레일러를 견인하도록 설계된 자동차

■ **세미 트레일러 견인 자동차** : 세미 트레일러를 견인하도록 설계된 자동차

■ **폴 트레일러 견인 자동차** : 폴 트레일러를 견인하도록 설계된 자동차

## 3 트레일러의 종류

■ **트레일러의 종류**

① **트레일러** : 동력을 갖추지 않고, 모터 비이클에 의하여 견인되고, 사람 및 물품을 수송하는 목적을 위하여 설계되어 도로상을 주행하는 차량

② 트레일러는 자동차를 동력부분과 적하부분으로 나누었을 때, 적하부분을 지칭

　ⓐ **풀 트레일러** : 총 하중이 트레일러만으로 지탱되도록 설계되어 선단에 견인구

　ⓑ **세미 트레일러** : 총 하중의 일부분이 견인하는 자동차에 의해서 지탱되도록 설계된 트레일러

　ⓒ **폴 트레일러** : 기둥, 통나무 등 장척의 적하물 자체가 트랙터와 트레일러의 연결부분을 구성하는 구조의 트레일러

　ⓓ **돌리(Dolly)** : 세미 트레일러와 조합해서 풀 트레일러로 하기 위한 견인구를 갖춘 대차

■ **트레일러의 장점** : 트랙터의 효율적 이용, 효과적인 적재량, 탄력적인 작업, 트랙터와 운전자의 효율적 운영, 일시보관기능의 실현, 중계지점에서의 탄력적인 이용

■ **트레일러의 구조 형상에 따른 종류**

① **평상식** : 전장의 프레임 상면이 평면의 하대를 가진 구조로 일반화물, 강재 등 수송 적합

② **저상식** : 적재할 때 전고가 낮은 하대를 가진 트레일러로 불도저, 기중기 등 건설장비의 운반에 적합

③ **중저상식** : 프레임 중앙 하대부가 오목하게 낮은 트레일러로 대형 핫코일, 중량 블록 화물 등 중량화물의 운반 편리

④ **스케레탈 트레일러** : 컨테이너 운송을 위해 제작된 트레일러로 전·후단에 컨테이너 고정장치가 부착되어 있으며, 20피트용, 40피트용 등

⑤ **밴 트레일러** : 하대부분에 밴형의 보데가 장치된 트레일러로 일반잡화, 냉동화물 등의 운반용으로 사용

⑥ **오픈 탑 트레일러** : 천장에 개구부가 있어 채광이 들어가게 만든 고척화물 운반용

⑦ **특수용도 트레일러** : 덤프 트레일러, 탱크 트레일러, 자동차 운반용 트레일러 등이 있다.

## 4 적재함 구조에 따른 화물자동차의 종류

**▦ 카고 트럭**

① 하대에 간단히 접는 형식의 문짝을 단 차량으로 트럭 또는 카고 트럭이라고 부른다.

② 차종은 적재량 1톤 미만의 소형차로부터 12톤 이상의 대형차에 이르기까지 다양하다.

③ 하대를 밀폐시킬 수 있는 상자형 보디의 밴 트럭을 말한다.

④ 카고 트럭의 하대는 받침부분과 바닥부분, 문짝의 3개의 부분으로 이루어져 있다.

**▦ 전용 특장차** : 특장차란 차량의 적재함을 특수한 화물에 적합하도록 구조를 갖추거나 특수한 작업이 가능하도록 기계장치를 부착한 차량을 말한다.

① **덤프트럭** : 덤프 차량은 적재함 높이를 경사지게 하여 적재물을 쏟아 내리는 것으로서 주로 흙, 모래를 수송하는 데 사용하고 있다.

② **믹서차량** : 믹서차는 적재함 위에 회전하는 드럼을 싣고 이 속에 생 콘크리트를 뒤섞으면서 토목건설 현장 등으로 운행하는 차량이다.

③ **벌크차량(분립체 수송차)** : 시멘트, 사료, 곡물, 화학제품, 식품 등 분립체를 자루에 담지 않고 실물상태로 운반하는 차량이다.

④ **액체 수송차** : 각종 액체를 수송하기 위해 탱크 형식의 적재함을 장착한 차량이다.

⑤ **냉동차** : 단열 보디에 차량용 냉동장치를 장착하여 적재함 내에 온도관리가 가능하도록 한 것이다.

**▦ 합리화 특장차** : 합리화 특장차란 화물을 싣거나 내릴 때 발생하는 하역을 합리화하는 설비기기를 차량 자체에 장비하고 있는 차를 지칭한다.

① **실내 하역기기 장비차** : 적재함 바닥면에 롤러컨베이어, 로더용레일, 팔레트 이동용의 팔레트 슬라이더 또는 컨베이어 등을 장치함으로써 적재함 하역의 합리화를 도모하고 있다.

② **측방 개폐차** : 측방 개폐차는 화물에 시트를 치거나 로프를 거는 작업을 합리화하고, 동시에 포크리프트에 의해 짐 부리기를 간이화할 목적으로 개발된 것이다.

③ **쌓기 · 내리기 합리화차** : 쌓기 · 부리기 합리화차는 리프트게이트, 크레인 등을 장비하고 쌓기 · 내리기 작업의 합리화를 위한 차량이다.

④ **시스템 차량** : 트레일러 방식의 소형트럭을 가리키며 CB(Changeable body)차 또는 탈착 보디차를 말한다.

제 **7** 장

PART 2 화물취급요령

# 화물자동차의 종류 [적중문제]

CBT 대비
필기문제

QUALIFICATION TEST FOR CARGO WORKERS

**01** 다음 지붕구조의 덮개가 있는 화물운송용인 화물자동차는?

① 밴형      ② 덤프형

③ 일반형      ④ 특수용도형

> **해설** 밴형 : 지붕구조의 덮개가 있는 화물운송용인 것

**정답** ①

**02** 다음 특수자동차가 아닌 것은?

① 특수작업형      ② 밴형

③ 견인형      ④ 구난형

> **해설** 특수자동차의 종류 : 견인형, 구난형, 특수작업형

**정답** ②

**03** 다음 상자형 화물실을 갖추고 있는 트럭은?

① 보닛 트럭      ② 픽업

③ 캡 오버 엔진 트럭      ④ 밴(van)

> **해설** ④ 밴(van) : 상자형 화물실을 갖추고 있는 트럭. 다만, 지붕이 없는 것(오픈 톱형)도 포함
> ① 보닛 트럭 : 원동기부의 덮개가 운전실의 앞쪽에 나와 있는 트럭
> ② 픽업(pickup) : 화물실의 지붕이 없고 옆판이 운전대와 일체로 되어 있는 화물자동차
> ③ 캡 오버 엔진 트럭 : 원동기의 전부 또는 대부분이 운전실의 아래쪽에 있는 트럭

**정답** ④

**04** 다음 특수자동차의 목적으로 바르지 않은 것은?

① 특별한 장비를 한 사람의 수송전용

② 특수한 작업 전용

③ 어린이 전용

④ 특별한 장비를 한 사람 및 물품의 수송전용과 특수한 작업 전용을 겸하여 갖춘 것

> **해설** 특수자동차(special vehicle) : 다음의 목적을 위하여 설계 및 장비된 자동차
> 1. 특별한 장비를 한 사람 및(또는) 물품의 수송전용
> 2. 특수한 작업 전용
> 3. 특별한 장비를 한 사람 및(또는) 물품의 수송전용과 특수한 작업 전용을 겸하여 갖춘 것

**정답** ③

**05** 다음 특수 용도 자동차에 해당하지 않는 것은?

① 냉장차      ② 구급차

③ 우편차      ④ 컨테이너 운반차

> **해설** 특수 용도 자동차(특용차) : 특별한 목적을 위하여 보디(차체)를 특수한 것으로 하고, 또는 특수한 기구를 갖추고 있는 특수 자동차로 선전자동차, 구급차, 우편차, 냉장차 등

**정답** ④

**06** 수송물품을 냉각제를 사용하여 냉장하는 설비를 갖추고 있는 특수 용도 자동차는?

① 믹서 자동차      ② 냉장차

③ 레커차      ④ 트럭 크레인

> **해설** 냉장차 : 수송물품을 냉각제를 사용하여 냉장하는 설비를 갖추고 있는 특수 용도 자동차

**정답** ②

**07** 다음 트레일러에 관한 설명으로 바르지 않은 것은?

① 동력을 갖춘다.

② 모터 비이클에 의하여 견인된다.

③ 사람 또는 물품을 수송하는 목적을 위하여 설계된다.

④ 도로상을 주행하는 차량이다.

> **해설** 트레일러 : 동력을 갖추지 않고, 모터 비이클에 의하여 견인되고, 사람 또는 물품을 수송하는 목적을 위하여 설계되어 도로상을 주행하는 차량을 말한다.

**정답** ①

**08** 트레일러에 대한 설명으로 바르지 않은 것은?

① 가동 중인 트레일러 중에서 가장 많고 일반적인 트레일러는 세미 트레일러이다.
② 풀 트레일러는 총 하중이 트레일러만으로 지탱되도록 설계된 것을 말한다.
③ 트레일러는 자동차를 동력부분과 적하부분으로 나누었을 때, 동력부분을 지칭한다.
④ 폴 트레일러는 파이프나 H형강 등 장척물의 수송을 목적으로 한 트레일러이다.

**해설** 트레일러는 자동차를 동력부분과 적하부분으로 나누었을 때, 적하부분을 지칭한다.

**정답** ③

**09** 다음 풀 트레일러에 관한 내용으로 바르지 않은 것은?

① 트랙터 자체도 적재함을 가지고 있다.
② 트랙터와 트레일러가 완전히 분리되어 있다.
③ 파이프나 H형강 등 장척물의 수송을 목적으로 한 트레일러다.
④ 돌리와 조합된 세미 트레일러는 풀 트레일러로 해석된다.

**해설** 파이프나 H형강 등 장척물의 수송을 목적으로 한 트레일러는 폴 트레일러(Pole trailer)이다.

**정답** ③

**10** 세미 트레일러에 관한 내용으로 옳지 않은 것은?

① 총 하중의 일부분이 견인하는 자동차에 의해서 지탱되도록 설계된 트레일러이다.
② 잡화수송에는 밴형 세미 트레일러가 사용되고 있다.
③ 견인구를 갖춘 대차를 말한다.
④ 가장 많고 일반적인 트레일러다.

**해설** 견인구를 갖춘 대차는 돌리(Dolly)이다.

**정답** ③

**11** 다음 파이프나 H형강 등 장척물의 수송을 목적으로 한 트레일러는?

① 풀 트레일러
② 세미 트레일러
③ 돌리(Dolly)
④ 폴 트레일러

**해설** 폴 트레일러 : 파이프나 H형강 등 장척물의 수송을 목적으로 한 트레일러다.

**정답** ④

**12** 다음 트레일러의 장점으로 바르지 않은 것은?

① 자동차의 차량총중량을 20톤으로 할 수 있다.
② 트랙터 1대로 복수의 트레일러를 운영할 수 있으므로 트랙터와 운전사의 이용효율을 높일 수 있다.
③ 트레일러 부분에 일시적으로 화물을 보관할 수 있으며, 여유 있는 하역작업을 할 수 있다.
④ 트레일러를 별도로 분리하여 화물을 적재하거나 하역할 수 있다.

**해설** 자동차의 차량총중량은 20톤으로 제한되어 있으나, 화물자동차 및 특수자동차(트랙터와 트레일러가 연결된 경우 포함)의 경우 차량총중량은 40톤이다.

**정답** ①

**13** 다음 특수용도 트레일러에 해당하지 않는 것은?

① 덤프 트레일러
② 오픈 탑 트레일러
③ 탱크 트레일러
④ 자동차 운반용 트레일러

**해설** 특수용도 트레일러 : 덤프 트레일러, 탱크 트레일러, 자동차 운반용 트레일러 등이 있다.

**정답** ②

**14** 다음 대형 파이프, 교각, 대형 목재 등 장척화물을 운반하는 트레일러가 부착된 트럭은?

① 단차
② 세미 트레일러 연결차량
③ 폴 트레일러 연결차량
④ 더블 트레일러 연결차량

**해설** 폴 트레일러 연결차량은 대형 파이프, 교각, 대형 목재 등 장척화물을 운반하는 트레일러가 부착된 트럭으로, 트랙터에 장치된 턴테이블에 폴 트레일러를 연결하고, 하대와 턴테이블에 적재물을 고정시켜서 수송한다.

**정답** ③

**15** 다음 카고 트럭에 관한 설명으로 바르지 않은 것은?

① 하대에 간단히 접는 형식의 문짝을 단 차량이다.

② 우리나라에서 가장 보유대수가 많고 일반화된 것이다.

③ 차종은 적재량 1톤 미만의 소형차이다.

④ 카고 트럭의 하대는 받침부분과 화물을 얹는 바닥 부분, 문짝의 3개의 부분으로 이루어져 있다.

> **해설** 차종은 적재량 1톤 미만의 소형차로부터 12톤 이상의 대형차에 이르기까지 다양하다.

**정답** ③

**16** 시멘트, 사료, 곡물, 화학제품, 식품 등 분립체를 자루에 담지 않고 실물상태로 운반하는 차량은?

① 냉동차                    ② 벌크차량

③ 믹서차                    ④ 액체 수송차

> **해설** 벌크차량(분립체 수송차) : 시멘트, 사료, 곡물, 화학제품, 식품 등 분립체를 자루에 담지 않고 실물상태로 운반하는 차량이다.

**정답** ②

**17** 리프트게이트, 크레인 등을 장비하고 쌓기·내리기 작업의 합리화를 위한 차량은?

① 쌓기·내리기 합리화차

② 측방 개폐차

③ 시스템 차량

④ 실내 하역기기 장비차

> **해설** 쌓기·내리기 합리화차 : 리프트게이트, 크레인 등을 장비하고 쌓기·내리기 작업의 합리화를 위한 차량이다.

**정답** ①

part
02

화물취급요령

# 제 8 장 화물운송의 책임한계 [핵심요약]

QUALIFICATION TEST FOR CARGO WORKERS

## 1 이사화물 표준약관의 규정

▒ 인수거절

① 이사화물이 다음의 하나에 해당될 때에는 사업자는 그 인수를 거절할 수 있다.

　㉠ 현금, 유가증권, 귀금속, 예금통장, 신용카드, 인감 등 고객이 휴대할 수 있는 귀중품

　㉡ 위험물, 불결한 물품 등 다른 화물에 손해를 끼칠 염려가 있는 물건

　㉢ 동식물, 미술품, 골동품 등 운송에 특수한 관리를 요하기 때문에 다른 화물과 동시에 운송하기에 적합하지 않은 물건

　㉣ 일반이사화물의 종류, 무게, 부피, 운송거리 등에 따라 운송에 적합하도록 포장할 것을 사업자가 요청하였으나 고객이 이를 거절한 물건

② 이사화물이더라도 사업자는 그 운송을 위한 특별한 조건을 고객과 합의한 경우에는 이를 인수할 수 있다.

▒ 계약해제

① 고객의 책임 있는 사유로 계약을 해제한 경우에는 다음의 손해배상액을 사업자에게 지급한다.

　㉠ 고객이 약정된 이사화물의 인수일 1일전까지 해제를 통지한 경우 : 계약금

　㉡ 고객이 약정된 이사화물의 인수일 당일에 해제를 통지한 경우 : 계약금의 배액

② 사업자의 책임 있는 사유로 계약을 해제한 경우에는 손해배상액을 고객에게 지급한다.

　㉠ 사업자가 약정된 이사화물의 인수일 2일전까지 해제를 통지한 경우 : 계약금의 배액

　㉡ 사업자가 약정된 이사화물의 인수일 1일전까지 해제를 통지한 경우 : 계약금의 4배액

　㉢ 사업자가 약정된 이사화물의 인수일 당일에 해제를 통지한 경우 : 계약금의 6배액

　㉣ 사업자가 약정된 이사화물의 인수일 당일에도 해제를 통지하지 않은 경우 : 계약금의 10배액

③ 이사화물의 인수가 사업자의 귀책사유로 약정된 인수일시로부터 2시간 이상 지연된 경우에는 고객은 계약을 해제하고 이미 지급한 계약금의 반환 및 계약금 6배액의 손해배상을 청구할 수 있다.

▒ 손해배상

① 사업자는 자기 또는 사용인 기타 이사화물의 운송을 위하여 사용한 자가 이사화물의 포장, 운송, 보관, 정리 등에 관하여 주의를 게을리 하지 않았음을 증명하지 못하는 한, 고객에 대하여 이사화물의 멸실, 훼손 또는 연착으로 인한 손해를 배상할 책임을 진다.

② 사업자의 손해배상

　㉠ 연착되지 않은 경우

　　ⓐ 전부 또는 일부 멸실된 경우 : 약정된 인도일과 도착장소에서의 이사화물의 가액을 기준으로 산정한 손해액의 지급

　　ⓑ 훼손된 경우 : 수선이 가능한 경우에는 수선해 주고, 수선이 불가능한 경우에는 'ⓐ'의 규정함에 의함.

ⓒ 연착된 경우

ⓐ 멸실 및 훼손되지 않은 경우 : 계약금의 10배액 한도에서 약정된 인도일시로부터 연착된 1시간마다 계약금의 반액을 곱한 금액(연착 시간 수×계약금×1/2)의 지급

ⓑ 일부 멸실된 경우 : "ㄱ 연착되지 않은 경우의 ⓐ의 금액" 및 "ㄴ 연착된 경우의 ⓐ"의 금액 지급

ⓒ 훼손된 경우 : 수선이 가능한 경우에는 수선해 주고 "ㄴ 연착된 경우의 ⓐ"의 금액 지급, 수선이 불가능한 경우에는 "ㄴ 연착된 경우의 ⓑ"의 규정에 의함.

▧ **고객의 손해배상**

① 고객의 책임 있는 사유로 이사화물의 인수가 지체된 경우

② 고객의 귀책사유로 이사화물의 인수가 약정된 일시로부터 2시간 이상 지체된 경우

▧ **면책** : 사업자는 이사화물의 멸실, 훼손 또는 연착이 다음의 사유로 인한 경우에는 그 손해를 배상할 책임을 지지 아니한다.

① 이사화물의 결함, 자연적 소모

② 이사화물의 성질에 의한 발화, 폭발, 물그러짐, 곰팡이 발생, 부패, 변색 등

③ 법령 또는 공권력의 발동에 의한 운송의 금지, 개봉, 몰수, 압류 또는 제3자에 대한 인도

④ 천재지변 등 불가항력적인 사유

▧ **멸실·훼손과 운임 등**

① 이사화물이 천재지변 등 불가항력적 사유 또는 고객의 책임 없는 사유로 전부 또는 일부 멸실되거나 수선이 불가능할 정도로 훼손된 경우에는, 사업자는 그 멸실·훼손된 이사화물에 대한 운임 등은 이를 청구하지 못한다.

② 이사화물이 그 성질이나 하자 등 고객의 책임 있는 사유로 전부 또는 일부 멸실되거나 수선이 불가능할 정도로 훼손된 경우에는, 사업자는 그 멸실·훼손된 이사화물에 대한 운임 등도 이를 청구할 수 있다.

▧ **책임의 특별소멸사유와 시효**

① 이사화물의 일부 멸실 또는 훼손에 대한 사업자의 손해배상책임은 고객이 이사화물을 인도받은 날로부터 30일 이내에 그 일부 멸실 또는 훼손의 사실을 사업자에게 통지하지 아니하면 소멸한다

② 이사화물의 멸실, 훼손 또는 연착에 대한 사업자의 손해배상책임은, 고객이 이사화물을 인도받은 날로부터 1년이 경과하면 소멸한다.

## 2  택배 표준약관의 규정

▧ **운송물의 수탁거절** : 사업자는 다음의 경우에 운송물의 수탁을 거절할 수 있다.

① 고객이 운송장에 필요한 사항을 기재하지 아니한 경우

② 사업자가 고객에게 운송에 적합하지 아니한 운송물에 대하여 필요한 포장을 하도록 청구하거나, 고객의 승낙을 얻고자 하였으나 고객이 이를 거절하여 운송에 적합한 포장이 되지 않은 경우

③ 사업자가 운송장에 기재된 운송물의 종류와 수량에 관하여 고객의 동의를 얻어 그 참여 하에 이를 확인하고자 하였으나 고객이 그 확인을 거절하거나 운송물의 종류와 수량이 운송장에 기재된 것과 다른 경우

④ 운송물 1포장의 크기가 가로·세로·높이 세변의 합이 ( )cm를 초과하거나, 최장 변이 ( )cm를 초과하는 경우

⑤ 운송물 1포장의 무게가 ( )kg를 초과하는 경우

⑥ 운송물 1포장의 가액이 300만원을 초과하는 경우

⑦ 운송물의 인도예정일(시)에 따른 운송이 불가능한 경우

⑧ 운송물이 화약류, 인화물질 등 위험한 물건인 경우

⑨ 운송물이 밀수품, 군수품, 부정임산물 등 위법한 물건인 경우

⑩ 운송물이 현금, 카드, 어음, 수표, 유가증권 등 현금화가 가능한 물건인 경우

⑪ 운송물이 재생불가능한 계약서, 원고, 서류 등인 경우

⑫ 운송물이 살아있는 동물, 동물사체 등인 경우

⑬ 운송이 법령, 사회질서, 기타 선량한 풍속에 반하는 경우

⑭ 운송이 천재지변, 기타 불가항력적인 사유로 불가능한 경우

■ 운송물의 인도일 :

① 운송장에 인도예정일의 기재가 있는 경우에는 그 기재된 날

② 운송장에 인도예정일의 기재가 없는 경우에는 운송장에 기재된 운송물의 수탁일로부터 인도예정 장소에 따라 다음 일수에 해당하는 날

　　㉠ 일반 지역 : 2일

　　㉡ 도서, 산간벽지 : 3일

■ 수하인 부재시의 조치

① 사업자는 수하인의 대리인에게 운송물을 인도하였을 경우 수하인에게 사실을 통지한다.

② 사업자는 수하인에게 운송물을 인도하고자 한 일시, 사업자의 명칭, 문의할 전화번호, 기타 사항을 기재한 서면(부재중 방문표)으로 통지한 후 사업소에 운송물을 보관한다.

■ 손해배상

① 사업자는 자기 또는 사용인, 기타 운송을 위하여 사용한 자가 운송물의 수탁, 인도, 보관 및 운송에 관하여 주의를 태만히 하지 않았음을 증명하지 못하는 한, 다음 고객에게 운송물의 멸실, 훼손 또는 연착으로 인한 손해를 배상한다.

② 고객이 운송장에 운송물의 가액을 기재한 경우 사업자는 그 가액을 기준으로 손해를 배상한다.

③ 고객이 운송장에 운송물의 가액을 기재하지 않은 경우 손해배상한도액은 50만원으로 한다.

④ 운송물의 멸실, 훼손 또는 연착이 사업자 또는 그의 사용인의 고의 또는 중대한 과실로 인하여 발생한 때에는, 사업자는 모든 손해를 배상한다.

■ **사업자의 면책** : 사업자는 천재지변, 기타 불가항력적인 사유에 의하여 발생한 운송물의 멸실, 훼손 또는 연착에 대해서는 손해배상책임을 지지 아니한다.

■ **책임의 특별소멸사유와 시효**

① 운송물의 일부 멸실 또는 훼손에 대한 사업자의 손해배상책임은 수하인이 운송물을 수령한 날로부터 14일 이내에 그 일부 멸실 또는 훼손의 사실을 사업자에게 통지하지 아니하면 소멸한다.

② 운송물의 일부 멸실, 훼손 또는 연착에 대한 사업자의 손해배상책임은 수하인이 운송물을 수령한 날로부터 1년이 경과하면 소멸한다.

# 제8장 화물운송의 책임한계 [적중문제]

QUALIFICATION TEST FOR CARGO WORKERS

**01** 이사화물의 인수를 거절할 수 있는 물건으로 볼 수 없는 것은?

① 가루로 된 물건
② 현금, 유가증권, 귀금속, 예금통장, 신용카드, 인감 등 고객이 휴대할 수 있는 귀중품
③ 동식물, 미술품, 골동품 등 운송에 특수한 관리를 요하기 때문에 다른 화물과 동시에 운송하기에 적합하지 않은 물건
④ 위험물, 불결한 물품 등 다른 화물에 손해를 끼칠 염려가 있는 물건

**해설** 가루로 된 물건은 인수를 거절할 수 있는 물건이 아니다.

**정답** ①

**02** 고객이 약정된 이사화물의 인수일 당일에 해제를 통지한 경우 손해배상액은?

① 계약금 10배액
② 계약금의 4배액
③ 계약금의 배액
④ 계약금

**해설** 고객이 약정된 이사화물의 인수일 당일에 해제를 통지한 경우 : 계약금의 배액

**정답** ③

**03** 이사화물의 인수가 사업자의 귀책사유로 약정된 인수일시로부터 2시간 이상 지연된 경우에는 고객은 계약을 해제하고 청구할 수 있는 손해배상액은?

① 이미 지급한 계약금의 반환 및 계약금 배액
② 이미 지급한 계약금의 반환 및 계약금 2배액
③ 이미 지급한 계약금의 반환 및 계약금 6배액
④ 이미 지급한 계약금의 반환 및 계약금 10배액

**해설** 이사화물의 인수가 사업자의 귀책사유로 약정된 인수일시로부터 2시간 이상 지연된 경우에는 고객은 계약을 해제하고 이미 지급한 계약금의 반환 및 계약금 6배액의 손해배상을 청구할 수 있다.

**정답** ③

**04** 다음 사업자가 손해배상을 하여야 하는 것은?

① 천재지변 등 불가항력적인 사유
② 이사화물의 성질에 의한 발화, 폭발, 물그러짐, 곰팡이 발생, 부패, 변색 등
③ 법령 또는 공권력의 발동에 의한 운송의 금지, 개봉, 몰수, 압류 또는 제3자에 대한 인도
④ 교통사고로 인한 화물의 전소

**해설** 교통사고로 인한 화물의 전소는 사업자가 손해배상을 하여야 한다.

**정답** ④

**05** 이사화물 표준약관상 이사화물의 멸실, 훼손 또는 연착에 대한 사업장의 손해배상책임에 대한 설명으로 올바른 것은?

① 고객이 이사화물을 인도받은 날로부터 30일이 경과하면 소멸된다.
② 고객이 이사화물을 인도받은 날로부터 1년이 경과하면 소멸된다.
③ 고객이 이사화물을 인도받은 날로부터 1년 6개월이 경과하면 소멸된다.
④ 고객이 이사화물을 인도받은 날로부터 2년이 경과하면 소멸된다.

**해설** 이사화물의 멸실, 훼손 또는 연착에 대한 사업장의 손해배상책임은 고객이 이사화물을 인도받은 날로부터 1년이 경과하면 소멸된다.

**정답** ②

**06** 이사화물이 운송 중에 멸실, 훼손 또는 연착된 경우 사업자가 사고증명서를 발행하는 기간은?

① 1년
② 2년
③ 3년
④ 10년

**해설** 이사화물이 운송 중에 멸실, 훼손 또는 연착된 경우 사업자는 고객의 요청이 있으면 그 멸실·훼손 또는 연착된 날로부터 1년에 한하여 사고증명서를 발행한다.

**정답** ①

**07** 운송물의 수탁을 거절할 수 있는 경우가 아닌 것은?

① 고객이 운송장에 필요한 사항을 기재하지 아니한 경우
② 운송물 1포장의 가액이 100만원을 초과하는 경우
③ 운송물의 종류와 수량이 운송장에 기재된 것과 다른 경우
④ 사업자가 고객에게 운송에 적합하지 아니한 운송물에 대하여 필요한 포장을 하도록 청구하는 경우

> **해설** 운송물 1포장의 가액이 300만원을 초과하는 경우 수탁을 거절할 수 있다.

**정답** ②

**08** 운송물의 인도일에 대한 설명으로 바르지 않은 것은?

① 운송장에 인도예정일의 기재가 있는 경우에는 그 기재된 날
② 운송장에 인도예정일의 기재가 없는 경우로서 도서 및 산간벽지는 3일
③ 운송장에 인도예정일의 기재가 없는 경우로서 일반지역은 1일
④ 수하인이 특정일시에 사용할 운송물을 수탁한 경우에는 운송장에 기재된 인도예정일의 특정시간까지

> **해설** 운송장에 인도예정일의 기재가 없는 경우로서 일반지역은 2일이다.

**정답** ②

**09** 고객이 운송장에 운송물의 가액을 기재한 경우 사업자의 손해배상으로 바르지 않은 것은?

① 전부 또는 일부 멸실된 때 : 운송장에 기재된 운송물의 가액을 기준으로 산정한 손해액의 지급
② 훼손된 때 수선이 가능한 경우 : 운송물의 가액
③ 훼손된 때 수선이 불가능한 경우 : 운송장에 기재된 운송물의 가액을 기준으로 산정한 손해액의 지급
④ 연착되고 일부 멸실 및 훼손되지 않은 때 특정 일시에 사용할 운송물의 경우 : 운송장 기재 운임액의 200%의 지급

> **해설** 훼손된 때 수선이 가능한 경우 : 수선해 준다.

**정답** ②

**10** 택배 표준약관상 고객이 운송장에 운송물의 가액을 기재하지 않은 경우 사업자의 손해배상한도액은 얼마인가?

① 50만원          ② 100만원
③ 200만원         ④ 500만원

> **해설** 택배 표준약관상 고객이 운송장에 운송물의 가액을 기재하지 않은 경우 사업자의 손해배상한도액은 50만원으로 하되 운송물의 가액에 따라 할증요금을 지급하는 손해배상한도액은 각 운송가액 구간별 운송물의 최고가액으로 한다.

**정답** ①

**11** 운송물의 일부 멸실, 훼손 또는 연착에 대한 사업자의 손해배상책임은 수하인이 운송물을 수령한 날로부터 몇 년간 경과하면 소멸하는가?

① 1년          ② 2년
③ 3년          ④ 5년

> **해설** 운송물의 일부 멸실, 훼손 또는 연착에 대한 사업자의 손해배상책임은 수하인이 운송물을 수령한 날로부터 1년이 경과하면 소멸한다. 다만, 운송물이 전부 멸실된 경우에는 그 인도예정일로부터 기산한다.

**정답** ①

Chance is always powerful.
Let your hook be always cast;
in the pool where you least expect it, there will be a fish.

우연은 항상 강력하다.
항상 낚싯 바늘을 던져두라.
전혀 기대하지 않은 곳에 물고기가 있을 것이다.

– 오비디우스(Ovid) –

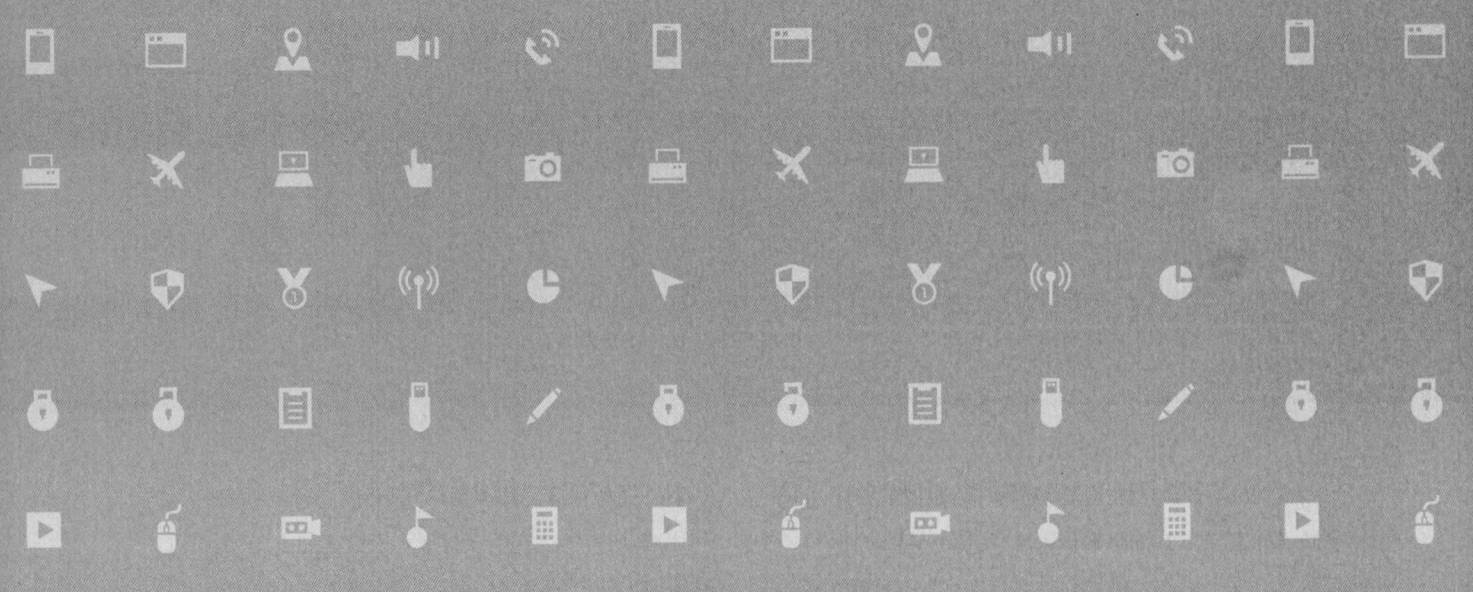

Qualification Test for Cargo Workers

PART 3

# 안전운행요령

Qualification Test for Cargo Workers

제 **1** 장

# 교통사고의 요인 [핵심요약]

QUALIFICATION TEST FOR CARGO WORKERS

▧ **도로교통체계를 구성하는 요소** : 도로사용자, 환경, 차량

▧ **교통사고의 3대 요인** : 인적요인(운전자, 보행자 등), 차량요인, 도로·환경요인이다.

▧ **인적요인** : 신체, 생리, 심리, 적성, 습관, 태도 요인 등을 포함하는 개념으로 운전자 또는 보행자의 신체적·생리적 조건, 위험의 인지와 회피에 대한 판단, 심리적 조건 등에 관한 것과 운전자의 적성과 자질, 운전습관, 내적태도 등에 관한 것이다.

▧ **차량요인** : 차량구조장치, 부속품 또는 적하 등이다.

▧ **도로요인** : 도로구조, 안전시설 등에 관한 것이다. 여기서 도로구조는 도로의 선형, 노면, 차로 수, 노폭, 구배 등에 관한 것이며 안전시설은 신호기, 노면표시, 방호책 등 도로의 안전시설에 관한 것을 포함하는 개념이다.

▧ **환경요인** : 자연환경, 교통환경, 사회환경, 구조환경 등의 하부요인으로 구성된다.
　① **자연환경** : 기상, 일광 등 자연조건에 관한 것이다.
　② **교통환경** : 차량 교통량, 운행 차 구성, 보행자 교통량 등 교통상황에 관한 것이다.
　③ **사회환경** : 일반국민·운전자·보행자 등의 교통도덕, 정부의 교통정책, 교통단속과 형사처벌 등에 관한 것이다.
　④ **구조환경** : 교통여건변화, 차량점검 및 정비관리자와 운전자의 책임한계 등을 말한다.

▧ 일부 교통사고는 위 3대 요인(또는 4대 요인) 중 하나의 요인만으로 설명될 수 있으나 대부분의 교통사고는 둘 이상의 요인들이 복합적으로 작용하여 유발된다.

제 **1** 장

# 교통사고의 요인 [적중문제]

CBT 대비
필기문제

QUALIFICATION TEST FOR CARGO WORKERS

**01** 도로교통체계를 구성하는 요소로 바르지 않은 것은?

① 도로사용자　　　② 환경
③ 도로교통법　　　④ 차량

해설　도로교통체계를 구성하는 요소 : 운전자 및 보행자를 비롯한 도로사용자, 도로 및 교통신호등 등의 환경, 차량

정답 ③

**02** 다음 교통사고의 4대 요인이 아닌 것은?

① 인적 요인　　　② 차량요인
③ 심리적 요인　　④ 환경요인

해설　교통사고의 4대 요인 : 인적요인, 차량요인, 도로요인, 환경요인

정답 ③

**03** 교통사고 요인의 연결이 바르지 않은 것은?

① 인적요인 : 신체, 생리, 심리, 적성, 습관, 태도 요인
② 차량요인 : 차량구조장치, 부속품 또는 적하
③ 도로요인 : 도로구조, 안전시설
④ 환경요인 : 신호기, 노면표시, 방호책

해설　도로요인 : 도로의 선형, 노면, 차로 수, 노폭, 구배, 신호기, 노면표시, 방호책 등

정답 ④

**04** 교통사고의 요인에 관한 내용으로 바르지 않은 것은?

① 차량요인은 차량구조장치, 부속품 또는 적하 등이다.
② 교통사고는 하나의 중점적 요인이 작용하여 유발된다.
③ 환경요인은 자연환경, 교통환경, 사회환경, 구조환경 등으로 구성된다.
④ 인적요인은 신체, 생리, 심리, 적성, 습관, 태도 요인 등을 포함하는 개념이다.

해설　대부분의 교통사고는 둘 이상의 요인들이 복합적으로 작용하여 유발된다.

정답 ②

**05** 다음 환경요인 중 교통여건변화, 차량점검 및 정비관리자와 운전자의 책임한계 등

① 자연환경　　　② 교통환경
③ 사회환경　　　④ 구조환경

해설　④ **구조환경** : 교통여건변화, 차량점검 및 정비관리자와 운전자의 책임한계 등
① **자연환경** : 기상, 일광 등 자연조건에 관한 것
② **교통환경** : 차량 교통량, 운행 차 구성, 보행자 교통량 등 교통상황에 관한 것
③ **사회환경** : 일반국민·운전자·보행자 등의 교통도덕, 정부의 교통정책, 교통단속과 형사처벌 등에 관한 것

정답 ④

# 제2장 운전자 요인과 안전운행 [핵심요약]

QUALIFICATION TEST FOR CARGO WORKERS

## 1 운전특성

■ **인지판단조작** : 자동차를 운행하고 있는 운전자는 교통상황을 알아차리고(인지), 어떻게 자동차를 움직여 운전할 것인가를 결정하고(판단), 그 결정에 따라 자동차를 움직이는 운전행위(조작)에 이르는 "인지-판단-조작"의 과정을 수없이 반복한다.

■ **운전특성**
① 운전자의 정보처리과정 : 차량 내·외의 교통정보(운전정보) → 운전조작행위 → 수정·보완되는 피드백(Feed-Back) 과정 반복
② 신체·생리적 조건은 피로·약물·질병 등이며, 심리적 조건은 흥미·욕구·정서 등이다.
③ 운전특성은 일정하지 않고 사람 간에 차이(개인차)가 있다.

## 2 시각특성

■ **시각의 중요성**
① 운전자는 운전 중 필요한 정보를 얻기 위해 다른 감각보다 시각에 대부분 의존한다.
② 도로교통법령은 시력, 색채식별에 관한 기준을 정하고 있으며, 이 기준에 미달되면 운전면허를 발급하지 않는다.
③ 운전과 관련되는 시각의 특성 중 대표적인 것은 다음과 같다.
　㉠ 운전자는 운전에 필요한 정보의 대부분을 시각을 통하여 획득한다.
　㉡ 속도가 빨라질수록 시력은 떨어진다.
　㉢ 속도가 빨라질수록 시야의 범위가 좁아진다.
　㉣ 속도가 빨라질수록 전방주시점은 멀어진다.

■ **정지시력** : 아주 밝은 상태에서 1/3인치(0.85cm) 크기의 글자를 20피트(6.10m) 거리에서 읽을 수 있는 사람의 시력을 말하며 정상시력은 20/20으로 나타낸다.

■ **시력기준**
① **제1종 운전면허** : 두 눈을 동시에 뜨고 잰 시력이 0.8 이상, 양쪽 눈의 시력이 각각 0.5 이상이어야 한다.
② **제2종 운전면허** : 두 눈을 동시에 뜨고 잰 시력이 0.5 이상이어야 한다.
③ 붉은색, 녹색 및 노란색을 구별할 수 있어야 한다.

■ **동체시력**
① **개념** : 동체시력이란 움직이는 물체(자동차, 사람 등) 또는 움직이면서(운전하면서) 다른 자동차나 사람 등의 물체

를 보는 시력을 말한다.

② **동체시력의 특성** : 물체의 이동속도가 빠를수록 상대적으로 저하, 연령이 높을수록 저하, 장시간 운전에 의한 피로 상태에서 저하

■ **야간시력**

① **야간의 시력저하** : 해질 무렵이 가장 운전하기 힘든 시간이다. 전조등을 비추어도 주변의 밝기와 비슷하기 때문에 의외로 다른 자동차나 보행자를 보기가 어렵다.

② **야간시력과 주시대상**

　㉠ 사람이 입고 있는 옷 색깔의 영향

　㉡ 통행인의 노상위치와 확인거리

　㉢ 야간운전 주의사항

■ **명순응과 암순응**

① **암순응** : 일광 또는 조명이 밝은 조건에서 어두운 조건으로 변할 때 사람의 눈이 그 상황에 적응하여 시력을 회복하는 것을 말한다.

② **명순응** : 일광 또는 조명이 어두운 조건에서 밝은 조건으로 변할 때 사람의 눈이 그 상황에 적응하여 시력을 회복하는 것을 말한다.

■ **심시력** : 전방에 있는 대상물까지의 거리를 목측하는 것을 심경각이라고 하며, 그 기능을 심시력이라고 한다.

■ **시야**

① **시야와 주변시력** : 정지한 상태에서 눈의 초점을 고정시키고 양쪽 눈으로 볼 수 있는 범위로 정상적인 시력을 가진 사람의 시야범위는 180°~200°이다.

② **속도와 시야** : 시야의 범위는 자동차 속도에 반비례하여 좁아진다.

③ **주의의 정도와 시야** : 어느 특정한 곳에 주의가 집중되었을 경우의 시야범위는 집중의 정도에 비례하여 좁아진다.

■ **주행시공간의 특성** : 속도가 빨라질수록 주시점은 멀어지고 시야는 좁아진다.

**3** **사고의 심리**

■ **사고의 원인과 요인** : 교통사고의 원인이란 반드시 사고라는 결과를 초래한 그 어떤 것을 말하며, 사고의 요인이란 간접적 요인·중간적 요인·직접적 요인 등 3가지로 구분된다.

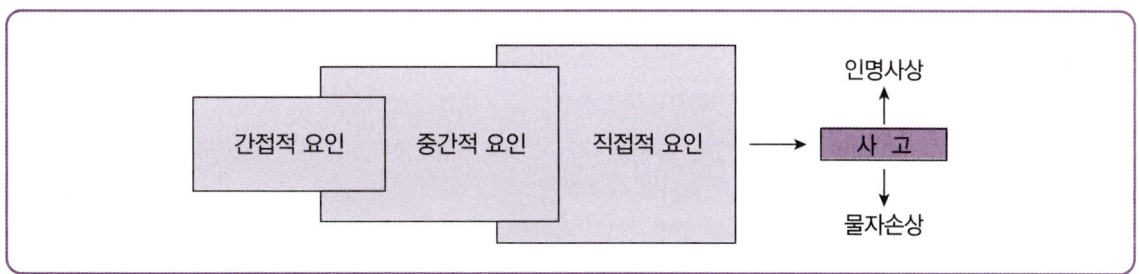

〈교통사고의 요인〉

① **간접적 요인** : 운전자에 대한 홍보활동결여 또는 훈련의 결여, 차량의 운전전 점검습관의 결여, 안전운전을 위하여 필요한 교육 태만, 안전지식 결여, 무리한 운행계획, 직장이나 가정에서의 원만하지 못한 인간관계 등이 있다.

② **중간적 요인** : 운전자의 지능, 운전자 성격, 운전자 심신기능, 불량한 운전태도, 음주·과로 등과 관계있다.

③ **직접적 요인** : 사고 직전 과속과 같은 법규위반, 위험인지의 지연, 운전조작의 잘못, 잘못된 위기대처 등이 있다.

▨ **사고의 심리적 요인**

① **교통사고 운전자의 특성** : 선천적 능력 부족, 후천적 능력 부족, 바람직한 동기와 사회적 태도 결여, 불안정한 생활환경 등이다.

② **착각** : 착각은 사람이 태어날 때부터 지닌 감각에 속한다.

③ **예측의 실수** : 감정이 격앙된 경우, 고민거리가 있는 경우, 시간에 쫓기는 경우

---

## 4 운전피로

▨ **운전피로**

① **개념** : 운전작업에 의해서 일어나는 신체적인 변화, 심리적으로 느끼는 무기력감, 객관적으로 측정되는 운전기능의 저하를 총칭한다.

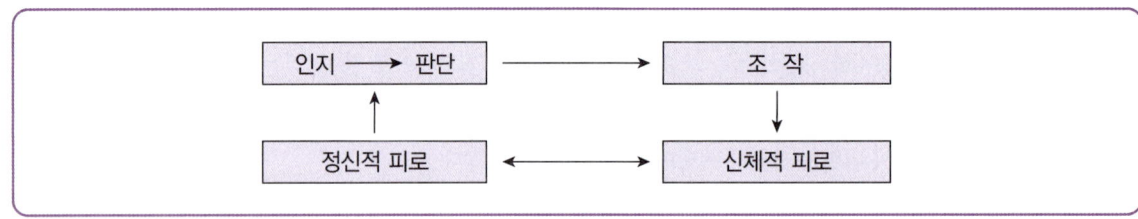

〈운전과 피로〉

② **운전피로의 특징과 요인**

㉠ **운전피로의 특징** : 피로의 증상은 전신에 걸쳐 나타나고 이는 대뇌의 피로(나른함, 불쾌감 등)를 불러온다.

㉡ **운전피로의 요인** : 운전피로는 수면·생활환경 등 생활요인, 차내환경·차외환경·운행조건 등 운전작업 중의 요인, 신체조건·경험조건·연령조건·성별조건·성격·질병 등의 운전자 요인 등 3요인으로 구성된다.

▨ **피로와 교통사고** : 운전자의 피로가 지나치면 과로가 되고 정상적인 운전이 곤란해진다. 그 결과는 교통사고로 연결될 수 있다.

① **피로의 진행과정** : 피로의 정도가 지나치면 과로가 되고 피로 또는 과로 상태에서는 졸음운전이 발생될 수 있고 이는 교통사고로 이어질 수 있다.

② **운전피로와 교통사고** : 운전피로는 운전조작의 잘못, 주의력 집중의 편재, 외부의 정보를 차단하는 졸음 등을 불러와 교통사고의 직접-간접원인이 된다.

③ **장시간 연속운전** : 장시간 연속운전은 심신의 기능을 현저히 저하시킨다.

④ **수면부족** : 운전계획이 세워지면 출발 전에 충분한 수면을 취한다.

▨ **피로와 운전착오** : 피로가 운전자의 정보수용기구(감각, 지각), 정보처리기구(판단, 기억, 의사결정), 그리고 정보효과기구(운동기관)의 각 기구에 어떤 부정적인 영향을 준다.

## 5 보행자

■ **보행자 사고의 실태**

① **보행 중 교통사고** : 우리나라 보행 중 교통사고 사망자 구성비는 OECD 평균(18.8%)보다 높은 38.9%이며, 미국 (14.5%), 프랑스(14.2%), 일본(36.2%) 등에 비해 높다.

② **보행유형과 사고** : 횡단중(횡단보도횡단, 횡단보도부근횡단, 육교부근횡단, 기타 횡단)의 사고가 가장 많고 (54.7%) 연령층별로는 어린이와 노약자가 높은 비중을 차지한다.

■ **보행자 사고의 요인**

① 교통상황 정보를 인지하지 못한 경우가 가장 많고, 판단착오, 동작착오의 순서로 많다.

② 교통정보 인지결함의 원인 : 술에 취함, 서둘러 걷기, 한쪽 방향에만 주의, 주의력 저하, 다른 생각

■ **비횡단보도 횡단보행자의 심리**

① 횡단거리 줄이기 : 횡단보도로 건너면 거리가 멀고 시간이 더 걸리기 때문에

② 평소습관 : 평소 교통질서를 잘 지키지 않는 습관을 그대로 답습

③ 자동차가 달려오지만 충분히 건널 수 있다고 판단해서

④ 갈 길이 바빠서

⑤ 술에 취해서 등이다.

## 6 음주와 운전

■ **과다음주(알코올 남용)의 정의** : 신체적·심리적·사회적 문제가 생길 정도로 과도하고 빈번하게 술을 마시는 것을 말한다.

■ **과다음주의 문제점**

① **질병** : 간질환, 위염, 췌장염, 고혈압, 중풍, 식도염, 당뇨병, 심장병 등

② **행동 및 심리** : 반사회적 행동, 정신장애, 기타 약물 남용, 강박신경증, 우울증, 자살 등

③ **교통사고** : 음주보행은 교통사고의 위험을 증가시키며, 운전자의 경우는 더욱 위험하여 치명적인 교통사고로 연결되는 경우가 많다.

■ **음주운전 교통사고의 특징**

① 주차 중인 자동차와 같은 정지물체 등에 충돌할 가능성이 높다.

② 전신주, 가로시설물, 가로수 등과 같은 고정물체와 충돌할 가능성이 높다.

③ 대향차의 전조등에 의한 현혹 현상 발생 시 정상운전보다 교통사고 위험이 증가된다.

④ 음주운전에 의한 교통사고가 발생하면 치사율이 높다.

⑤ 차량단독사고의 가능성이 높다.

■ **음주의 개인차** : 음주량과 체내 알코올 농도의 관계에는 개인차가 있다.

① **음주량과 체내 알코올 농도의 관계**

㉠ 매일 알코올을 접하는 습관성 음주자는 음주 30분 후에 체내 알코올 농도가 정점에 도달하였지만 그 체내 알코올 농도는 중간적(평균적) 음주자의 절반 수준이었다.

ⓒ 중간적 음주자는 음주 후 60분에서 90분 사이에 체내 알코올 농도가 정점에 달하였지만 그 농도는 습관성 음주자의 2배 수준이었다.

② 체내 알코올 농도의 남녀 차 : 여자는 음주 30분 후에, 남자는 60분 후에 체내 알코올 농도가 정점에 도달하였다.

▓ 체내알코올농도와 제거 소요시간 : 음주가 사람에 미치는 영향에는 개인차가 있고 음주 후 체내 알코올 농도가 제거되는 시간에도 개인차가 존재하지만, 체내 알코올은 충분한 시간이 경과해야만 제거된다.

## 7  교통약자

▓ 고령운전자의 정의

① 고령자의 정의

| 법규 및 근거 규정 | 연령기준 |
|---|---|
| 고용 상 연령차별금지 및 고령자고용촉진에 관한 법률 시행령 제2조 | • 고령자 : 55세 이상<br>• 준 고령자 : 50세~55세 미만 |
| 국민연금법 제61조 | • 노령연금 수급권자 : 60세 이상 |
| 기초노령연금법 제3조 | • 연금 지급대상 : 65세 이상 |
| 노인복지법 시행규칙 제14조 | • 무료 실비노인주거시설 : 65세 이상<br>• 유료노인주거시설 : 60세 이상 |
| 국민기초생활보장법 시행령 제7조 | • 근로능력이 없는 수급자 : 65세 이상 |

② 고령운전자의 정의 : 운전 시 대부분의 의사결정에 영향을 미치는 시각적 특성의 저하 및 해외 고령운전자 교육프로그램에서는 대상자를 55세 이상인 자이다.

③ 고령 운전자의 의식

ⓒ 고령자의 운전은 젊은 층에 비하여 상대적으로 신중하고 과속을 하지 않는다.

ⓒ 고령자의 운전은 젊은 층에 비하여 상대적으로 반사신경이 둔하다,

④ 고령 운전자의 불안감

ⓒ 고령 운전자의 급후진, 대형차 추종운전 등은 고령 운전자를 위험에 빠뜨리고 다른 운전자에게도 불안감을 유발시킨다.

ⓒ 고령에서 오는 운전기능과 반사기능의 저하는 고령 운전자에게 강한 불안감을 준다.

ⓒ 좁은 길에서 대형차와 교행 할 때 연령이 높을수록 불안감이 높아지는 경향이 있다.

ⓔ 후사경을 통해서 인지하고 반응해야 하는 후방으로부터의 자극에 대한 동작은 연령이 증가함에 따라 크게 지연된다.

▓ 고령자(노인층) 교통안전

① 고령자의 교통행동 : 신체적인 면에서 운동능력이 떨어지고 시력·청력 등 감지기능이 약화되어 위급 시 회피능력이 둔화되는 연령층이다.

② 고령자의 장애요인 및 안전수칙

ⓒ 고령자 교통안전 장애 요인 : 시각능력, 청각능력, 사고·신경능력, 보행행동 특성

ⓒ 고령 보행자 교통안전 계몽 사항 : 필요시 안경착용, 단독보다는 다수 또는 부축을 받아 도로를 횡단하는 방법, 야간에 운전자들의 눈에 잘 보이게 하는 방법, 필요시는 보청기 사용, 도로 횡단 시 2륜 자동차를 잘 살피는 것, 필요시 주차된 자동차 사이를 안전하게 통과하는 방법

■ 고령운전자의 특성

① 일반적 특성

㉠ 신체적 특성 : 대비가 큰 물체 및 색의 식별능력 저하, 시야 폭 및 시각적 주의력 범위 감소, 청각 기능 상실 또는 악화, 청력 및 주변 음 식별능력 저하

㉡ 정신적 특성 : 인지반응시간 증가, 선택적 및 다중적 주의력 감소, 활동기억력 감소

② 교통행정 특성

㉠ 고령보행자 측면 : 보행 교통안전 의식, 횡단보도 이용 시 위험성과 어려움이 상대적으로 큼, 횡단단계별 행동 특성

㉡ 고령운전자 측면 : 시각적 특성, 인지적 특성, 반응 특성

■ 고령인구 및 고령운전자 추이

① 고령인구 추이 : 65세 이상 노령 인구는 증가하였고, 전체 인구의 약 18.9%로 고령사회로 진입하였다.

② 고령 운전자 추이 : 운전면허소지자는 2.4% 증가, 65세 이상 노인 운전면허소지자수는 8.5% 증가하였다.

■ 시·공간적 교통사고 특성

① 시간대별 특성 : 18~20시에 인구 10만명당 사망사고 발생건수가 2.1건으로 가장 많다.

② 요일별 특성 : 주중 운전자 사망사고 발생건수가 9.2건으로 주말대비 약 2.8배 많은 것으로 나타났다.

③ 도시규모별 특성 : 연령층과 관계없이 군 단위가 29.6건으로 가장 많다.

■ 인적 요인별 교통사고 특성

① 운전면허 경과년수별 특성 : 운전면허 경과년수가 15년 이상인 경우에만 집중되고 있다.

② 사고 직전 행동별 특성 : 운전자 사망사고 발생건수가 평균 1.4건으로 직진 중(9.2건) 뿐만 아니라, 좌 · 우회전 중(1.9건)에 사고가 집중되고 있다.

③ 법규위반별 특성 : 운전자 사망사고 발생건수가 평균 1.8건으로 안전운전의무불이행(8.2건)에만 사고가 집중되고 있다.

■ 도로환경적 교통사고 특성

① 도로종류별 특성 : 운전자 사망사고 발생건수가 평균 1.8건으로 일반국도(3.4건), 특별광역시도(2.9건), 지방도(2.1건) 등에 집중되고 있다.

② 도로형태별 특성 : 운전자 사망사고 발생건수가 평균1.8건으로 일반 단일로(7.2건) 뿐만 아니라, 교차로 내(2.2건)에서 사고가 집중되고 있다.

■ 차량요인별 교통사고 특성 : 운전자 사망사고 발생건수가 평균 1.2건으로 승용차(4.5건) 뿐만 아니라, 화물차(3.2건), 이륜차(1.4건), 원동기장치자전거(1.4건)에 상대적으로 사고가 집중되고 있다.

■ 어린이 교통안전

① 어린이의 일반적 특성과 행동능력

㉠ 감각적 운동단계(2세 미만) : 교통상황에 대처할 능력도 전혀 없어 전적으로 보호자에게 의존하는 단계이다.

㉡ 전 조작 단계(2세~7세) : 2가지 이상을 동시에 생각하고 행동할 능력이 매우 미약하다.

㉢ 구체적 조작단계(7세~12세) : 교통상황을 충분히 인식하며, 추상적 교통규칙을 이해할 수 있는 수준에 도달한다.

㉣ 형식적 조작단계(12세 이상) : 성인 수준에 근접해 가는 수준을 갖추고 보행자로서 교통에 참여할 수 있다.

② 어린이 교통사고의 특징

㉠ 어릴수록 그리고 학년이 낮을수록 교통사고를 많이 당한다.

㉡ 보행 중(차대사람) 교통사고를 당하여 사망하는 비율이 가장 높다.

ⓒ 시간대별 어린이 보행 사상자는 오후 4시에서 오후 6시 사이에 가장 많다.

ⓔ 집이나 학교 근처 등 어린이 통행이 잦은 곳에서 가장 많이 발생되고 있다.

③ **어린이의 교통행동 특성** : 어린이들은 연령의 증가에 따라 점차 추상적 사고의 폭이 넓어지고 개념의 발달과 그 사용이 증가한다.

ⓐ 교통상황에 대한 주의력이 부족하다.

ⓑ 판단력이 부족하고 모방행동이 많다.

ⓒ 사고방식이 단순하다.

ⓓ 추상적인 말은 잘 이해하지 못하는 경우가 많다.

ⓔ 호기심이 많고 모험심이 강하다.

ⓕ 눈에 보이지 않는 것은 없다고 생각한다.

ⓖ 자신의 감정을 억제하거나 참아내는 능력이 약하다.

ⓗ 제한된 주의 및 지각능력을 가지고 있다.

④ **어린이들이 당하기 쉬운 교통사고 유형** : 도로에 갑자기 뛰어들기, 도로 횡단 중의 부주의, 도로상에서 위험한 놀이, 자전거 사고, 차내 안전사고

⑤ **어린이가 승용차에 탑승했을 때** : 안전띠 착용, 여름철 주차 시 차내 방치 금지, 문은 어른이 열고 닫는다, 차를 떠날 때는 같이 떠난다, 어린이는 뒷좌석에 앉도록 한다.

## 8 사업용자동차 위험운전행태 분석

### ▰ 운행기록장치의 정의 및 자료 관리

① **운행기록장치 정의** : 자동차의 속도, 위치, 방위각, 가속도, 주행거리 및 교통사고 상황 등을 기록하는 전자식 장치를 말한다.

② **운행기록의 보관 및 제출 방법** : 운행기록장치 장착의무자는 운행기록장치에 기록된 운행기록을 6개월 동안 보관하여야 한다.

### ▰ 운행기록분석시스템의 활용

① **운행기록분석시스템 개요** : 자동차의 순간속도, 분당엔진회전수, 브레이크 신호, GPS, 방위각, 가속도 등의 운행기록 자료를 분석하여 운전자의 과속, 급감속 등 운전자의 위험행동 등을 과학적으로 분석하는 시스템이다.

② **운행기록분석시스템 분석항목** : 자동차의 운행경로에 대한 궤적의 표기, 운전자별 · 시간대별 운행속도 및 주행거리의 비교, 진로변경 횟수와 사고위험도 측정, 과속 · 급가속 · 급감속 · 급출발 · 급정지 등 위험운전 행동 분석, 자동차의 운행 및 사고발생 상황의 확인

③ **운행기록분석결과의 활용** : 자동차의 운행관리, 운전자에 대한 교육 · 훈련, 운전자의 운전습관 교정, 운송사업자의 교통안전관리 개선, 교통수단 및 운행체계의 개선, 교통행정기관의 운행계통 및 운행경로 개선, 그 밖에 사업용 자동차의 교통사고 예방을 위한 교통안전정책의 수립

### ▰ 사업용자동차 운전자 위험운전 행태분석

① **위험운전 행동기준과 정의** : 위험운전 행동의 기준을 사고유발과 직접관련 있는 5가지 유형으로 분류하고 있다.

② **위험운전 행태별 사고유형 및 안전운전 요령** : 운전자가 자동차의 가속장치와 제동장치, 조향장치 등을 과도하고 급격하게 작동하는 경우 사고를 유발할 수 있으므로 차량 운행 시 운전자의 주의가 필요하다.

# 제2장 운전자 요인과 안전운행 [적중문제]

QUALIFICATION TEST FOR CARGO WORKERS

**01** 다음 운전자의 인지판단조작 순서로 바르게 나타낸 것은?

① 인지 → 판단 → 조작
② 조작 → 인지 → 판단
③ 인지 → 조작 → 판단
④ 판단 → 인지 → 조작

> **해설** 운전자의 인지판단조작 순서 : 인지→판단→조작

**정답** ①

**02** 교통사고 예방과 교통안전 확립을 위한 운전자의 인지-판단-조작 능력을 향상시키는 활동으로 보기 어려운 것은?

① 계획적이고 체계적인 교육
② 계획적이고 체계적인 차량개조
③ 계획적이고 체계적인 훈련
④ 계획적이고 체계적인 지도·계몽

> **해설** 교통사고 예방과 교통안전 확립을 위한 운전자의 인지-판단-조작 능력을 향상시키는 활동에는 계획적이고 체계적인 교육, 훈련, 지도·계몽 등이 있다.

**정답** ②

**03** 다음 운전자의 운전특성에 관한 내용으로 바르지 않은 것은?

① 운전자의 심리적 조건은 흥미, 욕구, 정서 등이다.
② 운전자의 신체·생리적 조건은 피로, 약물, 질병 등이다.
③ 인간의 특성은 운전뿐 아니라 인간행위, 삶 자체에도 큰 영향을 미친다.
④ 인간의 운전행위는 공산품의 공정처럼 일정하게 유지시킬 수 있다.

> **해설** 인간의 운전행위를 공산품의 공정처럼 일정하게 유지시킬 수 없다.

**정답** ④

**04** 운전자가 운전 중 필요한 정보를 얻기 위해 주로 의존하는 감각기관은?

① 청각
② 촉각
③ 시각
④ 후각

> **해설** 운전자는 운전 중 필요한 정보를 얻기 위해 다른 감각보다 시각에 대부분 의존한다.

**정답** ③

**05** 다음 정지시력을 바르게 나타낸 것은?

① 어두운 상태에서 1/3인치(0.85cm) 크기의 글자를 10피트(6.10m) 거리에서 읽을 수 있는 사람의 시력
② 아주 어두운 상태에서 1/3인치(0.85cm) 크기의 글자를 20피트(6.10m) 거리에서 읽을 수 있는 사람의 시력
③ 밝은 상태에서 1/3인치(0.85cm) 크기의 글자를 10피트(6.10m) 거리에서 읽을 수 있는 사람의 시력
④ 아주 밝은 상태에서 1/3인치(0.85cm) 크기의 글자를 20피트(6.10m) 거리에서 읽을 수 있는 사람의 시력

> **해설** 정지시력 : 아주 밝은 상태에서 1/3인치(0.85cm) 크기의 글자를 20피트(6.10m) 거리에서 읽을 수 있는 사람의 시력을 말한다.

**정답** ④

**06** 다음 운전자의 입체공간 측정 결함에 의한 교통사고와 밀접한 것은?

① 야간시력
② 동체시력
③ 심시력
④ 정상시력

> **해설** 심시력의 결함은 입체공간 측정의 결함으로 인한 교통사고를 초래할 수 있다.

**정답** ③

**07** 제1종 운전면허에 필요한 시력으로 바르지 않은 것은?

① 두 눈을 동시에 뜨고 잰 시력이 0.8 이상, 양쪽 눈의 시력이 각각 0.5 이상이어야 한다.

② 한쪽 눈을 보지 못하는 사람이 보통면허를 취득하려는 경우에는 다른 쪽 눈의 시력이 0.1 이상이어야 한다.

③ 한쪽 눈을 보지 못하는 사람이 보통면허를 취득하려는 경우에는 수평시야가 120도 이상이며, 수직시야가 20도 이상이어야 한다.

④ 한쪽 눈을 보지 못하는 사람이 보통면허를 취득하려는 경우에는 중심시야 20도 내 암점(暗點) 또는 반맹(半盲)이 없어야 한다.

> **해설** 한쪽 눈을 보지 못하는 사람이 보통면허를 취득하려는 경우에는 다른 쪽 눈의 시력이 0.8 이상이고, 수평시야가 120도 이상이며, 수직시야가 20도 이상이고, 중심시야 20도 내 암점(暗點) 또는 반맹(半盲)이 없어야 한다.

> **정답** ②

**08** 다음 동체시력의 특성에 관한 내용으로 바르지 않은 것은?

① 동체시력은 물체의 이동속도가 빠를수록 상대적으로 저하된다.

② 동체시력은 연령이 높을수록 높아진다.

③ 정지시력이 1.2인 사람이 시속 90km로 운전하면서 고정된 대상물을 볼 때의 시력은 0.5이하로 떨어진다.

④ 동체시력은 장시간 운전에 의한 피로상태에서도 저하된다.

> **해설** 동체시력은 연령이 높을수록 더욱 저하된다.

> **정답** ②

**09** 다음 야간시력에 관한 설명으로 바르지 않은 것은?

① 많은 사람들이 야간운전의 어려움을 느낀다.

② 해질 무렵이 가장 운전하기 좋은 시간이다.

③ 야간에는 어둠으로 인해 대상물을 명확하게 보기 어렵다.

④ 가로등이나 차량의 전조등은 야간운전에 도움이 된다.

> **해설** 해질 무렵이 가장 운전하기 힘든 시간이다.

> **정답** ②

**10** 다음 야간시력에 관한 설명으로 바르지 않은 것은?

① 해질 무렵이 가장 운전하기 어려운 시간이다.

② 야간에는 어둠으로 인하여 물체를 명확하게 보기 어렵다.

③ 야간에는 대향차량간의 전조등에 의한 현혹현상으로 중앙선상의 통행인을 우측 갓길에 있는 통행인보다 확인하기 어렵다.

④ 흑색의 경우는 신체의 노출정도에 따라 영향을 받지 않는다.

> **해설** 흑색의 경우는 신체의 노출정도에 따라 영향을 받는데 노출정도가 심할수록 빨리 확인할 수 있다.

> **정답** ④

**11** 다음 암순응에 관한 설명으로 바르지 않은 것은?

① 시력회복이 명순응에 비해 매우 빠르다.

② 주간 운전 시 터널에 막 진입하였을 때 안전운전이 필요하다.

③ 암순응은 빛의 강도에 좌우된다.

④ 터널의 경우 시력회복에 5~10초 정도 걸린다.

> **해설** 암순응의 경우 시력회복이 명순응에 비해 매우 느리다.

> **정답** ①

**12** 자동차 속도와 시야 범위의 연결이 바르지 않은 것은?

① 정지 : 약 $180\sim200°$

② 매시 40km : 약 $100°$

③ 매시 70km : 약 $80°$

④ 매시 100km : 약 $40°$

> **해설** 운전자의 정지 시 시야범위는 약 $180\sim200°$이지만, 매시 40km로 운전 중이라면 그의 시야범위는 약 $100°$, 매시 70km면 약 $65°$, 매시 100km면 약 $40°$로 속도가 높아질수록 시야의 범위는 점점 좁아진다.

> **정답** ③

**13** 주행시공간(走行視空間)의 특성으로 바르지 않은 것은?

① 운전 중 불필요한 대상에 주의가 집중되어있다면 시야는 좁아진다.
② 속도가 빨라질수록 복잡한 대상은 잘 확인되지 않는다.
③ 속도가 빨라질수록 가까운 곳의 풍경은 더욱 흐려진다.
④ 속도가 빨라질수록 주시점은 가까워지고 시야는 넓어진다.

> **해설** 속도가 빨라질수록 주시점은 멀어지고 시야는 좁아진다.

**정답** ④

**14** 사고의 원인과 요인에 관한 설명으로 바르지 않은 것은?

① 교통사고의 원인은 반드시 사고라는 결과를 초래하는 어떤 것이다.
② 사고의 요인이란 교통사고원인을 초래한 인자이다.
③ 교통사고의 요인은 간접적 요인, 중간적 요인, 직접적 요인 등 3가지로 구분된다.
④ 사고의 요인이 반드시 결과(교통사고)로 연결된다.

> **해설** 사고의 요인이란 교통사고원인을 초래한 인자로 요인이 반드시 결과(교통사고)로 연결되지 않는다.

**정답** ④

**15** 다음 교통사고의 간접적 요인으로 바르지 않은 것은?

① 차량의 운전전 점검습관의 결여
② 불량한 운전태도
③ 안전운전을 위하여 필요한 교육 태만
④ 훈련의 결여

> **해설** 간접적 요인 : 운전자에 대한 홍보활동결여 또는 훈련의 결여, 차량의 운전전 점검습관의 결여, 안전운전을 위하여 필요한 교육 태만, 안전지식 결여, 무리한 운행계획, 직장이나 가정에서의 원만하지 못한 인간관계 등

**정답** ②

**16** 다음 교통사고의 중간적 요인으로 옳지 않은 것은?

① 음주 및 과로
② 운전자의 지능
③ 불량한 운전태도
④ 위험인지의 지연

> **해설** 중간적 요인 : 운전자의 지능, 운전자 성격, 운전자 심신기능, 불량한 운전태도, 음주·과로 등

**정답** ④

**17** 다음 사고의 심리적 요인이 아닌 것은?

① 착각
② 반복
③ 예측의 실수
④ 운전자의 특성

> **해설** 사고의 심리적 요인 : 운전자의 특성, 예측의 실수, 착각

**정답** ②

**18** 다음 운전자의 착각에 관한 서술로 틀린 것은?

① 크기의 착각 : 어두운 곳에서는 가로 폭보다 세로 폭을 보다 넓은 것으로 판단한다.
② 원근의 착각 : 작은 것은 멀리 있는 것 같이, 덜 밝은 것은 멀리 있는 것으로 느껴진다.
③ 경사의 착각 : 작은 경사는 실제보다 크게, 큰 경사는 실제보다 작게 보인다.
④ 속도의 착각 : 주시점이 가까운 좁은 시야에서는 빠르게 느껴진다.

> **해설** 경사의 착각 : 작은 경사는 실제보다 작게, 큰 경사는 실제보다 크게 보인다.

**정답** ③

**19** 다음 운전자의 착각에 관한 서술로 옳지 않은 것은?

① 작은 경사는 실제보다 작게, 큰 경사는 실제보다 크게 보인다.
② 오름 경사는 실제보다 작게, 내림경사는 실제보다 크게 보인다.
③ 주시점이 가까운 좁은 시야에서는 빠르게 느껴진다.
④ 덜 밝은 것은 멀리 있는 것으로 느껴진다.

> **해설** 오름 경사는 실제보다 크게, 내림경사는 실제보다 작게 보인다.

**정답** ②

**20** 다음 예측의 실수가 일어나는 경우가 아닌 것은?

① 고민거리가 있는 경우
② 날씨가 맑은 경우
③ 시간에 쫓기는 경우
④ 감정이 격앙된 경우

> **해설** 예측의 실수가 일어나는 경우 : 고민거리가 있는 경우, 시간에 쫓기는 경우, 감정이 격앙된 경우

**정답** ②

**21** 다음 운전피로에 관한 내용으로 옳지 않은 것은?

① 운전작업에 의해서 일어나는 신체적인 변화, 심리적으로 느끼는 것이다.
② 운전으로 무기력감, 객관적으로 측정되는 운전기능의 저하를 총칭한다.
③ 운전환경에서 오는 운전피로는 신체적 피로와 정신적 피로를 동시에 수반한다.
④ 운전피로는 심리적 부담보다 오히려 신체적인 부담이 더 크다.

> **해설** 운전환경에서 오는 운전피로는 신체적 피로와 정신적 피로를 동시에 수반하지만, 신체적인 부담보다 오히려 심리적 부담이 더 크다.

**정답** ④

**22** 다음 운전피로의 특징으로 바르지 않은 것은?

① 피로의 증상은 전신에 걸쳐 나타난다.
② 피로의 증상은 대뇌의 피로를 불러온다.
③ 피로는 운전 작업의 생략이나 착오가 발생할 수 있다.
④ 정신적, 심리적 피로는 신체적 부담에 의한 일반적 피로보다 회복-시간이 짧다.

> **해설** 단순한 운전피로는 휴식으로 회복되나 정신적·심리적 피로는 신체적 부담에 의한 일반적 피로보다 회복-시간이 길다.

**정답** ④

**23** 다음 운전피로의 3가지 주요한 요인으로 볼 수 없는 것은?

① 생활 요인
② 운전자 요인
③ 운전 후 요인
④ 운전작업 중의 요인

> **해설** 운전피로의 3가지 주요한 요인 : 생활 요인, 운전작업 중의 요인, 운전자 요인

**정답** ③

**24** 다음 단순한 운전피로가 아닌 정신적, 심리적 피로에 대한 설명으로 옳은 것은?

① 단순한 운전피로와 동일하게 회복이 용이하다.
② 반드시 약물을 이용해 피로를 회복할 수 있다.
③ 신체적 부담에 의해 느끼는 피로이다.
④ 신체적 부담에 의한 일반적 피로보다 회복시간이 길다.

> **해설** ④ 정신적, 심리적 피로는 신체적 부담에 의한 일반적 피로보다 회복시간이 길다.
> ① 운전피로는 휴식으로 회복되나 정신적, 심리적 피로는 신체적 부담에 의한 일반적 피로보다 회복-시간이 길다.

**정답** ④

**25** 다음 보행 중 교통사고 사망자 구성비가 가장 높은 나라는?

① 대한민국
② 미국
③ 프랑스
④ 일본

> **해설** 우리나라 보행 중 교통사고 사망자 구성비는 OECD 평균(18.8%)보다 높은 38.9%이며, 미국(14.5%), 프랑스(14.2%), 일본(36.2%) 등에 비해 높은 것으로 나타나고 있다.

**정답** ①

**26** 차 대 사람의 교통사고 횡단사고 위험이 가장 큰 유형에 해당하지 않는 것은?

① 육교 부근 횡단
② 횡단보도 횡단
③ 보행신호준수 횡단
④ 무단 횡단

> **해설** 차 대 사람의 교통사고 횡단사고 위험이 가장 큰 유형은 무단 횡단, 횡단보도 횡단, 횡단보도 부근, 육교 부근 횡단 등이다.

**정답** ③

**27** 교통사고를 당했을 당시의 보행자 요인 중 가장 많은 요인은?

① 교통상황 정보를 제대로 인지하지 못한 경우
② 판단착오
③ 동작착오
④ 어지럼증

> **해설** 교통사고를 당했을 당시의 보행 요인은 교통상황 정보를 제대로 인지하지 못한 경우가 가장 많고, 다음으로 판단착오, 동작착오의 순서로 많다.

> **정답** ①

**28** 다음 보행자 사고의 요인으로 바르지 않은 것은?

① 피곤한 상태여서 주의력이 저하되었다.
② 등교 또는 출근시간 때문에 급하게 서둘러 걷고 있었다.
③ 보행에 집중하며 걷고 있었다.
④ 횡단 중 한쪽 방향에만 주의를 기울였다.

> **해설** 다른 생각을 하면서 보행하고 있을 때 사고가 발생하기 쉽다.

> **정답** ③

**29** 다음 음주운전 교통사고는 전체 교통사고의 약 몇 % 인가?

① 약 5.8%          ② 약 10.5%
③ 약 25.7%         ④ 약 39.2%

> **해설** 음주운전 교통사고는 전체 교통사고의 약 10.5%를 점유하고 있다.

> **정답** ②

**30** 다음 과다 음주의 문제점으로 바르지 않은 것은?

① 교통법규 준수          ② 정신장애
③ 약물남용              ④ 질병 유발

> **해설** 과다 음주의 문제점 : 질병 유발, 교통사고 유발, 반사회적 행동, 정신장애, 기타 약물남용, 정신강박증 등

> **정답** ①

**31** 다음 음주량과 체내 알코올 농도의 관계로 옳지 않은 것은?

① 여자는 음주 30분 후 체내 알코올 농도가 정점에 도달하였다.
② 중간적 음주자는 음주 후 60분에서 90분 사이에 체내 알코올 농도가 정점에 달한다.
③ 매일 알코올을 접하는 습관성 음주자는 음주 1시간 후에 체내 알코올 농도가 정점에 도달한다.
④ 음주자의 체중, 음주시의 신체적 조건, 심리적 조건에 따라 체내 알코올농도 및 그 농도의 차이가 있다.

> **해설** 매일 알코올을 접하는 습관성 음주자는 음주 30분 후에 체내 알코올 농도가 정점에 도달하였다.

> **정답** ③

**32** 고령자에 대한 개념으로 적절하지 않은 것은?

① 신체적·정신적 측면에서의 상실현상을 겪고 있는 65세 이상인 사람
② 신체적·육체적으로 변화기에 있는 사람
③ 심리적인 면에서 개성의 기능이 증가되고 있는 사람
④ 노화에 따라 신체적·정신적 노쇠와 사회적 역할의 감소로 신체적으로는 의존적 성향이 되는 반면, 사회·문화적으로는 연장자로서의 권위를 갖는 사람

> **해설** 고령자는 심리적인 면에서 개성의 기능이 감퇴되고 있는 사람이다.

> **정답** ③

**33** 고령 운전자의 불안감에 관한 내용으로 바르지 않은 것은?

① 고령 운전자의 급후진, 대형차 추종운전 등은 다른 운전자에게도 불안감을 유발시킨다.
② 운전기능과 반사기능의 저하는 고령 운전자에게 강한 불안감을 준다.
③ 좁은 길에서 대형차와 교행 할 때 60세를 넘으면 불안감은 더해진다.
④ 전방의 장애물이나 자극에 대한 반응은 60대, 70대가 되면 급격히 저하되거나 쇠퇴해진다.

**해설** 전방의 장애물이나 자극에 대한 반응은 60대, 70대가 된다 해도 급격히 저하되거나 쇠퇴해지는 것은 아니지만, 후사경을 통해서 인지하고 반응해야 하는 후방으로부터의 자극에 대한 동작은 연령이 증가함에 따라 크게 지연된다.

**정답** ④

**34** 다음 고령자의 교통행동에 관한 설명으로 옳지 않은 것은?

① 위급 시 회피능력이 둔화된다.
② 움직이는 물체에 대한 판별능력이 저하된다.
③ 밝은 조명에 적응능력이 상대적으로 부족하다.
④ 다른 연령대에 비해 교통사고 유발비율이 높지 않다.

**해설** 고령자는 신체적인 취약 조건들로 인하여 어린이, 신체허약자와 함께 교통사고 피해자의 상당수를 점유하고 있다.

**정답** ④

**35** 다음 고령자의 시각능력으로 바르지 않은 것은?

① 시력자체의 저하현상 발생
② 대비(contrast)능력 저하
③ 원근 구별능력의 약화
④ 암순응에 필요한 시간 감소

**해설** 밝은 곳에서 어두운 곳으로 이동할 때 고령자는 낮은 조도에 순응하는 능력인 암순응에 필요한 시간이 증가한다.

**정답** ④

**36** 고령자의 사고·신경능력으로 옳지 않은 것은?

① 노화에 따른 근육운동의 저하
② 단순한 상황보다 복잡한 상황을 선호
③ 다중적인 주의력 저하
④ 인지반응시간이 증가

**해설** 고령자는 복잡한 상황보다 단순한 상황을 선호한다.

**정답** ②

**37** 다음 고령 보행자에 대한 교통안전 계몽 사항으로 바르지 않은 것은?

① 도로 횡단 시 2륜자동차를 잘 살피는 것
② 야간에 운전자들의 눈에 잘 보이게 하는 방법
③ 단독으로 도로를 횡단하는 방법
④ 필요시 안경착용

**해설** 고령 보행자는 단독보다는 다수 또는 부축을 받아 도로를 횡단하는 방법이 좋다.

**정답** ③

**38** 다음 고령운전자의 시각적 특성으로 적절하지 않은 것은?

① 사물과 사물을 식별하는 대비능력이 증가된다.
② 표지판 입수능력이 저하된다.
③ 광선 혹은 섬광에 대한 민감성이 증가한다.
④ 나이가 들수록 시야가 좁아진다.

**해설** 고령운전자들은 사물과 사물을 식별하는 대비능력이 저하되고, 광선 혹은 섬광에 대한 민감성이 증가하며, 시계감소현상으로 좁아진 시계 바깥에 있는 표지판, 신호, 차량, 보행자 등을 발견하지 못하는 경향이 있다.

**정답** ①

**39** 다음 인지적 특성이 아닌 것은?

① 긴급 상황에서의 인지반응시간
② 단기기억
③ 좌회전 신호에 대한 정보처리능력
④ 속도와 거리 판단의 정확성

**해설** 인지적 특성 : 속도와 거리 판단의 정확성, 단기기억, 좌회전 신호에 대한 정보처리능력

**정답** ①

**40** 시·공간적 교통사고 특성으로 바르지 않은 것은?

① 청장년층은 야간 및 새벽시간에 집중되고 있다.
② 고령층의 경우는 18~20시에 가장 많다.
③ 청장년층은 주중에 집중되고 있다.
④ 도시규모별로 보면 교통사고는 시 단위가 가장 많다.

**해설** 도시규모별로 보면 교통사고는 군 단위가 가장 많다.

**정답** ④

**41** 어린이의 일반적 특성과 행동능력에 관한 설명으로 옳지 않은 것은?

① 2세 미만은 자기중심적 이어서 한 가지 사물에만 집착한다.

② 2세~7세는 2가지 이상을 동시에 생각하고 행동할 능력이 매우 미약하다.

③ 7세~12세는 추상적인 교통규칙을 이해할 수 있는 수준에 도달한다.

④ 12세 이상은 보행자로서 교통에 참여할 수 있다.

> **해설** 2세 미만은 자신과 외부 세계를 구별하는 능력이 매우 미약하다.

**정답** ①

**42** 다음 어린이 교통행동의 특성으로 옳지 않은 것은?

① 사고방식이 복잡하다.

② 판단력이 부족하고 모방행동이 많다.

③ 눈에 보이지 않는 것은 없다고 생각한다.

④ 제한된 주의 및 지각능력을 가지고 있다.

> **해설** 어린이는 사고방식이 단순하다.

**정답** ①

**43** 어린이들이 당하기 쉬운 교통사고 유형으로 바르지 않은 것은?

① 도로에 갑자기 뛰어들기

② 운동장에서 뛰어놀기

③ 차내 안전사고

④ 도로 횡단 중의 부주의

> **해설** 어린이들이 당하기 쉬운 교통사고 유형 : 도로에 갑자기 뛰어들기, 도로 횡단 중의 부주의, 도로상에서 위험한 놀이, 자전거 사고, 차내 안전사고

**정답** ②

**44** 다음 운행기록장치가 기록하는 것이 아닌 것은?

① 자동차의 속도　　② 자동차의 주행거리

③ 교통사고 상황　　④ 도로상황

> **해설** 운행기록장치 : 자동차의 속도, 위치, 방위각, 가속도, 주행거리 및 교통사고 상황 등을 기록하는 자동차의 부속장치 중 하나인 전자식 장치를 말한다.

**정답** ④

**45** 다음 전자식 운행기록장치의 구성요소로 옳지 않은 것은?

① 타이머　　　　　② 발송장치

③ 연상장치　　　　④ 증폭장치

> **해설** 전자식 운행기록장치의 구조 : 센서, 증폭장치, 타이머, 연상장치, 표시장치, 기억장치, 전송장치, 분석 및 출력을 하는 외부기기

**정답** ②

**46** 다음 운행기록분석시스템의 분석항목으로 바르지 않은 것은?

① 자동차의 운행경로에 대한 궤적의 표기

② 운전자의 행동특성 및 운행습관

③ 자동차의 운행 및 사고발생 상황의 확인

④ 운전자별·시간대별 운행속도 및 주행거리의 비교

> **해설** 운행기록분석시스템 분석항목
> 1. 자동차의 운행경로에 대한 궤적의 표기
> 2. 운전자별·시간대별 운행속도 및 주행거리의 비교
> 3. 진로변경 횟수와 사고위험도 측정, 과속·급가속·급감속·급출발·급정지 등 위험운전 행동 분석
> 4. 그 밖에 자동차의 운행 및 사고발생 상황의 확인

**정답** ②

**47** 다음 과속에 관한 내용으로 옳은 것은?

① 도로제한속도보다 10km/h 초과 운행한 경우

② 도로제한속도보다 20km/h 초과 운행한 경우

③ 도로제한속도보다 30km/h 초과 운행한 경우

④ 도로제한속도보다 50km/h 초과 운행한 경우

> **해설** 과속 : 도로제한속도보다 20km/h 초과 운행한 경우

**정답** ②

# 제3장 자동차 요인과 안전운행 [핵심요약]

QUALIFICATION TEST FOR CARGO WORKERS

## 1 주요 안전장치

▓ **제동장치** : 주행하는 자동차를 감속 또는 정지시킴과 동시에 주차 상태를 유지하기 위하여 필요한 장치로 주차 브레이크, 풋 브레이크, 엔진 브레이크, ABS(Anti-lock Brake System)

▓ **주행장치** : 엔진에서 발생한 동력이 최종적으로 바퀴에 전달되어 자동차가 노면 위를 달리게 되는데, 주행장치에는 휠과 타이어가 속한다.

   ① **휠(wheel)** : 차량의 중량을 지지하고 구동력과 제동력을 지면에 전달하는 역할을 한다.

   ② **타이어** : 휠의 림에 끼워져서 일체로 회전하며 자동차가 달리거나 멈추는 것을 원활히 한다.

▓ **조향장치** : 운전석에 있는 핸들에 의해 앞바퀴의 방향을 틀어서 자동차의 진행방향을 바꾸는 장치로 앞바퀴 정렬에는 토우인, 캠버, 캐스터 등이 포함된다.

   ① **토우인(Toe-in)** : 앞바퀴를 위에서 보았을 때 앞쪽이 뒤쪽보다 좁은 상태를 말한다. 토우인은 ㉠ 주행 중 타이어가 바깥쪽으로 벌어지는 것을 방지한다. ㉡ 캠버에 의해 토아웃 되는 것을 방지한다. ㉢ 주행저항 및 구동력의 반력으로 토아웃이 되는 것을 방지하여 타이어의 마모를 방지한다.

   ② **캠버(Camber)** : 캠버는 ㉠ 앞바퀴가 하중을 받을 때 아래로 벌어지는 것을 방지한다. ㉡ 핸들조작을 가볍게 한다. ㉢ 수직방향 하중에 의해 앞차축의 휨을 방지한다.

   ③ **캐스터(Caster)** : 캐스터는 ㉠ 주행 시 앞바퀴에 방향성을 부여한다. ㉡ 조향을 하였을 때 직진 방향으로 되돌아오려는 복원력을 준다.

▓ **현가장치** : 현가장치는 차량의 무게를 지탱하여 차체가 직접 차축에 얹히지 않도록 해주며 도로충격을 흡수하여 운전자와 화물에 더욱 유연한 승차를 제공한다.

▓ **충격흡수장치(Shock absorber)** : 쇽 업소버는 노면에서 발생한 스프링의 진동을 흡수하고, 승차감을 향상시키며, 스프링의 피로를 감소시키고, 타이어와 노면의 접착성을 향상시켜 커브길이나 빗길에 차가 튀거나 미끄러지는 현상을 방지한다.

## 2 물리적 현상

▓ **원심력** : 원심력이 더욱 커지면 마침내 차는 도로 밖으로 기울면서 튀어나간다.

   ① 커브에 진입하기 전에 속도를 줄여 노면에 대한 타이어의 접지력이 원심력을 안전하게 극복할 수 있도록 하여야 한다.

   ② 커브가 예각을 이룰수록 원심력은 커지므로 감속하여야 한다.

③ 타이어의 접지력은 노면의 모양과 상태에 의존한다.

■ **스탠딩 웨이브(Standing wave) 현상** : 타이어의 회전속도가 빨라지면 접지부에서 받은 타이어의 변형(주름)이 다음 접지 시점까지도 복원되지 않고 접지의 뒤쪽에 진동의 물결이 일어나는 현상을 스탠딩 웨이브라고 한다.

■ **수막현상(Hydroplaning)** : 자동차가 물이 고인 노면을 고속으로 주행할 때 타이어는 그루브(타이어 홈) 사이에 있는 물을 배수하는 기능이 감소되어 물의 저항에 의해 노면으로부터 떠올라 물위를 미끄러지듯이 되는 현상을 수막현상이라 한다.

■ **페이드(Fade) 현상** : 비탈길을 내려가거나 할 경우 브레이크를 반복하여 사용하면 마찰열이 라이닝에 축적되어 브레이크의 제동력이 저하되는 현상을 페이드 현상이라고 한다.

■ **베이퍼 록(Vapour lock) 현상** : 액체를 사용하는 계통에서 열에 의하여 액체가 증기(베이퍼)로 되어 어떤 부분에 갇혀 계통의 기능이 상실되는 것을 말한다.

　※ 워터 페이드(Water fade) 현상 : 브레이크 마찰재가 물에 젖어 마찰계수가 작아져 브레이크의 제동력이 저하되는 현상이다.

■ **모닝 록(Morning lock) 현상** : 비가 자주오거나 습도가 높은 날, 또는 오랜 시간 주차한 후에는 브레이크 드럼에 미세한 녹이 발생하는 모닝 록(Morning Lock) 현상이 나타나기 쉽다.

■ **현가장치 관련 현상**

① **자동차의 진동** : 바운싱(Bouncing ; 상하 진동), 피칭(Pitching ; 앞뒤 진동), 롤링(Rolling ; 좌우 진동), 요잉(Yawing ; 차체 후부 진동)

② **노즈 다운, 노즈 업(Nose down, Nose up)** : 노즈 다운은 자동차를 제동할 때 바퀴는 정지하려고 하고 차체는 관성에 의해 이동하려는 성질 때문에 앞 범퍼 부분이 내려가는 현상을 말한다.

■ **선회 특성과 방향 안정성**

① 언더 스티어링의 자동차가 방향 안정성이 크다.

② 오버 스티어링(앞바퀴의 사이드슬립 각도가 뒷바퀴의 사이드슬립 각도보다 작을 때)일 때는 자동차는 O점을 중심으로 하여 OY쪽으로 진행 방향을 바꾸게 된다.

③ 언더 스티어링(앞바퀴의 사이드슬립 각도가 뒷바퀴의 사이드슬립 각도보다 클 때)일 경우 선회에 의해 발생되는 옆 방향의 힘 P를 상쇄시키는 방향으로 작용하기 때문에 방향 안정성이 향상된다.

■ **내륜차와 외륜차** : 자동차 바퀴의 궤적을 보면 직진할 때는 앞바퀴가 지나간 자국을 그대로 따라가지만, 핸들을 조작했을 때는 바퀴가 모두 제각기 서로 다른 원을 그리면서 통과하게 된다.

■ **타이어 마모에 영향을 주는 요소** : 공기압, 하중, 속도, 커브, 브레이크, 노면

■ **유체자극의 현상**

① 속도가 빠를수록 눈에 들어오는 흐름의 자극은 더해지며, 주변의 경관은 거의 흐르는 선과 같이 되어 눈을 자극하는데, 이것을 「유체자극」이라 한다.

② 자극을 받으면서 오랜 시간 운전을 하면, 운전자의 눈은 몹시 피로하게 된다.

③ 앞차와 같은 속도나 또는 일정한 거리를 두고 주행하게 되면, 눈의 시점이 한 곳에만 고정되어 주위의 정보(경관)가 거의 시계에 들어오지 않으며, 점차 시계의 입체감을 잃게 되고, 속도감·거리감 등이 마비되어 점점 의식이 저하되며, 반응도 둔해지게 된다.

## 3 정지거리와 정지시간

▦ **자동차의 정지거리** : 공주거리와 제동거리를 합한 거리이다. 이때까지 소요된 시간이 정지소요시간(공주시간+제동시간)이다.

▦ **공주거리와 공주시간** : 운전자가 자동차를 정지시켜야 할 상황임을 지각하고 브레이크 페달로 발을 옮겨 브레이크가 작동을 시작하는 순간까지의 시간을 공주시간이라고 한다. 이때까지 자동차가 진행한 거리를 공주거리라고 한다.

▦ **제동거리와 제동시간** : 운전자가 브레이크에 발을 올려 브레이크가 막 작동을 시작하는 순간부터 자동차가 완전히 정지할 때까지의 시간을 제동시간이라 한다. 이때까지 자동차가 진행한 거리를 제동거리라고 한다.

▦ **정지거리와 정지시간** : 운전자가 위험을 인지하고 자동차를 정지시키려고 시작하는 순간부터 자동차가 완전히 정지할 때까지의 시간을 정지시간이라고 한다. 이때까지 자동차가 진행한 거리를 정지거리라고 하는데 정지거리는 공주거리와 제동거리를 합한 거리를 말하며, 정지시간은 공주시간과 제동시간을 합한 시간을 말한다.

## 4 자동차의 일상점검

▦ **원동기**
① 시동이 쉽고 잡음이 없는가?
② 배기가스의 색이 깨끗하고 유독가스 및 매연이 없는가?
③ 엔진오일의 양이 충분하고 오염되지 않으며 누출이 없는가?
④ 연료 및 냉각수가 충분하고 새는 곳이 없는가?
⑤ 연료분사펌프조속기의 봉인상태가 양호한가?
⑥ 배기관 및 소음기의 상태가 양호한가?

▦ **동력전달장치**
① 클러치 페달의 유동이 없고 클러치의 유격은 적당한가?
② 변속기의 조작이 쉽고 변속기 오일의 누출은 없는가?
③ 추진축 연결부의 헐거움이나 이음은 없는가?

▦ **조향장치**
① 스티어링 휠의 유동·느슨함·흔들림은 없는가?
② 조향축의 흔들림이나 손상은 없는가?

▦ **제동장치**
① 브레이크 페달을 밟았을 때 상판과의 간격은 적당한가?
② 브레이크액의 누출은 없는가?
③ 주차 제동레버의 유격 및 당겨짐은 적당한가?
④ 브레이크액의 누출은 없는가?
⑤ 브레이크 파이프 및 호스의 손상 및 연결상태는 양호한가?
⑥ 에어브레이크의 공기 누출은 없는가?
⑦ 에어탱크의 공기압은 적당한가?

**▦ 완충장치**

① 새시스프링 및 쇽 업소버 이음부의 느슨함이나 손상은 없는가?

② 새시스프링이 절손된 곳은 없는가?

③ 쇽 업소버의 오일 누출은 없는가?

**▦ 주행장치**

① 휠너트(허브너트)의 느슨함은 없는가?

② 타이어의 이상마모와 손상은 없는가?

③ 타이어의 공기압은 적당한가?

**▦ 차량점검 및 주의사항**

① 운행 전 점검을 실시한다.

② 적색 경고등이 들어온 상태에서는 절대로 운행하지 않는다.

③ 운행 전에 조향핸들의 높이와 각도가 맞게 조정되어 있는지 점검한다.

④ 운행 중에는 조향핸들의 높이와 각도를 조정하지 않는다.

⑤ 주차 시에는 항상 주차브레이크를 사용한다.

⑥ 파워핸들(동력조향)이 작동되지 않더라도 트럭을 조향할 수 있으나 조향이 매우 무거움에 유의하여 운행한다.

⑦ 주차브레이크를 작동시키지 않은 상태에서 절대로 운전석에서 떠나지 않는다.

⑧ 트랙터 차량의 경우 트레일러 주차 브레이크는 일시적으로만 사용하고 트레일러 브레이크만을 사용하여 주차하지 않는다.

⑨ 라디에이터 캡은 주의해서 연다.

⑩ 캡을 기울일 경우에는 최대 끝 지점까지 도달하도록 기울이고 스트러트(캡 지지대)를 사용한다.

⑪ 캡을 기울인 후 또는 원위치 시킨 후에 엔진을 시동할 경우에는 반드시 기어레버가 중립위치에 있는지 다시 한 번 확인한다.

⑫ 캡을 기울일 때 손을 머드가드(흙받이 밀폐고무) 부위에 올려놓지 않는다.(손이 끼어서 다칠 우려가 있다)

⑬ 컨테이너 차량의 경우 고정장치가 작동되는지를 확인한다.

---

**5  자동차 응급조치 방법**

**▦ 오감으로 판별하는 자동차 이상 징후**

| 감각 | 점검방법 | 적용사례 |
|---|---|---|
| 시각 | 부품이나 장치의 외부 굽음 · 변형 · 녹슴 등 | 물 · 오일 · 연료의 누설, 자동차의 기울어짐 |
| 청각 | 이상한 음 | 마찰음, 걸리는 쇳소리, 노킹소리, 긁히는 소리 등 |
| 촉각 | 느슨함, 흔들림, 발열 상태 등 | 볼트 너트의 이완, 유격, 브레이크 작동할 때 차량이 한쪽으로 쏠림, 전기 배선 불량 등 |
| 후각 | 이상 발열 · 냄새 | 배터리액의 누출, 연료 누설, 전선 등이 타는 냄새 등 |

① 전조 현상을 잘 파악하면, 고장을 사전에 예방할 수 있다.

② 고장이 자주 일어나는 부분

    ㉠ 진동과 소리에 따른 고장 부분 : 엔진의 점화 장치 부분, 엔진의 이음, 팬벨트(fan belt), 클러치 부분, 브레이크 부분, 조향장치 부분, 바퀴 부분, 현가장치 부분

    ㉡ 냄새와 열에 따른 이상 부분 : 전기장치 부분, 브레이크 부분, 바퀴 부분

    ㉢ 배출가스로 구분할 수 있는 고장 : 무색, 검은색, 백색(흰색)

■ **고장 유형별 조치방법**

① **엔진계통**

  ㉠ 엔진오일 과다 소모

    ⓐ 현상 : 하루 평균 약 2~4리터 엔진오일이 소모됨

    ⓑ 점검사항 : 배기 배출가스 육안 확인, 에어 클리너 오염도 확인, 블로바이가스(blow-by gas) 과다 배출 확인, 에어 클리너 청소 및 교환주기 미준수, 엔진과 콤프레셔 피스톤 링 과다 마모

    ⓒ 조치방법 : 엔진 피스톤 링 교환, 실린더라이너 교환, 실린더 교환이나 보링작업, 오일팬이나 개스킷 교환, 에어 클리너 청소 및 장착 방법 준수 철저

  ㉡ 엔진 온도 과열

    ⓐ 현상 : 주행 시 엔진 과열

    ⓑ 점검사항 : 냉각수 및 엔진오일의 양 확인과 누출여부 확인, 냉각팬 및 워터펌프의 작동 확인, 팬 및 워터펌프의 벨트 확인, 수온조절기의 열림 확인, 라디에이터 손상 상태 및 써머스태트 작동상태 확인

    ⓒ 조치방법 : 냉각수 보충, 팬벨트의 장력조정, 냉각팬 휴즈 및 배선상태 확인, 팬벨트 교환, 수온조절기 교환, 냉각수 온도 감지센서 교환, 외관상 결함 상태가 없을 경우에는 라디에이터 캡을 열고 냉각수의 흐름을 관찰한 후 냉각수 내 기포 현상이 있는가를 확인하고 기포 현상은 연소실 내 압축가스가 새고 있다는 현상이며 이 경우 실린더헤드 볼트 조임 불량 및 손상으로 고장입고 조치

  ㉢ 엔진 과회전 현상

    ⓐ 현상 : 내리막길 주행 변속 시 엔진 소리와 함께 재시동이 불가함

    ⓑ 점검사항 : 내리막길에서 순간적으로 고단에서 저단으로 기어 변속 시(감속 시) 엔진 내부가 손상되므로 엔진 내부 확인, 로커암 캡을 열고 푸쉬로드 휨 상태, 밸브 스템 등 손상 확인

    ⓒ 예방 및 조치방법 : 과도한 엔진 브레이크 사용 지양(내리막길 주행 시), 최대 회전속도를 초과한 운전 금지, 고단에서 저단으로 급격한 기어변속 금지

    ⓓ 주의사항 : 내리막길 중립상태 운행 금지 및 최대 엔진회전수 조정볼트(봉인) 조정 금지

  ㉣ 엔진 매연 과다 발생

    ⓐ 현상 : 엔진 출력이 감소되며 매연(흑색)이 과다 발생됨

    ⓑ 점검사항 : 엔진오일 및 필터 상태 점검, 에어 클리너 오염 상태 및 덕트 내부 상태 확인, 블로바이 가스 발생 여부 확인, 연료의 질 분석 및 흡·배기 밸브 간극 점검(소리로 확인)

    ⓒ 조치방법 : 출력 감소 현상과 함께 매연이 발생되는 것은 흡입 공기량 부족으로 불완전 연소된 탄소가 나오는 것임, 에어 클리너 오염 확인 후 청소, 에어 클리너 덕트 내부 확인, 밸브간극 조정 실시

  ㉤ 엔진 시동 꺼짐

    ⓐ 현상 : 정차 중 엔진의 시동이 꺼짐, 재시동이 불가

    ⓑ 점검사항 : 연료량 확인, 연료파이프 누유 및 공기유입 확인, 연료탱크 내 이물질 혼입 여부 확인, 워터 세퍼레이터 공기 유입 확인

    ⓒ 조치방법 : 연료공급 계통의 공기빼기 작업, 워터 세퍼레이터 공기 유입 부분 확인하여 현장에서 조치 가능하

면 작업에 착수, 작업 불가시 응급조치하여 공장으로 입고

  ⓑ 혹한기 주행 중 시동 꺼짐

   ⓐ 현상 : 혹한기 주행 중 오르막 경사로에서 급가속 시 시동 꺼짐, 일정 시간 경과 후 재시동은 가능함

   ⓑ 점검사항 : 연료 파이프 및 호스 연결부분 에어 유입 확인, 연료 차단 솔레노이드 밸브 작동 상태 확인, 워터 세퍼레이터 내 결빙 확인

   ⓒ 조치방법 : 인젝션 펌프 에어빼기 작업, 워터 세퍼레이트 수분 제거, 연료탱크 내 수분 제거

  ⓐ 엔진 시동 불량

   ⓐ 현상 : 초기 시동이 불량하고 시동이 꺼짐

   ⓑ 점검사항 : 연료 파이프 에어 유입 및 누유 점검, 펌프 내부에 이물질이 유입되어 연료 공급이 안됨

   ⓒ 조치방법 : 플라이밍 펌프 작동 시 에어 유입 확인 및 에어빼기, 플라이밍 펌프 내부의 필터 청소

② 섀시 계통

 ㉠ 덤프 작동 불량

  ⓐ 현상 : 덤프 작동 시 상승 중에 적재함이 멈춤

  ⓑ 점검사항 : P.T.O(Power Take off : 동력인출장치) 작동상태 점검(반 클러치 정상작동), 호이스트 오일 누출 상태 점검, 클러치 스위치 점검, P.T.O 스위지 작농 불량 발선

  ⓒ 조치방법 : P.T.O 스위치 교환, 변속기의 P.T.O 스위치 내부 단선으로 클러치를 완전히 개방시키면 상기 현상 발생함, 현상에서 작업 조치하고 불가능시 공장으로 입고

 ㉡ ABS(Anti-lock Brake System) 경고등 점등

  ⓐ 현상 : 주행 중 간헐적으로 ABS 경고등 점등 되다가 요철 부위 통과 후 경고등 계속 점등됨

  ⓑ 점검사항 : 자기 진단 점검, 휠 스피드 센서 단선 단락, 휠 센서 단품 점검 이상 발견, 변속기 체인지 레버 작동 시 간섭으로 커넥터 빠짐

  ⓒ 조치방법 : 휠 스피드 센서 저항 측정, 센서 불량인지 확인 및 교환, 배선부분 불량인지 확인 및 교환

 ㉢ 주행 제동 시 차량 쏠림

  ⓐ 현상 : 주행 제동 시 차량 쏠림, 리어 앞쪽 라이닝 조기 마모 및 드럼 과열 제동 불능, 브레이크 조기 록크 및 밀림

  ⓑ 점검사항 : 좌·우 타이어의 공기압 점검, 좌·우 브레이크 라이닝 간극 및 드럼손상 점검, 브레이크 에어 및 오일 파이프 점검, 듀얼 서킷 브레이크(Duel circuit brake) 점검, 공기 빼기 작업, 에어 및 오일 파이프라인 이상 발견

  ⓒ 조치방법 : 타이어의 공기압 좌·우 동일하게 주입, 좌·우 브레이크 라이닝 간극 재조정, 브레이크 드럼 교환, 리어 앞 브레이크 커넥터의 장착 불량으로 유압 오작동

 ㉣ 제동 시 차체 진동

  ⓐ 현상 : 급제동 시 차체 진동이 심하고 브레이크 페달 떨림

  ⓑ 점검사항 : 전(前)차륜 정열상태 점검(휠 얼라이먼트), 제동력 점검, 브레이크 드럼 및 라이닝 점검, 브레이크 드럼의 진원도 불량

 ㉤ 조치방법 : 조향핸들 유격 점검, 허브베어링 교환 또는 허브너트 재조임, 앞 브레이크 드럼 연마 작업 또는 교환

③ 전기계통

 ㉠ 와이퍼가 작동하지 않음

ⓐ 현상 : 와이퍼 작동스위치를 작동시켜도 와이퍼가 작동하지 않음

ⓑ 점검사항 : 모터가 도는지 점검

ⓒ 조치방법 : 모터 작동 시 블레이드 암의 고정너트를 조이거나 링크기구 교환, 모터 미작동 시 퓨즈, 모터, 스위치, 커넥터 점검 및 손상부품 교환

ⓛ 와이퍼 작동 시 소음발생

ⓐ 현상 : 와이퍼 작동 시 주기적으로 소음발생

ⓑ 점검사항 : 와이퍼 암을 세워놓고 작동

ⓒ 조치방법 : 소음 발생 시 링크기구 탈거하여 점검, 소음 미발생 시 와이퍼블레이드 및 와이퍼 암 교환

ⓒ 와셔액 분출 불량

ⓐ 현상 : 와셔액이 분출되지 않거나 분사방향이 불량함

ⓑ 점검사항 : 와셔액 분사 스위치 작동

ⓒ 조치방법 : 분출이 안될 때는 와셔액의 양을 점검하고 가는 철사로 막힌 구멍뚫기, 분출방향 불량 시는 가는 철사를 구멍에 넣어 분사방향 조절

ⓡ 제동등 계속 작동

ⓐ 현상 : 미등 작동 시 브레이크 페달 미작동 시에도 제동등 계속 점등됨

ⓑ 점검사항 : 제동등 스위치 접점 고착 점검, 전원 연결배선 점검, 배선의 차체 접촉 여부 점검,

ⓒ 조치방법 : 제동등 스위치 교환, 전원 연결배선 교환, 배선의 절연상태 보완

ⓜ 틸트 캡 하강 후 경고등 점등

ⓐ 현상 : 틸트 캡 하강 후 계속적으로 캡 경고등 점등, 틸트 모터 작동 완료 상태임

ⓑ 점검사항 : 하강 리미트 스위치 작동상태 점검, 록킹 실린더 누유 점검, 틸트 경고등 스위치 정상 작동, 캡 밀착 상태 점검, 캡 리어 우측 쇽 업소버 볼트 장착부 용접불량 점검, 쇽 업소버 장착 부위 정렬 불량 확인

ⓒ 조치방법 : 캡 리어 우측 쇽 업소버 볼트 장착부 용접불량 개소 정비, 쇽 업소버 장착 부위 정렬 불량 정비, 쇽 업소버 교환

ⓗ 비상등 작동 불량

ⓐ 현상 : 비상등 작동 시 점멸은 되지만 좌측이 빠르게 점멸함

ⓑ 점검사항 : 좌측 비상등 전구 교환 후 동일현상 발생여부 점검, 커넥터 점검, 전원 연결 정상여부 확인, 턴 시그널 릴레이 점검

ⓒ 조치방법 : 턴 시그널 릴레이 교환

ⓢ 수온 게이지 작동 불량

ⓐ 현상 : 주행 중 브레이크 작동 시 온도 메터 게이지 하강

ⓑ 점검사항 : 온도 메터 게이지 교환 후 동일현상여부 점검, 수온센서 교환 동일현상여부 점검, 배선 및 커넥터 점검, 프레임과 엔진 배선 중간부위 과다하게 꺾임 확인, 배선 피복은 정상이나 내부 에나멜선의 단선 확인

ⓒ 조치방법 : 온도 메터 게이지 교환, 수온센서 교환, 배선 및 커넥터 교환, 단선된 부위 납땜 조치 후 테이핑

제 **3** 장

# 자동차 요인과 안전운행 [적중문제]

QUALIFICATION TEST FOR CARGO WORKERS

**01** 다음 제동장치에 속하지 않는 것은?

① 풋 브레이크
② ABS(Anti-lock Brake System)
③ 클러치
④ 엔진 브레이크

> **해설** 제동장치 : 주차 브레이크, 풋 브레이크, 엔진 브레이크, ABS(Anti-lock Brake System)

> **정답** ③

**02** ABS의 사용목적으로 바르지 않은 것은?

① 후륜 잠김 현상을 방지하여 방향 안정성 확보
② 전륜잠김 현상을 방지하여 조종성 확보를 통해 장애물 회피, 차로변경 및 선회 가능
③ 불쾌한 스키드(skid)음을 막고, 바퀴 잠김에 따른 편마모를 방지해 타이어의 수명 연장
④ 회전 저항으로 제동력 발생

> **해설** 회전 저항으로 제동력이 발생하는 것은 엔진 브레이크의 사용목적이다.

> **정답** ④

**03** 다음 타이어의 역할로 바르지 않은 것은?

① 휠의 림에 끼워져서 일체로 회전하며 자동차가 달리거나 멈추는 것을 원활히 한다.
② 자동차의 중량을 떠받쳐 준다.
③ 구동력과 제동력을 지면에 전달한다.
④ 지면으로부터 받는 충격을 흡수해 승차감을 좋게 한다.

> **해설** 구동력과 제동력을 지면에 전달하는 것은 휠(wheel)이다.

> **정답** ③

**04** 다음 토우인(Toe-in)의 역할로 바르지 않은 것은?

① 주행 중 타이어가 바깥쪽으로 벌어지는 것을 방지한다.
② 캠버에 의해 토아웃 되는 것을 방지한다.
③ 주행저항 및 구동력의 반력으로 토아웃이 되는 것을 방지한다.
④ 앞바퀴에 직진성을 부여하여 차의 롤링을 방지한다.

> **해설** 앞바퀴에 직진성을 부여히여 치의 롤링을 방지하는 것은 캐스터(Caster)이다.

> **정답** ④

**05** 다음 캠버(Camber)의 역할로 옳지 않은 것은?

① 핸들조작을 가볍게 한다.
② 앞바퀴가 하중을 받을 때 아래로 벌어지는 것을 방지한다.
③ 타이어의 마모를 방지한다.
④ 수직방향 하중에 의해 앞차축의 휨을 방지한다.

> **해설** 타이어의 마모를 방지하는 것은 토우인(Toe-in)이다.

> **정답** ③

**06** 다음 판 스프링(Leaf spring)에 관한 내용으로 바르지 않은 것은?

① 구조가 간단하나, 승차감이 나쁘다.
② 작은 진동을 흡수하기에는 적합하다.
③ 내구성이 크다.
④ 너무 부드러운 판스프링을 사용하면 차축의 지지력이 부족하여 차체가 불안정하게 된다.

> **해설** 판간 마찰력을 이용하여 진동을 억제하나, 작은 진동을 흡수하기에는 적합하지 않다.

> **정답** ②

**07** 다음 충격흡수장치(Shock absorber)의 특징으로 옳지 않은 것은?

① 노면에서 발생한 스프링의 진동을 흡수한다.
② 승차감을 향상시킨다.
③ 스프링의 피로를 증가시킨다.
④ 커브길이나 빗길에 차가 튀거나 미끄러지는 현상을 방지한다.

> **해설** 충격흡수장치(Shock absorber)는 스프링의 피로를 감소시킨다.
>
> **정답** ③

**08** 다음 차량의 원심력에 관한 설명으로 옳지 않은 것은?

① 원의 중심으로부터 벗어나려는 이 힘이 원심력이다.
② 원심력은 속도의 제곱에 반비례하여 변한다.
③ 커브가 예각을 이룰수록 원심력은 커진다.
④ 커브에 진입하기 전에 속도를 줄여야 한다.

> **해설** 원심력은 속도의 제곱에 비례하여 변한다.
>
> **정답** ②

**09** 원심력에 의한 곡선로 주행 중 사고예방을 위한 방안으로 바르지 않은 것은?

① 비포장도로는 노면경사와 상관없이 정상속도로 진행해도 된다.
② 커브길에 진입하기 전에 속도를 줄인다.
③ 노면이 젖어있거나 얼어 있으면 속도를 더 줄인다.
④ 커브가 예각을 이룰수록 원심력이 커지므로 속도를 더 줄인다.

> **해설** 비포장도로인 경우 커브길에 진입하기 전에 속도를 줄여야 한다.
>
> **정답** ①

**10** 다음 스탠딩 웨이브 현상을 예방하기 위한 방안으로 가장 올바른 것은?

① 속도를 낮춘다.
② 전방을 주의깊게 주시한다.
③ 타이어 공기압을 낮춘다.
④ 타이어 공기압을 높인다.

> **해설** 스탠딩 웨이브 현상을 예방하기 위한 방안에는 속도를 맞추거나 공기압을 높인다.
>
> **정답** ④

**11** 자동차의 수막현상(Hydroplaning)을 예방하기 위한 조치로 바르지 않은 것은?

① 고속으로 주행하지 않는다.
② 공기압을 조금 낮게 한다.
③ 배수효과가 좋은 타이어를 사용한다.
④ 마모된 타이어를 사용하지 않는다.

> **해설** 수막현상을 예방하기 위해서는 고속으로 주행하지 않고 마모된 타이어를 사용하지 않으며, 공기압을 조금 높게 하고, 배수효과가 좋은 타이어를 사용하는 등의 주의가 필요하다.
>
> **정답** ②

**12** 서행하면서 브레이크를 몇 번 밟아주게 되면 녹이 자연히 제거되면서 해소되는 현상은?

① 스탠딩 웨이브(Standing wave) 현상
② 모닝 록(Morning lock) 현상
③ 베이퍼 록(Vapour lock) 현상
④ 페이드(Fade) 현상

> **해설** 모닝 록 현상은 서행하면서 브레이크를 몇 번 밟아주게 되면 녹이 자연히 제거되면서 해소된다.
>
> **정답** ②

**13** 차체가 Y축을 중심으로 하여 회전운동을 하는 고유 진동은?

① 롤링(Rolling ; 좌우 진동)
② 피칭(Pitching ; 앞뒤 진동)
③ 바운싱(Bouncing ; 상하 진동)
④ 요잉(Yawing ; 차체 후부 진동)

> **해설** 피칭(Pitching ; 앞뒤 진동) : 이 진동은 차체가 Y축을 중심으로 하여 회전운동을 하는 고유 진동이다.
>
> **정답** ②

**14** 타이어 마모에 영향을 주는 요소가 아닌 것은?

① 인장              ② 브레이크

③ 공기압            ④ 하중

> **해설** 타이어 마모에 영향을 주는 요소 : 공기압, 하중, 속도, 컵, 브레이크, 노면

> **정답** ①

**15** 다음 유체자극의 현상에 관한 내용으로 바르지 않은 것은?

① 주변의 경관은 거의 흐르는 선과 같이 되어 눈을 자극하는 것이 유체자극이다.

② 자극을 받으면서 오랜 시간 운전을 하면, 운전자의 눈은 몹시 피로하게 된다.

③ 속도가 빠를수록 눈에 들어오는 흐름의 자극은 더해진다.

④ 앞차와 같은 속도나 또는 일정한 거리를 두고 주행하게 되면 반응도 빨라지게 된다.

> **해설** 앞차와 같은 속도나 또는 일정한 거리를 두고 주행하게 되면 반응도 둔해지게 된다.

> **정답** ④

**16** 다음 공주거리와 제동거리를 합한 거리는?

① 가시거리          ② 정지거리

③ 제동거리          ④ 이동거리

> **해설** 자동차의 정지거리 : 공주거리와 제동거리를 합한 거리이다.

> **정답** ②

**17** 운전자가 자동차를 정지시켜야 할 상황임을 지각하고 브레이크 페달로 발을 옮겨 브레이크가 작동을 시작하는 순간까지의 진행한 거리를 무엇이라 하는가?

① 이동거리          ② 공주거리

③ 작동거리          ④ 제동거리

> **해설** 공주거리 : 운전자가 자동차를 정지시켜야 할 상황임을 지각하고 브레이크 페달로 발을 옮겨 브레이크가 작동을 시작하는 순간까지의 거리를 말한다.

> **정답** ②

**18** 정지거리와 정지시간에 관한 내용으로 바르지 않은 것은?

① 운전자가 위험을 인지하고 자동차를 정지시키려고 시작하는 순간부터 자동차가 완전히 정지할 때까지의 시간이 제동시간이다.

② 정지시간은 공주시간과 제동시간을 합한 시간이다.

③ 정지시간에 자동차가 진행한 거리가 정지거리이다.

④ 정지거리는 공주거리와 제동거리를 합한 거리이다.

> **해설** 정지시간 : 운전자가 위험을 인지하고 자동차를 정이다. 지시키려고 시작하는 순간부터 자동차가 완전히 정지할 때까지의 시간

> **정답** ①

**19** 원동기의 일상점검 내용으로 바르지 않은 것은?

① 배기관 및 소음기의 상태가 양호한가?

② 배기가스의 색이 깨끗하고 유독가스 및 매연이 없는가?

③ 연료 및 냉각수가 충분하고 새는 곳이 없는가?

④ 스티어링 휠의 유동·느슨함·흔들림은 없는가?

> **해설** 스티어링 휠의 유동·느슨함·흔들림은 없는가는 조향장치의 점검사항이다.

> **정답** ④

**20** 스티어링 휠의 유동·느슨함·흔들림은 없는가를 점검하는 것은 무엇에 대한 일상점검인가?

① 원동기            ② 동력전달장치

③ 조향장치          ④ 제동장치

> **해설** 조향장치
> 1. 스티어링 휠의 유동·느슨함·흔들림은 없는가?
> 2. 조향축의 흔들림이나 손상은 없는가?

> **정답** ③

**21** 다음 완충장치의 일상점검 내용으로 바르지 않은 것은?

① 새시스프링 및 쇽 업소버 이음부의 느슨함이나 손상은 없는가?

② 유리세척액의 양은 충분한가?

③ 새시스프링이 절손된 곳은 없는가?

④ 쇽 업소버의 오일 누출은 없는가?

**해설** 유리세척액의 양은 충분한가는 기타 점검사항이다.

**정답** ②

**22** 다음 차량점검 및 주의사항으로 옳지 않은 것은?

① 운행 전 점검을 실시한다.
② 주차브레이크를 작동시키지 않은 상태에서 절대로 운전석에서 떠나지 않는다.
③ 주차 시에는 항상 주차브레이크를 사용한다.
④ 주차 시에는 항상 엔진브레이크를 사용한다.

**해설** 주차 시에는 항상 주차브레이크를 사용한다.

**정답** ④

**23** 물·오일·연료의 누설, 자동차의 기울어짐을 확인하기 위하여 활용되는 감각은?

① 시각        ② 촉각
③ 청각        ④ 후각

**해설** 시각 : 부품이나 장치의 외부 굽음·변형·녹슴 등

**정답** ①

**24** 자동차 팬벨트의 장력을 확인하기 위하여 손으로 누를 때 활용되는 감각은?

① 시각        ② 촉각
③ 청각        ④ 후각

**해설** 촉각 : 느슨함, 흔들림, 발열 상태 등

**정답** ②

**25** 엔진의 회전수에 비례하여 쇠가 마주치는 소리가 날 때의 고장부분은?

① 브레이크 부분        ② 엔진의 이음
③ 팬벨트(fan belt)        ④ 조향장치 부분

**해설** 엔진의 이음 : 엔진의 회전수에 비례하여 쇠가 마주치는 소리가 날 때가 있다.

**정답** ②

**26** 현가장치의 일상점검사항으로 바르지 않은 것은?

① 쇽 업소버의 오일 누출여부
② 섀시 스프링이 절손된 곳은 없는지 여부
③ 스티어링 휠의 유동·느슨함·흔들림 여부
④ 섀시 스프링 및 쇽 업소버 이음부의 느슨함이나 손상여부

**해설** 조향장치의 일상점검사항 : 스티어링 휠의 유동·느슨함·흔들림 여부

**정답** ③

**27** 고무 같은 것이 타는 냄새가 날 때의 고장부분은?

① 브레이크 부분        ② 전기장치 부분
③ 클러치 부분        ④ 현가장치 부분

**해설** 전기장치 부분 : 고무 같은 것이 타는 냄새가 날 때는 바로 차를 세워야 한다.

**정답** ②

**28** 완전연소 때 배출되는 가스의 색은?

① 무색        ② 흰색
③ 검은색        ④ 노란색

**해설** 무색 : 완전연소 때 배출되는 가스의 색은 정상상태에서 무색 또는 약간 엷은 청색을 띤다.

**정답** ①

**29** 엔진오일이 과다 소모되는 경우 점검방법으로 옳지 않은 것은?

① 에어 클리너 청소 및 교환주기 미준수
② 엔진과 콤프레셔 피스톤 링 과다 마모
③ 블로바이가스(blow-by gas) 과다 배출 확인
④ 냉각팬 및 워터펌프의 작동 확인

**해설** 냉각팬 및 워터펌프의 작동 확인은 엔진의 온도가 과열되었을 때 점검방법이다.

**정답** ④

**30** 엔진온도 과열 현상에 대한 조치방법으로 옳지 않은 것은?

① 냉각수 온도 감지센서 교환
② 팬벨트의 장력조정
③ 실린더라이너 교환
④ 수온조절기 교환

> **해설** 실린더라이너 교환은 엔진오일이 과다하게 소모될 때 조치방법이다.

**정답** ③

**31** 엔진 과회전(over revolution) 현상에 대한 예방 및 조치방법으로 옳지 않은 것은?

① 과도한 엔진 브레이크 사용 지양
② 엔진오일 적당량 주입
③ 최대 회전속도를 초과한 운전금지
④ 고단에서 저단으로 급격한 기어변속 금지

> **해설** 예방 및 조치방법
> 1. 과도한 엔진 브레이크 사용 지양(내리막길 주행 시)
> 2. 최대 회전속도를 초과한 운전 금지
> 3. 고단에서 저단으로 급격한 기어변속 금지(특히, 내리막길)

**정답** ②

**32** 엔진의 시동이 꺼졌을 때의 조치방법으로 옳지 않은 것은?

① 연료공급 계통의 공기빼기 작업
② 작업 불가시 응급조치하여 공장으로 입고
③ 워터 세퍼레이터 공기 유입 부분 확인하여 현장에서 조치 가능하면 작업에 착수
④ 밸브간극 조정 실시

> **해설** 조치방법
> 1. 연료공급 계통의 공기빼기 작업
> 2. 워터 세퍼레이터 공기 유입 부분 확인하여 현장에서 조치 가능하면 작업에 착수(단품교환)
> 3. 작업 불가시 응급조치하여 공장으로 입고

**정답** ④

**33** 섀시계통 고장 중 제동 시 차량 쏠림현상이 발생하는 경우 점검방법으로 바르지 않은 것은?

① 공기 빼기 작업
② 듀얼 서킷 브레이크 점검
③ 클러치 스위치 점검
④ 브레이크 에어 및 오일 파이프 점검

> **해설** 섀시계통 고장 중 제동 시 차량 쏠림현상이 발생하는 경우 점검방법
> 1. 좌·우 타이어의 공기압 점검
> 2. 좌·우 브레이크 라이닝 간극 및 드럼손상 점검
> 3. 브레이크 에어 및 오일 파이프 점검
> 4. 듀얼 서킷 브레이크 점검
> 5. 공기 빼기 작업
> 6. 에어 및 오일 파이프라인 이상 발견

**정답** ③

**34** 와이퍼가 작동하지 않은 경우 조치방법으로 바르지 않은 것은?

① 모터 작동 시 블레이드 암의 고정너트를 조이거나 링크기구 교환
② 모터·스위치·커넥터 점검
③ 손상부품 교환
④ 조향핸들 유격 점검

> **해설** 조치방법 : 모터 작동 시 블레이드 암의 고정너트를 조이거나 링크기구 교환, 모터 미작동 시 퓨즈·모터·스위치·커넥터 점검 및 손상부품 교환

**정답** ④

**35** 제동등이 계속 작동하는 경우 조치방법으로 바르지 않은 것은?

① 제동등 스위치 교환
② 전원 연결배선 교환
③ 턴 시그널 릴레이 교환
④ 배선의 절연상태 보완

> **해설** 조치방법 : 제동등 스위치 교환, 전원 연결배선 교환, 배선의 절연상태 보완

**정답** ③

# 제4장 도로요인과 안전운행 [핵심요약]

QUALIFICATION TEST FOR CARGO WORKERS

---

■ **도로구조와 안전시설**: 도로구조는 도로의 선형, 노면, 차로수, 노폭, 구배 등에 관한 것이며 안전시설은 신호기, 노면표시, 방호울타리 등 도로의 안전시설에 관한 것을 포함하는 개념이다.

■ **일반적으로 도로가 되기 위한 4가지 조건**

① **형태성** : 차로의 설치, 비포장의 경우에는 노면의 균일성 유지 등으로 자동차 기타 운송수단의 통행에 용이한 형태를 갖출 것

② **이용성** : 사람의 왕래, 화물의 수송, 자동차 운행 등 공중의 교통영역으로 이용되고 있는 곳

③ **공개성** : 공중교통에 이용되고 있는 불특정 다수인 및 예상할 수 없을 정도로 바뀌는 숫자의 사람을 위해 이용이 허용되고 실제 이용되고 있는 곳

④ **교통경찰권** : 공공의 안전과 질서유지를 위하여 교통경찰권이 발동될 수 있는 장소

---

## 1 도로의 선형과 교통사고

■ **평면선형과 교통사고**

① 일본의 조사결과에 따르면, 일반도로에서는 곡선반경이 100m 이내일 때 사고율이 높다. 특히 2차로 도로에서는 그 경향이 강하게 나타난다.

② 독일의 조사결과에 따르면, 긴 직선구간 끝에 있는 곡선부는 짧은 직선구간 다음의 곡선부에 비하여 사고율이 높았다.

③ 곡선부가 오르막 내리막의 종단경사와 중복되는 곳은 훨씬 더 사고 위험성이 높다.

④ 곡선부의 사고율에는 시거, 편경사에 의해서도 크게 좌우된다.

⑤ **곡선부 방호울타리의 기능** : 자동차의 차도이탈을 방지하는 것, 탑승자의 상해 및 자동차의 파손을 감소시키는 것, 자동차를 정상적인 진행방향으로 복귀시키는 것, 운전자의 시선을 유도하는 것

■ **종단선형과 교통사고**

① 일본의 경우 일반적으로 종단경사(오르막 내리막 경사)가 커짐에 따라 사고율이 높다.

② 종단선형이 자주 바뀌면 종단곡선의 정점에서 시거가 단축되어 사고가 일어나기 쉽다.

## 2 횡단면과 교통사고

▤ **차로수와 교통사고** : 차로수가 많으면 사고가 많으나 이는 그 도로의 교통량이 많고, 교차로가 많으며, 또 도로변의 개발밀도가 높기 때문일 수도 있기 때문이다.

▤ **차로폭과 교통사고** : 횡단면의 차로 폭이 넓을수록 교통사고예방의 효과가 있다.

▤ **길어깨(갓길)와 교통사고** : 길어깨가 넓으면 차량의 이동공간이 넓고, 시계가 넓으며, 고장차량을 주행차로 밖으로 이동시킬 수 있기 때문에 안전성이 크다. 길어깨는 다음과 같은 역할을 한다.

① 고장차가 본선차도로부터 대피할 수 있고, 사고 시 교통의 혼잡을 방지하는 역할을 한다.

② 측방 여유폭을 가지므로 교통의 안전성과 쾌적성에 기여한다.

③ 유지관리 작업장이나 지하매설물에 대한 장소로 제공된다.

④ 절토부 등에서는 곡선부의 시거가 증대되기 때문에 교통의 안전성이 높다.

⑤ 유지가 잘되어 있는 길어깨는 도로 미관을 높인다.

⑥ 보도 등이 없는 도로에서는 보행자 등의 통행장소로 제공된다.

▤ **중앙분리대와 교통사고**

① 중앙분리대의 종류에는 방호울타리형, 연석형, 광폭 중앙분리대가 있다.

② 중앙분리대를 횡단하여 정면충돌한 사고의 비율과 분리대 폭과의 관계도 밀접하다.

③ 중앙분리대로 설치된 방호울타리는 사고를 방지한다기보다는 사고의 유형을 변환시켜주기 때문에 효과적이다.

④ 일반적인 중앙분리대의 주된 기능 : 상하 차도의 교통 분리, 교통처리 유연, 광폭 분리대의 경우 사고 및 고장 차량이 정지할 수 있는 여유공간 제공, 보행자에 대한 안전섬이 됨으로써 횡단 시 안전, 필요에 따라 유턴(U-Turn) 방지, 대향차의 현광 방지, 도로표지, 기타 교통관제시설 등을 설치할 수 있는 장소 제공 등

▤ **교량과 교통사고** : 교량의 폭, 교량 접근부 등이 교통사고와 밀접한 관계에 있다.

① 교량 접근로의 폭에 비하여 교량의 폭이 좁을수록 사고가 더 많이 발생한다.

② 교량의 접근로 폭과 교량의 폭이 같을 때 사고율이 가장 낮다.

③ 교량의 접근로 폭과 교량의 폭이 서로 다른 경우에도 교통통제시설, 즉 안전표지, 시선유도표지, 교량끝단의 노면표시를 효과적으로 설치함으로써 사고율을 현저히 감소시킬 수 있다.

▤ **용어정의**

① **차로수** : 양방향 차로의 수를 합한 것을 말한다.

② **오르막차로** : 오르막 구간에서 저속 자동차를 다른 자동차와 분리하여 통행시키기 위하여 설치하는 차로를 말한다.

③ **회전차로** : 자동차가 우회전, 좌회전 또는 유턴을 할 수 있도록 직진하는 차로와 분리하여 설치하는 차로를 말한다.

④ **변속차로** : 자동차를 가속시키거나 감속시키기 위하여 설치하는 차로를 말한다.

⑤ **측대** : 운전자의 시선을 유도하고 옆부분의 여유를 확보하기 위하여 중앙분리대 또는 길어깨에 차도와 동일한 횡단경사와 구조로 차도에 접속하여 설치하는 부분을 말한다.

⑥ **분리대** : 차도를 통행의 방향에 따라 분리하거나 성질이 다른 같은 방향의 교통을 분리하기 위하여 설치하는 도로의 부분이나 시설물을 말한다.

⑦ **중앙분리대** : 차도를 통행의 방향에 따라 분리하고 옆부분의 여유를 확보하기 위하여 도로의 중앙에 설치하는 분리대와 측대를 말한다.

⑧ **길어깨** : 도로를 보호하고 비상시에 이용하기 위하여 차도에 접속하여 설치하는 도로의 부분을 말한다.

⑨ **주·정차대** : 자동차의 주차 또는 정차에 이용하기 위하여 도로에 접속하여 설치하는 부분을 말한다.

part
03

⑩ **노상시설** : 보도 · 자전거도로 · 중앙분리대 · 길어깨 또는 환경시설대 등에 설치하는 표지판 및 방호울타리 등 도로의 부속물(공동구를 제외한다.)을 말한다.

⑪ **횡단경사** : 도로의 진행방향에 직각으로 설치하는 경사로서 도로의 배수를 원활하게 하기 위하여 설치하는 경사와 평면곡선부에 설치하는 편경사를 말한다.

⑫ **편경사** : 평면곡선부에서 자동차가 원심력에 저항할 수 있도록 하기 위하여 설치하는 횡단경사를 말한다.

⑬ **종단경사** : 도로의 진행방향 중심선의 길이에 대한 높이의 변화 비율을 말한다.

⑭ **정지시거** : 운전자가 같은 차로상에 고장차 등의 장애물을 인지하고 안전하게 정지하기 위하여 필요한 거리를 말한다.

⑮ **앞지르기시거** : 2차로 도로에서 저속 자동차를 안전하게 앞지를 수 있는 거리를 말한다.

PART 3 안전운행요령

# 도로요인과 안전운행 [적중문제]

QUALIFICATION TEST FOR CARGO WORKERS

**01 도로요인 중 도로구조에 해당하지 않은 것은?**

① 도로의 구배　　② 도로의 노면
③ 도로의 노폭　　④ 방호울타리

> **해설** **도로구조** : 도로의 선형, 노면, 차로수, 노폭, 구배 등

**정답** ④

**02 도로가 되기 위한 4가지 조건에 해당하지 않은 것은?**

① 교통경찰권　　② 공개성
③ 정보성　　　　④ 형태성

> **해설** 도로가 되기 위한 4가지 조건 : 형태성, 이용성, 공개성, 교통경찰권

**정답** ③

**03 도로선형과 사고율의 관계에 대한 설명으로 옳지 않은 것은?**

① 고속도로는 곡선이 급해짐에 따라 사고율이 낮아진다.
② 곡선부의 사고율에는 시거, 편경사에 의해서도 크게 좌우된다.
③ 곡선부의 수가 많다고 사고율이 반드시 높은 것은 아니다.
④ 일반도로에서 곡선반경이 100m 이내일 때 사고율이 높다.

> **해설** 고속도로는 곡선이 급해짐에 따라 사고율이 높아진다.

**정답** ①

**04 종단선형과 교통사고에 관한 내용으로 옳지 않은 것은?**

① 종단경사가 커짐에 따라 사고율이 높다.
② 종단선형이 자주 바뀌면 종단곡선의 정점에서 시거가 단축되어 사고가 일어나기 쉽다.
③ 양호한 선형조건에서 제한시거가 불규칙적으로 나타나면 평균사고율보다 훨씬 낮은 사고율을 보인다.
④ 곡선부가 종단경사와 중복되는 곳은 훨씬 더 사고 위험성이 높다.

> **해설** 양호한 선형조건에서 제한시거가 불규칙적으로 나타나면 평균사고율보다 훨씬 높은 사고율을 보인다.

**정답** ③

**05 차로수와 교통사고에 관한 내용으로 바르지 않은 것은?**

① 차로수와 사고율의 관계는 명확하지 않다.
② 차로수가 많으면 도로의 교통량이 많다.
③ 차로수가 많으면 교차로가 적다.
④ 차로수가 많으면 사고가 많다.

> **해설** 차로수가 많으면 사고가 많으나 이는 그 도로의 교통량이 많고, 교차로가 많으며, 또 도로변의 개발밀도가 높기 때문이다.

**정답** ③

**06 길어깨와 교통사고에 관한 내용으로 옳지 않은 것은?**

① 길어깨가 넓으면 차량의 이동공간이 넓다.
② 길어깨가 넓으면 시계가 좁다.
③ 길어깨가 넓으면 안전성이 크다.
④ 길어깨가 토사나 자갈 또는 잔디보다는 포장된 노면이 더 안전하다.

> **해설** 길어깨가 넓으면 차량의 이동공간이 넓고, 시계가 넓으며, 고장차량을 주행차로 밖으로 이동시킬 수 있기 때문에 안전성이 큰 것은 확실하다.

**정답** ②

**07** 중앙분리대와 교통사고에 관한 내용으로 바르지 않은 것은?

① 중앙분리대로 설치된 방호울타리는 사고를 방지하여 준다.

② 분리대의 폭이 넓을수록 정면충돌사고의 비율이 낮다.

③ 분리대의 폭이 넓을수록 분리대를 넘어가는 횡단사고가 적다.

④ 중앙분리대를 횡단하여 정면충돌한 사고의 비율과 분리대 폭과의 관계도 밀접하다.

> **해설** 중앙분리대로 설치된 방호울타리는 사고를 방지한다기보다는 사고의 유형을 변환시켜주기 때문에 효과적이다.

**정답** ①

**08** 폭이 좁은 국도에 중앙분리대를 설치하면 중앙선 침범사고는 감소하지만 반대로 증가할 수 있는 교통사고는?

① 직각충돌사고　　② 중앙분리대 접촉사고

③ 추돌사고　　④ 충돌사고

> **해설** 폭이 좁은 국도에 중앙분리대를 설치하면 중앙분리대 접촉사고가 증가할 수 있다.

**정답** ②

**09** 중앙분리대의 주된 기능으로 바르지 않은 것은?

① 교통관제시설 등을 설치할 수 있는 장소 제공

② 교통사고 예방기능

③ 필요에 따라 유턴(U-Turn) 방지

④ 광폭 분리대의 경우 고장 차량이 정지할 수 있는 여유공간 제공

> **해설** 중앙분리대가 교통사고 예방기능을 하지 못한다.

**정답** ②

**10** 도로선형의 양방향 차로가 완전히 분리될 수 있는 충분한 공간확보로 대향차량의 영향을 받지 않을 정도의 넓이를 제공하는 중앙분리대는?

① 광폭 중앙분리대

② 연석형 중앙분리대

③ 방호울타리형 중앙분리대

④ 공간확보형 중앙분리대

> **해설** 광폭 중앙분리대 : 도로선형의 양방향 차로가 완전히 분리될 수 있는 충분한 공간확보로 대향차량의 영향을 받지 않을 정도의 넓이를 제공한다.

**정답** ①

**11** 자동차가 우회전, 좌회전 또는 유턴을 할 수 있도록 직진하는 차로와 분리하여 설치하는 차로를 무엇이라 하는가?

① 오르막차로　　② 회전차로

③ 변속차로　　④ 차로수

> **해설** 회전차로 : 자동차가 우회전, 좌회전 또는 유턴을 할 수 있도록 직진하는 차로와 분리하여 설치하는 차로를 말한다.

**정답** ②

**12** 차도를 통행의 방향에 따라 분리하거나 성질이 다른 같은 방향의 교통을 분리하기 위하여 설치하는 도로의 부분이나 시설물은?

① 분리대　　② 중앙분리대

③ 길어깨　　④ 주·정차대

> **해설** 분리대 : 차도를 통행의 방향에 따라 분리하거나 성질이 다른 같은 방향의 교통을 분리하기 위하여 설치하는 도로의 부분이나 시설물을 말한다.

**정답** ①

**13** 도로의 진행방향 중심선의 길이에 대한 높이의 변화 비율은?

① 횡단경사　　② 종단경사

③ 편경사　　④ 앞지르기시거

> **해설** 종단경사 : 도로의 진행방향 중심선의 길이에 대한 높이의 변화 비율을 말한다.

**정답** ②

## **1** 방어운전

### ■ 개념의 정리

① **안전운전** : 운전자가 자동차를 그 본래의 목적에 따라 운행함에 있어서 운전자 자신이 위험한 운전을 하거나 교통 사고를 유발하지 않도록 주의하여 운전하는 것을 말한다.

② **방어운전** : 자기 자신이 사고의 원인을 만들지 않는 운전, 자기 자신이 사고에 말려들어 가지 않게 하는 운전, 타인의 사고를 유발시키지 않는 운전

### ■ 방어운전의 기본 : 능숙한 운전 기술, 정확한 운전지식, 세심한 관찰력, 예측능력과 판단력, 양보와 배려의 실천, 교통 상황 정보수집, 반성의 자세, 무리한 운행 배제

### ■ 실전 방어운전 방법

① 운전자는 앞차의 전방까지 시야를 멀리 둔다.

② 방향지시등이나 비상등으로 자기 차의 진행방향과 운전 의도를 분명히 알린다.

③ 교통신호가 바뀌면 주위 자동차의 움직임을 관찰한 후 진행한다.

④ 골목길이나 주택가에서는 속도를 줄여 충돌을 피할 시간적·공간적 여유를 확보한다.

⑤ 일기예보에 신경을 쓰고 기상변화에 대비해 체인이나 스노타이어 등을 미리 준비한다.

⑥ 교통량이 너무 많은 길이나 시간을 피해 운전하도록 한다.

⑦ 과로로 피로하거나 심리적으로 흥분된 상태에서는 운전을 자제한다.

⑧ 앞차를 뒤따라 갈 때는 앞차가 급제동을 하더라도 추돌하지 않도록 차간거리를 충분히 유지한다.

⑨ 뒤에 다른 차가 접근해 올 때는 속도를 낮춘다.

⑩ 진로를 바꿀 때는 상대방이 잘 알 수 있도록 여유 있게 신호를 보낸다.

⑪ 교차로를 통과할 때는 좌우로 도로의 안전을 확인한 후 주행한다.

⑫ 밤에 마주 오는 차가 전조등 불빛을 줄이거나 아래로 비추지 않고 접근해 올 때는 불빛을 정면으로 보지 말고 시선을 약간 오른쪽으로 돌린다.

⑬ 밤에 산모퉁이 길을 통과할 때는 전조등을 통하여 자신의 존재를 알린다.

⑭ 횡단하려고 하거나 횡단중인 보행자가 있을 때는 속도를 줄이고 주의해 진행한다.

⑮ 이면도로에서 어린이와 안전한 간격을 두고 서행 또는 안전이 확보될 때까지 일시 정지한다.

⑯ 다른 차량이 갑자기 뛰어들거나 내가 차로를 변경할 필요가 있을 때 꼼짝할 수 없게 되므로 가능한 한 뒤로 물러서거나 앞으로 나아가 다른 차량과 나란히 주행하지 않도록 한다.

⑰ 다른 차의 옆을 통과할 때는 미리 대비하여 충분한 간격을 두고 통과한다.

⑱ 대형 화물차나 버스의 바로 뒤에서 주행할 때에는 함부로 앞지르기를 하지 않도록 하고, 또 시기를 보아서 대형차의 뒤에서 이탈해 주행한다.

⑲ 신호기가 설치되어 있지 않은 교차로에서는 속도를 줄이고 좌우의 안전을 확인한 다음에 통행한다.

## 2 상황별 운전

### ▓ 교차로

① 개요 : 교차로는 자동차, 사람, 이륜차 등의 엇갈림(교차)이 발생하는 장소이다.

㉠ 장점 : 교통류의 흐름을 질서 있게, 교통처리용량 증대, 직각충돌사고 줄임, 교통통제 이용

㉡ 단점 : 지체 발생, 신호지시를 무시하는 경향 조장, 부적절한 노선 이용, 추돌사고 다소 증가

② 사고발생원인 : 교차로 교통사고의 대부분은 운전자가 다음과 같이 운전한 경우이다.

㉠ 앞쪽(또는 옆쪽) 상황에 소홀한 채 진행신호로 바뀌는 순간 급출발

㉡ 정지신호임에도 불구하고 정지선을 지나 교차로에 진입하거나 무리하게 통과를 시도하는 신호무시

㉢ 교차로 진입 전 이미 황색신호임에도 무리하게 통과시도

③ 교차로 안전운전 및 방어운전

㉠ 신호등이 있는 경우 : 신호등이 지시하는 신호에 따라 통행

㉡ 교통경찰관 수신호의 경우 : 교통경찰관의 지시에 따라 통행

㉢ 신호등 없는 교차로의 경우 : 통행의 우선순위에 따라 주의하며 진행

㉣ 섣부른 추측운전은 하지 않는다.

㉤ 언제든 정지할 수 있는 준비태세를 갖춘다.

㉥ 신호가 바뀌는 순간을 주의한다.

㉦ 교차로 정차 시 안전운전

㉧ 교차로 통과 시 안전운전

㉨ 시가지 외 도로운행 시 안전운전

④ 교차로 황색신호

㉠ 개요 : 황색신호는 전신호 차량과 후신호 차량이 교차로 상에서 상충하는 것을 예방하여 교통사고를 방지하고자 하는 목적에서 운영되는 신호이다.

㉡ 황색신호시간 : 교차로 황색신호시간은 통상 3초를 기본으로 운영한다.

㉢ 황색신호 시 사고유형 : 교차로 상에서 전신호 차량과 후신호 차량의 충돌, 횡단보도 전 앞차 정지 시 앞차 추돌, 횡단보도 통과 시 보행자, 자전거 또는 이륜차 충돌, 유턴 차량과의 충돌

㉣ 교차로 황색신호 시 안전운전 및 방어운전

### ▓ 이면도로 운전법

① 이면도로 운전의 위험성

㉠ 도로의 폭이 좁고, 보도 등의 안전시설이 없다.

㉡ 좁은 도로가 많이 교차하고 있다.

㉢ 보행자 등이 아무 곳에서나 횡단이나 통행을 한다.

㉣ 길가에서 어린이들이 뛰어 노는 경우가 많으므로, 어린이들과의 사고가 일어나기 쉽다.

② 이면도로를 안전하게 통행하는 방법 : 위험을 예상하면서 운전, 위험 대상물 계속 주시

### ▓ 커브길

① 개요 : 도로가 왼쪽 또는 오른쪽으로 굽은 곡선부를 갖는 도로의 구간을 의미한다.

② 커브길의 교통사고 위험 : 도로 외 이탈의 위험, 중앙선을 침범하여 대향차와 충돌할 위험, 시야불량으로 인한 사고의 위험

③ 커브길 주행방법

㉠ 완만한 커브길 : 커브길의 편구배(경사도)나 도로의 폭을 확인하고 가속 페달에서 발을 떼어 엔진 브레이크가 작동되도록 하여 속도를 줄인다.

㉡ 급커브길 : 커브의 경사도나 도로의 폭을 확인하고 가속 페달에서 발을 떼어 엔진 브레이크가 작동되도록 하여 속도를 줄인다.

④ 커브길 안전운전 및 방어운전 : 커브길에서는 미끄러지거나 전복될 위험이 있으므로 부득이한 경우가 아니면 급핸들 조작이나 급제동은 하지 않는다.

▦ 차로폭

① 개념 : 어느 도로의 차선과 차선 사이의 최단거리로 차로폭은 관련 기준에 따라 도로의 설계속도, 지형조건 등을 고려하여 달리할 수 있으나 대개 3.0m~3.5m를 기준으로 한다.

② 차로폭에 따른 사고 위험

㉠ 차로폭이 넓은 경우 : 제한속도를 초과한 과속사고의 위험이 있다.

㉡ 차로폭이 좁은 경우 : 자동차, 보행자 등이 무질서하게 혼재하는 경우 사고의 위험성이 높다.

③ 차로폭에 따른 안전운전 및 방어운전

㉠ 차로폭이 넓은 경우 : 계기판의 속도계에 표시되는 속도를 준수할 수 있도록 노력한다.

㉡ 차로폭이 좁은 경우 : 즉시 정지할 수 있는 안전한 속도로 주행속도를 감속하여 운행한다.

▦ 언덕길 : 운전자는 오르막과 내리막으로 구성되는 언덕길에서 차량을 운행할 경우 평지운행에 비하여 보다 많은 주의를 기울여야 한다.

① 내리막길 안전운전 및 방어운전 : 내리막길을 내려가기 전에는 미리 감속하여 천천히 내려가며 엔진 브레이크로 속도를 조절하는 것이 바람직하다.

② 오르막길 안전운전 및 방어운전 : 정차할 때는 앞차가 뒤로 밀려 충돌할 가능성을 염두에 두고 충분한 차간 거리를 유지한다.

▦ 앞지르기 : 앞지르기란 뒤차가 앞차의 좌측면을 지나 앞차의 앞으로 진행하는 것을 의미한다.

① 앞지르기의 사고 위험 : 앞지르기는 앞차보다 빠른 속도로 가속하여 상당한 거리를 진행해야 하므로 앞지르기할 때의 가속도에 따른 위험이 수반된다.

② 앞지르기 사고의 유형

㉠ 앞지르기 위한 최초 진로변경 시 동일방향 좌측 후속차 또는 나란히 진행하던 차와 충돌

㉡ 좌측 도로상의 보행자와 충돌, 우회전차량과의 충돌

㉢ 중앙선을 넘어 앞지르기 시 대향차와 충돌

㉣ 진행 차로 내의 앞뒤 차량과의 충돌

㉤ 앞 차량과의 근접주행에 따른 측면 충격

㉥ 경쟁 앞지르기에 따른 충돌

③ 앞지르기 안전운전 및 방어운전

㉠ 자차가 앞지르기 할 때 : 앞지르기에 필요한 속도가 그 도로의 최고속도 범위 이내일 때 앞지르기를 시도한다.

㉡ 다른 차가 자차를 앞지르기 할 때 : 자차의 속도를 앞지르기를 시도하는 차의 속도이하로 적절히 감속한다.

▦ 철길 건널목 : 철도와 도로법에서 정한 도로가 평면 교차하는 곳을 의미한다. 제1종 건널목, 제2종 건널목, 제3종 건널목으로 구분한다.

① **건널목의 종류**

　　㉠ 1종 건널목 : 차단기, 경보기 및 건널목 교통안전 표지를 설치하고 차단기를 주·야간 계속하여 작동시키거나 또는 건널목 안내원이 근무하는 건널목

　　㉡ 2종 건널목 : 경보기와 건널목 교통안전 표지만 설치하는 건널목

　　㉢ 3종 건널목 : 건널목 교통안전 표지만 설치하는 건널목

② **철길 건널목 사고원인** : 운전자가 건널목의 경보기를 무시하거나, 일시정지를 하지 않고 통과하다가 주로 발생한다.

③ **철길 건널목 안전운전 및 방어운전**

　　㉠ 일시정지 후, 좌·우의 안전을 확인한다.

　　㉡ 건널목 통과 시 기어는 변속하지 않는다.

　　㉢ 건널목 건너편 여유 공간 확인 후 통과

　④ **철길 건널목 내 차량고장 대처방법** : 동승자 대피, 철도공사 직원에게 알리고 차를 건널목 밖으로 이동

■ **고속도로의 운행**

① 속도의 흐름과 도로사정, 날씨 등에 따라 안전거리를 충분히 확보

② 주행 중 속도계를 수시로 확인하여 법정속도를 준수

③ 차로 변경 시는 최소한 100m 전방으로부터 방향지시등을 켜고, 전방 주시점은 속도가 빠를수록 멀리 둔다.

④ 앞차의 움직임 뿐 아니라 가능한 한 앞차 앞의 3~4대 차량의 움직임도 살핀다.

⑤ 고속도로 진·출입 시 속도감각에 유의하여 운전

⑥ 고속도로 진입 시 충분한 가속으로 속도를 높인 후 주행차로로 진입하여 주행차에 방해를 주지 않도록 한다.

⑦ 주행차로 운행을 준수하고 두 시간마다 휴식

⑧ 뒤차가 자기 차를 추월하고 있는 상황에서 경쟁하는 것은 위험

■ **기타**

① **야간**

　　㉠ 야간운전의 위험성 : 야간에는 주간보다 속도를 20% 정도 감속하고 운행한다.

　　㉡ 야간 안전운전방법 : 해가 저물면 곧바로 전조등을 점등할 것, 주간보다 속도를 낮추어 주행할 것, 실내를 불필요하게 밝게 하지 말 것, 가급적 전조등이 비치는 곳 끝까지 살필 것, 주간보다 안전에 대한 여유를 크게 가질 것, 대향차의 전조등을 바로 보지 말 것, 자동차가 교행할 때에는 조명장치를 하향 조정할 것, 장거리 운행할 때에는 운행계획을 세워 적시에 휴식을 취할 것, 노상에 주·정차를 하지 말 것,

② **안개길** : 안개로 인해 시야의 장애가 발생되면 우선 차간거리를 충분히 확보하고 앞차의 제동이나 방향지시등의 신호를 예의주시하며 천천히 주행해야 안전하다.

③ **빗길** : 비가 계속 내리면 오일이 쓸려가 비가 내리기 시작할 때 더 미끄러우므로 조심해야 한다.

④ **비포장도로** : 비포장도로는 노면 마찰계수가 낮고 매우 미끄럽다.

## 3  계절별 운전

■ 봄철

① **계절특성** : 겨울이 끝나고 초봄에 접어들 때는 겨울 동안 얼어 있던 땅이 녹아 지반이 약해지는 해빙기이다.

② **기상 특성** : 대륙성 고기압의 활동이 약화되고 대륙에서 분리된 고기압과 기압골이 통과함에 따라 날씨의 변화가 심하며, 기온이 상승하고 낮과 밤의 일교차가 커지며 강수량은 증가한다.

③ **교통사고의 특징** : 보행량 및 교통량의 증가에 따라 특히 어린이 관련 교통사고가 겨울에 비하여 많이 발생한다. 춘곤증에 의한 졸음운전 교통사고에 주의한다.

④ **안전운행 및 교통사고 예방**

⑤ **자동차관리** : 세차, 월동장비 정리, 엔진오일 점검, 배선상태 점검

■ 여름철

① **계절 특성** : 비가 많이 오고, 장마 이후에는 무더운 날이 지속된다.

② **기상 특성** : 무더위와 습기가 많아져 운전자들이 짜증을 느끼게 되고 쉽게 피로해진다.

③ **교통사고의 특징** : 교통사고는 무더위, 장마, 폭우로 발생되는 경우가 많다.

④ **안전운행 및 교통사고 예방** : 뜨거운 태양 아래 오래 주차 시, 주행 중 갑자기 시동이 꺼졌을 때, 비가 내리는 중에 주행 시

⑤ **자동차관리** : 냉각장치 점검, 와이퍼의 작동상태 점검, 타이어 마모상태 점검, 차량 내부의 습기 제거

■ 가을철

① **계절 특성** : 심한 일교차로 안개가 집중적으로 발생되어 대형 사고의 위험도 높아진다.

② **기상 특성** : 하천이나 강을 끼고 있는 곳에서는 짙은 안개가 자주 발생한다.

③ **교통사고의 특징** : 높고 푸른 하늘, 단풍을 감상하다보면 집중력이 떨어져 교통사고의 발생 위험이 있다.

④ **안전운행 및 교통사고 예방** : 이상기후 대처, 보행자에 주의하여 운행, 행락철 주의, 농기계 주의

⑤ **자동차관리** : 세차 및 차체 점검, 서리제거용 열선 점검, 장거리 운행 전 점검사항, 타이어의 공기압 점검

■ 겨울철

① **계절 특성** : 교통의 3대요소인 사람, 자동차, 도로환경 등 모든 조건이 열악한 계절이다.

② **기상 특성** : 겨울철은 눈길, 빙판길, 바람과 추위 등의 기상특성을 보인다.

③ **교통사고의 특징** 겨울철에는 눈이 녹지 않고 쌓여 적은 양의 눈이 내려도 바로 빙판이 되기 때문에 자동차의 충돌·추돌·도로 이탈 등의 사고가 많이 발생한다.

④ **안전운행 및 교통사고 예방** : 전·후방 주시 철저, 월동장비 점검, 부동액 점검, 써머스타 상태 점검, 체인 점검

## 4  위험물 운송

■ 위험물 개요

① **위험물의 성질** : 발화성, 인화성, 또는 폭발성 등의 성질

② **위험물의 종류** : 고압가스, 화약, 석유류, 독극물, 방사성물질 등

■ 위험물의 적재방법

① **운반용기와 포장외부에 표시해야할 사항** : 위험물의 품목, 화학명 및 수량

part
**03**

안전운행요령

② 운반도중 그 위험물 또는 위험물을 수납한 운반용기가 떨어지거나 그 용기의 포장이 파손되지 않도록 적재할 것

③ 수납구를 위로 향하게 적재할 것

④ 직사광선 및 빗물 등의 침투를 방지할 수 있는 덮개를 설치할 것

⑤ 혼재 금지된 위험물의 혼합 적재 금지

### ▦ 운반방법

① 마찰 및 흔들림 일으키지 않도록 운반할 것

② 지정 수량 이상의 위험물을 차량으로 운반할 때는 차량의 전면 또는 후면의 보기 쉬운 곳에 표지를 게시할 것

③ 일시정차 시는 안전한 장소를 택하여 안전에 주의할 것

④ 그 위험물에 적응하는 소화설비를 설치할 것

⑤ 독성가스를 차량에 적재하여 운반하는 때에는 당해 독성 가스의 종류에 따른 방독면, 고무장갑, 고무장화, 그 밖의 보호구 및 재해발생 방지를 위한 응급조치에 필요한 자재, 제독제 및 공구 등을 휴대할 것

⑥ 재해발생이 우려될 때에는 응급조치를 취하고 가까운 소방관서, 기타 관계기관에 통보하여 조치를 받아야 한다.

### ▦ 차량에 고정된 탱크의 안전운행

① **운행 전의 점검** : 차량의 점검, 탑재기기, 탱크 및 부속품 점검

② **운송 시 주의사항**

㉠ 지정된 장소가 아닌 곳에서는 탱크로리 상호간에 취급물질을 입·출하시키지 말 것

㉡ 운송 전에는 아래와 같은 운행계획 수립 및 확인 필요

㉢ 허용된 장소 이외에서는 흡연이나 그 밖의 화기를 사용하지 말 것

㉣ 수리를 할 때에는 통풍이 양호한 장소에서 실시할 것

㉤ 운송할 물질의 특성, 차량의 구조, 탱크 및 부속품의 종류와 성능, 정비점검방법, 운행 및 주차시의 안전조치와 재해발생 시에 취해야 할 조치를 숙지할 것

③ **안전운송기준** : 법규·기준 등의 준수, 운송중의 임시점검, 운행 경로의 변경, 육교 등 밑의 통과, 철길 건널목 통과, 터널 내의 통과, 취급물질 출하 후 탱크 속 잔류가스 취급, 주차, 여름철 운행, 고속도로 운행

④ **이입작업할 때의 기준** : 저장시설로부터 차량에 고정된 탱크에 가스를 주입하는 작업을 할 경우에는 당해 사업소의 안전관리자가 직접 기준에 적합하게 작업을 해야 하며, 차량 운전자는 안전관리자의 책임 하에 조치를 취한다.

⑤ **이송(移送)작업할 때의 기준** : 차량에 고정된 탱크로부터 저장설비 등에 가스를 주입하는 작업을 할 경우에는 당해 사업소의 안전관리자가 직접 기준에 적합하게 작업을 해야 한다.

⑥ **운행을 종료한 때의 점검** : 운행을 종료한 때는 기준에 따라 점검을 하여 이상이 없도록 한다.

### ▦ 충전용기 등의 적재·하역 및 운반방법

① **고압가스 충전용기의 운반기준** : 충전용기를 차량에 적재하여 운반하는 때에는 당해 차량의 앞뒤 보기 쉬운 곳에 각각 붉은 글씨로 "위험 고압가스"라는 경계 표시를 할 것

② **밸브의 손상방지 용기취급** : 밸브가 돌출한 충전용기는 고정식 프로텍터 또는 캡을 부착시켜 밸브의 손상을 방지하는 조치를 하고 운반할 것

③ 충전용기 등을 적재한 차량의 주·정차시는 기준을 따를 것

④ 충전용기 등을 차량에 싣거나, 내리거나 또는 지면에서 운반작업 등을 하는 경우에는 기준을 따를 것

⑤ 충전용기 등을 차량에 적재할 때에는 기준에 따를 것

## 5 고속도로 교통안전

### ▦ 고속도로 교통사고 통계

① 교통사고 발생추이 및 원인 : 교통사고 건수는 증가추세를 보이고 있으나, 사망자는 약 절반 수준으로 감소하였다.

② 고속도로 교통사고 특성 : 치사율 높음, 2차(후속)사고 발생가능성 높음, 졸음운전, 대형사고, 휴대폰 사용, 동영상 시청 등에 의한 사고 등

### ▦ 고속도로 통행방법

① 고속도로 통행방법 : 고속도로의 제한속도, 고속도로 통행차량 기준, 지정차로제, 버스 전용차로제

② 고속도로 안전운전 방법 : 전방주시, 2시간 운전 시 15분 휴식, 전 좌석 안전띠 착용, 차간거리 확보, 진입은 안전하게 천천히, 진입 후 가속은 빠르게, 주변 교통흐름에 따라 적정속도 유지, 비상시 비상등 켜기, 주행차로로 주행, 후부 반사판 부착

③ 고속도로 작업구간 통행방법

　㉠ 작업구간의 구분 : 주의구간, 변화구간, 작업구간, 종결구간으로 구분하여 교통안전관리를 시행한다.

　㉡ 작업구간 안내표지 : 고속도로 작업구간에는 안내표지를 설치하여 운전자가 미리 차로변경 및 감속운행 등의 조치를 준비하도록 하는데 목적이 있다.

　㉢ 작업구간 안전운행 방법 : 고속도로 안전운전 방법에 따라 안전하게 주행해야 한다.

④ 교통사고 및 고장 발생 시 대처 요령

　㉠ 2차사고의 방지

　㉡ 부상자의 구호

　㉢ 경찰공무원등에게 신고

⑤ 고속도로의 금지사항 : 횡단금지, 보행자 통행금지, 정차 및 주차 금지, 갓길 주행금지

※ 갓길 주행 위반시 처분

| 차량 | 범칙금 | 벌점 | 과태료 |
|---|---|---|---|
| 승용차, 4톤 이하 화물차 | 6만원 | 30점 | 9만원 |
| 승합차, 4톤 초과 화물차 등 | 7만원 | | 10만원 |

⑥ 도로터널 안전운전

　㉠ 도로터널 화재의 위험성

　㉡ 터널 안전운전 수칙 : 터널 진입 전 입구 주변에 표시된 도로정보 확인, 터널 진입 시 라디오를 켠다, 선글라스를 벗고 라이트를 켠다, 교통신호 확인, 안전거리 유지, 차선유지, 피난연결통로·비상주차대 위치 확인, 비상시 대비.

　㉢ 터널내 화재 시 행동요령 : 운전자는 차량과 함께 터널 밖으로 신속히 이동한다.

### ▦ 고속도로 안전시설 및 표지판

① 안전시설 : 노면색깔유도선, 도로전광표지(VMS), 가변형 속도제한표지(VSL)

② 표지판

　㉠ 도로표지의 종류 : 도로표지는 이정표지, 방향표지, 노선표지, 경계표지 등으로 크게 구분한다.

　㉡ 표지판의 의미 : 방향표지, 갓길 이정표지

■ 운행 제한 차량 단속

① 운행 제한차량 종류 : 차량의 축하중 10톤·총중량 40톤을 초과한 차량, 적재물을 포함한 차량의 길이(16.7m)·폭(2.5m)·높이(4m)를 초과한 차량, 적재 불량 차량

② 단속근거

  ㉠ 과적 : 축하중 10톤 초과 총중량 40톤 초과

  ㉡ 제원초과 : 폭 3.0미터 초과, 높이 4.2미터 초과, 길이 19.0미터 초과

  ㉢ 단속원 요구불응 : 차량승차 불응 관계서류 제출 불응 등, 의심차량 재측정 불응

  ㉣ 3대 명령 불응 : 회차, 분리운송, 운행중지 명령 불응

③ 과적차량 제한 사유 : 고속도로의 포장균열, 파손, 교량의 파괴, 저속주행으로 인한 교통소통 지장, 핸들 조작의 어려움, 타이어 파손, 전·후방 주시 곤란, 제동장치의 무리, 동력연결부의 잦은 고장 등 교통사고 유발

④ 운행제한차량 통행이 도로포장에 미치는 영향

  ㉠ 축하중 10톤 : 승용차 7만대 통행과 같은 도로파손

  ㉡ 축하중 11톤 : 승용차 11만대 통행과 같은 도로파손

  ㉢ 축하중 13톤 : 승용차 21만대 통행과 같은 도로파손

  ㉣ 축하중 15톤 : 승용차 39만대 통행과 같은 도로파손

⑤ 적재량 측정 방해 행위

⑥ 운행제한차량 운행허가 : 차량의 구조 또는 적재화물의 특수성으로 인하여 운행제한차량임에도 불구하고 운행이 불가피한 차량의 운행을 가능하게 하기 위한 규정

제 **5** 장

PART 3 안전운행요령

# 안전운전 [적중문제]

CBT 대비
필기문제

QUALIFICATION TEST FOR CARGO WORKERS

## 01 다음 방어운전으로 보기 어려운 것은?

① 규정속도보다 빠르게 운전하는 것
② 위험한 상황을 만들지 않고 운전하는 것
③ 미리 위험한 상황을 피하여 운전하는 것
④ 위험한 상황에 직면했을 때는 이를 효과적으로 회피할 수 있도록 운전하는 것

> **해설** 규정속도보다 빠르게 운전하지 않아야 한다.

**정답** ①

## 02 다음 방어운전의 기본자세로 바르지 않은 것은?

① 운전 상황의 변화요소를 재빠르게 파악하는 등 예측 능력을 키운다.
② 운전할 때는 자기중심적인 생각을 가진다.
③ 교통표지판, 교통관련 법규 등 운전에 필요한 지식을 익힌다.
④ 교통상황에 적절하게 대응한다.

> **해설** 방어운전의 기본자세 : 능숙한 운전 기술, 정확한 운전 지식, 예측능력과 판단력, 양보와 배려의 실천, 교통상황 정보수집, 반성의 자세, 무리한 운행 배제

**정답** ②

## 03 다음 방어운전 방법으로 옳지 않은 것은?

① 가능한 앞차를 앞지르기를 하도록 한다.
② 교통신호가 바뀐다고 해서 무작정 출발하지 말고 주위 자동차의 움직임을 관찰한 후 진행한다.
③ 운전자는 앞차의 전방까지 시야를 멀리 둔다.
④ 교통량이 너무 많은 길이나 시간을 피해 운전하도록 한다.

> **해설** 가능한 앞차를 앞지르기를 하지 않도록 한다.

**정답** ①

## 04 다음 방어운전 방법으로 옳지 않은 것은?

① 진로를 바꿀 때는 상대방이 잘 알 수 있도록 여유 있게 신호를 보낸다.
② 횡단중인 보행자가 있을 때에는 빠른 속도로 진행한다.
③ 과로로 피로하거나 심리적으로 흥분된 상태에서는 운전을 자제한다.
④ 뒤에 다른 차가 접근해 올 때는 속도를 낮춘다.

> **해설** 횡단하려고 하거나 횡단중인 보행자가 있을 때는 속도를 줄이고 주의해 진행한다.

**정답** ②

## 05 다음 방어운전 방법으로 바르지 않은 것은?

① 다른 차량과 안전한 차간거리를 유지한다.
② 신호기가 설치되어 있지 않은 교차로는 속도를 그대로 주행한다.
③ 다른 차의 옆을 통과할 때는 충분한 간격을 두고 통과한다.
④ 이면도로에서 보행중인 어린이가 있을 때에는 일시 정지한다.

> **해설** 신호기가 설치되어 있지 않은 교차로에서는 좁은 도로로부터 우선순위를 무시하고 진입하는 자동차가 있으므로, 이런 때에는 속도를 줄이고 좌우의 안전을 확인한 다음에 통행한다.

**정답** ②

## 06 주행 시 방어운전 방법으로 바르지 않은 것은?

① 주택가나 이면도로 등에서는 과속이나 난폭운전을 하지 않는다.
② 교통량이 많은 곳에서는 속도를 줄여서 주행한다.
③ 노면의 상태가 나쁜 도로에서는 빠른 속도로 주행한다.
④ 주행하는 차들과 물 흐르듯 속도를 맞추어 주행한다.

**해설** 노면의 상태가 나쁜 도로에서는 속도를 줄여서 주행하여야 한다.

**정답** ③

## 07 다음 주행차로의 사용방법으로 바르지 않은 것은?

① 차로는 빠르게 바꾸어야 한다.
② 필요한 경우가 아니면 중앙의 차로를 주행하지 않는다.
③ 자기 차로를 선택하여 가능한 한 변경하지 않고 주행한다.
④ 차로를 바꾸는 경우에는 반드시 신호를 한다.

**해설** 갑자기 차로를 바꾸지 않는다.

**정답** ①

## 08 다음 앞지르기할 때 방법으로 옳지 않은 것은?

① 앞지르기 전에 앞차에게 신호로 알린다.
② 앞지르기에 적당한 속도로 주행한다.
③ 앞지르기가 허용된 지역에서만 앞지르기한다.
④ 앞지르기 후 진입할 때에는 뒤차의 안전을 고려할 필요가 없다.

**해설** 앞지르기 후 뒤차의 안전을 고려하여 진입한다.

**정답** ④

## 09 다음 정지할 때 방법으로 바르지 않은 것은?

① 원활하게 서서히 정지한다.
② 운행 전에 제동등이 점등되는지 확인한다.
③ 교통상황에 따라 급정지하도록 한다.
④ 미끄러운 노면에서는 급제동으로 차가 회전하는 경우가 발생하지 않도록 한다.

**해설** 교통상황을 판단하여 미리미리 속도를 줄여 급정지하지 않도록 한다.

**정답** ③

## 10 다음 차간거리에 관한 설명으로 틀린 것은?

① 차위의 물체와의 거리를 확인한다.
② 다른 차가 끼어들기 하는 경우에는 양보하여 안전하게 진입하도록 한다.
③ 좌·우측 차량과의 안전거리를 확인한다.
④ 앞차가 빠르게 주행하면 빠르게 따라가며 주행한다.

**해설** 앞차에 너무 밀착하여 주행하지 않도록 한다.

**정답** ④

## 11 다음 차량의 점검과 주의에 관한 내용으로 옳지 않은 것은?

① 운행 전 차량점검을 철저히 한다.
② 자신의 차량이나 적재된 화물에 대하여 정확히 숙지한다.
③ 운행 전·후에는 차량의 문이나 결박상태를 확인한다.
④ 운행 중에는 차량점검을 하지 않는다.

**해설** 운행 전·중·후에 차량점검을 철저히 한다.

**정답** ④

## 12 다음 교차로에 관한 설명으로 옳지 않은 것은?

① 자동차, 사람, 이륜차 등의 엇갈림(교차)이 발생하는 장소이다.
② 횡단보도 및 횡단보도 부근과 더불어 교통사고가 가장 많이 발생하는 지점이다.
③ 무리하게 교차로를 통과하려는 심리가 작용하여 추돌사고가 일어나기 쉽다.
④ 교차로는 사각이 거의 없다.

**해설** 교차로는 사각이 많으며, 무리하게 교차로를 통과하려는 심리가 작용하여 추돌사고가 일어나기 쉽다.

**정답** ④

**13** 다음 신호교차로의 장점으로 바르지 않은 것은?

① 입체적으로 분리할 수 있다.

② 교차로에서 직각충돌사고를 줄일 수 있다.

③ 교통처리 용량을 증대시킬 수 있다.

④ 교통류의 흐름을 질서있게 한다.

> **해설** 특정 교통류의 소통을 도모하기 위하여 교통흐름을 차단하는 것과 같은 통제에 활용할 수 있다.

**정답** ①

**14** 다음 교차로 사고발생원인이 아닌 것은?

① 진행신호로 바뀌고 난 후 지연출발

② 정지신호임에도 불구하고 정지선을 지나 교차로에 진입

③ 정지신호임에도 불구하고 무리하게 봉과를 시도하는 신호무시

④ 교차로 진입 전 이미 황색신호임에도 무리하게 통과시도

> **해설** 사고발생원인
> 1. 앞쪽(또는 옆쪽) 상황에 소홀한 채 진행신호로 바뀌는 순간 급출발
> 2. 정지신호임에도 불구하고 정지선을 지나 교차로에 진입하거나 무리하게 통과를 시도하는 신호무시
> 3. 교차로 진입 전 이미 황색신호임에도 무리하게 통과시도

**정답** ①

**15** 교차로의 안전운전 및 방어운전에 관한 설명으로 옳지 않은 것은?

① 언제든 정지할 수 있는 준비태세를 갖춘다.

② 섣부른 추측운전은 하지 않는다.

③ 정지할 때까지는 앞차에서 눈을 떼지 않는다.

④ 신호등 없는 교차로의 경우 빠르게 진행한다.

> **해설** 신호등 없는 교차로의 경우 : 통행의 우선순위에 따라 주의하며 진행

**정답** ④

**16** 시가지 외 도로운행 시 안전운전방법으로 바르지 않은 것은?

① 철길 건널목을 주의한다.

② 자기 능력을 믿고 빠른 속도로 주행한다.

③ 원심력을 가볍게 생각하지 않는다.

④ 좁은 길에서 마주 오는 차가 있을 때에는 서행하면서 교행한다.

> **해설** 자기 능력에 부합된 속도로 주행한다.

**정답** ②

**17** 교차로 황색신호에 관한 내용으로 바르지 않은 것은?

① 황색신호는 전신호와 후신호 사이에 부여되는 신호이다.

② 전신호 차량과 후신호 차량이 교차로 상에서 상호 충돌하는 것을 예방하기 위한 것이다.

③ 교통사고를 방지하고자 하는 목적에서 운영되는 신호이다.

④ 교차로 황색신호시간은 10초 이내로 한다.

> **해설** 교차로 황색신호시간은 지극히 부득이한 경우가 아니라면 6초를 초과하는 것은 금기로 한다.

**정답** ④

**18** 이면도로 운전의 위험성에 관한 내용으로 옳지 않은 것은?

① 보행자나 자전거의 통행이 적다.

② 좁은 도로가 많이 교차하고 있다.

③ 도로의 폭이 좁고, 보도 등의 안전시설이 없다.

④ 어린이들과의 사고가 일어나기 쉽다.

> **해설** 주변에 점포와 주택 등이 밀집되어 있으므로, 보행자 등이 아무 곳에서나 횡단이나 통행을 한다.

**정답** ①

**19** 커브길의 교통사고 위험에 관한 내용으로 옳지 않은 것은?

① 곡선반경이 길수록 급한 커브길이 된다.

② 도로 외 이탈의 위험이 뒤따른다.

③ 중앙선을 침범하여 대향차와 충돌할 위험이 있다.

④ 시야불량으로 인한 사고의 위험이 있다.

> **해설** 곡선반경이 짧아질수록 급한 커브길이 된다.

**정답** ①

**20** 다음 풋 브레이크에 대한 설명으로 옳지 않은 것은?

① 휠 실린더의 피스톤에 의해 브레이크 라이닝을 밀어준다.

② 브레이크 페달을 밟으면 브레이크액이 휠 실린더로 전달된다.

③ 주행 중에 발로 조작하는 주제동장치이다.

④ 엔진의 저항력으로 속도를 줄일 때 사용한다.

> **해설** 풋 브레이크는 타이어와 함께 회전하는 드럼을 잡아 멈추게 하거나 속도를 줄이게 한다. 엔진의 저항력으로 속도를 줄일 때 사용하는 것은 엔진 브레이크이다.

**정답** ④

**21** 다음 도로의 차로폭 기준은?

① 1.0m~1.5m  ② 1.5m~2.0m

③ 2.0m~3.0m  ④ 3.0m~3.5m

> **해설** 차로폭은 관련 기준에 따라 도로의 설계속도, 지형조건 등을 고려하여 달리할 수 있으나 대개 3.0m~3.5m를 기준으로 한다.

**정답** ④

**22** 다음 차로폭에 관한 설명으로 옳지 않은 것은?

① 도로의 차선과 차선 사이의 최장거리를 말한다.

② 도로의 설계속도, 지형조건 등을 고려하여 달리할 수 있다.

③ 시내 및 고속도로 등에서는 도로폭이 비교적 넓다.

④ 골목길이나 이면도로 등에서는 도로폭이 비교적 좁다.

> **해설** 차로폭 : 어느 도로의 차선과 차선 사이의 최단거리를 말한다.

**정답** ①

**23** 차로폭에 따른 안전운전 및 방어운전에 관한 설명으로 옳지 않은 것은?

① 차로폭이 넓은 경우 주관적인 판단을 가급적 자제해야 한다.

② 차로폭이 넓은 경우 속도를 높여 운행한다.

③ 차로폭이 좁은 경우 주행속도를 감속하여 운행한다.

④ 차로폭이 좁은 경우 즉시 정지할 수 있는 속도로 운행한다.

> **해설** 차로폭이 넓은 경우 : 주관적인 판단을 가급적 자제하고 계기판의 속도계에 표시되는 객관적인 속도를 준수할 수 있도록 노력한다.

**정답** ②

**24** 배기 브레이크를 사용할 때의 효과로 옳지 않은 것은?

① 엔진 오일의 소모량이 줄어든다.

② 브레이크액의 온도상승 억제에 따른 베이퍼 록 현상을 방지한다.

③ 드럼의 온도상승을 억제하여 페이드 현상을 방지한다.

④ 브레이크 사용 감소로 라이닝의 수명을 증대시킬 수 있다.

> **해설** 배기 브레이크를 사용할 때의 효과
> 1. 브레이크액의 온도상승 억제에 따른 베이퍼 록 현상을 방지한다.
> 2. 드럼의 온도상승을 억제하여 페이드 현상을 방지한다.
> 3. 브레이크 사용 감소로 라이닝의 수명을 증대시킬 수 있다.

**정답** ①

**25** 다음 앞지르기에 대한 설명 중 옳지 않은 것은?

① 앞지르기는 가속도에 따른 위험이 줄어든다.

② 앞지르기는 앞차보다 빠른 속도로 가속한다.

③ 앞지르기는 필연적으로 진로변경을 수반한다.

④ 진로변경은 동일한 차로로 진로변경 없이 진행하는 경우에 비하여 사고의 위험이 높다.

> **해설** 앞지르기는 앞차보다 빠른 속도로 가속하여 상당한 거리를 진행해야 하므로 앞지르기할 때의 가속도에 따른 위험이 수반된다.

**정답** ①

**26** 앞지르기를 할 때 발생할 수 있는 사고유형에 대한 설명으로 바르지 않은 것은?

① 앞지르기를 위한 최초 진로변경 시 동일방향 좌측 후속차와 추돌

② 진행 차로 내의 앞뒤 차량과의 충돌

③ 동일방향 좌측 차량과의 직각 충돌

④ 중앙선을 넘는 경우 마주오는 차와 충돌

> **해설** 앞지르기 사고의 유형
> 1. 앞지르기 위한 최초 진로변경 시 동일방향 좌측 후속차 또는 나란히 진행하던 차와 충돌
> 2. 좌측 도로상의 보행자와 충돌, 우회전차량과의 충돌
> 3. 중앙선을 넘어 앞지르기 시 대향차와 충돌
> 4. 진행 차로 내의 앞뒤 차량과의 충돌
> 5. 앞 차량과의 근접주행에 따른 측면 충격
> 6. 경쟁 앞지르기에 따른 충돌

**정답** ③

**27** 다음 철길 건널목 중 제2종 건널목에 대한 설명으로 적절한 것은?

① 경보기와 건널목 교통안전 표지만 설치하는 건널목

② 건널목 교통안전 표지만 설치하는 건널목

③ 건널목 안내원이 근무하는 건널목

④ 교통안전표지만 설치하는 건널목

> **해설** 제2종 건널목 : 경보기와 건널목 교통안전 표지만 설치하는 건널목

**정답** ①

**28** 다음 고속도로의 운행시 지켜야 할 사항으로 옳지 않은 것은?

① 전방 주시점은 속도가 빠를수록 가까이 둔다.

② 차로 변경 시는 최소한 100m 전방으로부터 방향 지시등을 켠다.

③ 주행차로 운행을 준수하고 두 시간마다 휴식을 취한다.

④ 뒤차가 자기 차를 추월하고 있는 상황에서 경쟁하는 것은 위험하다.

> **해설** 전방 주시점은 속도가 빠를수록 멀리 둔다.

**정답** ①

**29** 다음 빗길 운전에 관한 설명으로 바르지 않은 것은?

① 속도를 줄여 운행한다.

② 물이 고인 길을 통과할 때는 속도를 줄인다.

③ 저속기어로 바꾸어 서행하여 통과한다.

④ 브레이크를 한번에 꾹 밟아 마찰력을 높인다.

> **해설** 브레이크가 원활히 작동하지 않을 경우 브레이크를 여러 번 나누어 밟아 마찰열로 브레이크 패드나 라이닝의 물기를 제거한다.

**정답** ④

**30** 다음 봄철 교통사고의 특징으로 볼 수 없는 것은?

① 어린이, 노약자 관련 교통사고가 줄어드는 것이 특징이다.

② 황사현상에 의한 시야 장애도 사고의 원인으로 작용한다.

③ 기온이 상승함에 따라 긴장이 풀리고 몸도 나른해진다.

④ 춘곤증에 의한 졸음운전으로 교통사고에 주의한다.

> **해설** 교통수단이용이 겨울에 비해 늘어나는 계절적 특성으로 어린이, 노약자 관련 교통사고가 늘어난다.

**정답** ①

**31** 시속 60km로 달리는 자동차의 운전자가 1초를 졸았을 경우 무의식중의 주행거리는?

① 5.8m　　　　② 10.2m

③ 16.7m　　　　④ 23.9m

> **해설** 시속 60km로 달리는 자동차의 운전자가 1초를 졸았을 경우 무의식중의 주행거리는 약 16.7m나 되어 대형 사고의 원인이 될 수 있다.

**정답** ③

**32** 여름철 안전운행에 관한 설명으로 바르지 않은 것은?

① 실내의 더운 공기가 빠져나가게 하는 것이 좋다.

② 주행중 갑자기 시동이 꺼졌을 때 보닛을 열고 10여분 정도 열을 식힌 후 재시동을 건다.

③ 비가 내리는 경우 빠르게 주행한다.

④ 쉽게 피로해지며 주의 집중이 어려워지므로 휴식을 취해가며 운행한다.

**해설** 비에 젖은 도로를 주행할 때는 건조한 도로에 비해 마찰력이 떨어져 미끄럼에 의한 사고 가능성이 있으므로 감속 운행한다.

**정답** ③

### 33 다음 여름철 자동차 운행과 관련된 설명으로 옳지 않은 것은?

① 빗길 미끄럼 예방 등을 위하여 타이어 트레드 홈 깊이는 최저 1.0㎜ 이상을 유지한다.
② 폭우가 내릴 때의 노면은 빙판길 못지않게 미끄럽다.
③ 빗길 고속운전은 수막현상에 의한 교통사고 위험을 수반한다.
④ 불쾌지수가 높아져 난폭운전의 우려가 있다.

**해설** 노면과 맞닿는 부분인 요철형 무늬의 깊이(트레드 홈 깊이)가 최저 1.6㎜ 이상이 되는지를 확인하고 적정 공기압을 유지하고 점검한다.

**정답** ①

### 34 타이어는 트레드 홈 깊이가 어느 정도일 때 교환하는 것이 적정한가?

① 트레드 홈 깊이가 최저 1.6mm 이하일 때
② 트레드 홈 깊이가 최저 1.2mm 이하일 때
③ 트레드 홈 깊이가 최저 1.0mm 이하일 때
④ 트레드 홈 깊이가 최저 0.5mm 이하일 때

**해설** 트레드 홈 깊이가 최저 1.6mm 이하일 때 타이어를 교환하는 것이 좋다.

**정답** ①

### 35 겨울철 안전운행 및 교통사고 예방에 관한 설명으로 바르지 않은 것은?

① 눈이 쌓인 미끄러운 오르막길에서는 엔진 브레이크를 사용하며 서서히 출발한다.
② 미끄러운 길에서는 기어를 2단에 넣고 반클러치를 사용한다.
③ 도로가 미끄러울 때에는 갑작스러운 동작을 하지 않아야 한다.
④ 노면의 동결이 예상되는 그늘진 장소도 주의해야 한다.

**해설** 눈이 쌓인 미끄러운 오르막길에서는 주차 브레이크를 절반쯤 당겨 서서히 출발하며, 자동차가 출발한 후에는 주차 브레이크를 완전히 푼다. 오르막길에서의 엔진 브레이크 사용은 적절하지 않다.

**정답** ①

### 36 다음 위험물의 적재방법으로 바르지 않은 것은?

① 수납구를 아래로 향하게 적재할 것
② 혼재 금지된 위험물의 혼합 적재 금지
③ 직사광선 및 빗물 등의 침투를 방지할 수 있는 덮개를 설치할 것
④ 용기의 포장이 파손되지 않도록 적재할 것

**해설** 수납구를 위로 향하게 적재할 것

**정답** ①

### 37 위험물을 수송하는 방법에 대한 설명으로 바르지 않은 것은?

① 적재물의 마찰은 무시해도 좋으나 흔들림이 일어나지 않도록 한다.
② 인화성 물질을 수송하는 때에는 그 위험물에 적합한 소화설비를 갖춘다.
③ 재해발생 방지를 위한 응급조치에 필요한 자재 등을 갖춘다.
④ 정차는 안전한 장소를 택하여 안전에 주의한다.

**해설** 마찰 및 흔들림 일으키지 않도록 운반할 것

**정답** ①

### 38 차량에 고정된 탱크의 운송 시 주의사항으로 바르지 않은 것은?

① 수리를 할 때에는 통풍이 양호한 장소에서 실시할 것
② 재해발생 시에 취해야 할 조치를 숙지할 것
③ 수리를 할 때에는 밀폐된 장소에서 실시할 것
④ 운행 및 주차시의 안전조치와 재해발생 시에 취해야 할 조치를 숙지할 것

**해설** 수리를 할 때에는 통풍이 양호한 장소에서 실시하여야 한다.

**정답** ③

**39** 다음 중 운행을 종료한 때의 점검사항으로 바르지 않은 것은?

① 냉각 수량의 적정 유무
② 높이검지봉 및 부속배관 등이 적절히 부착되어 있을 것
③ 부속품등의 볼트 연결상태가 양호할 것
④ 밸브 등의 이완이 없을 것

> **해설** 운행을 종료한 때의 점검사항
> 1. 밸브 등의 이완이 없을 것
> 2. 경계표지 및 휴대품 등의 손상이 없을 것
> 3. 부속품등의 볼트 연결상태가 양호할 것
> 4. 높이검지봉 및 부속배관 등이 적절히 부착되어 있을 것

**정답** ①

**40** 차량에 고정된 탱크에 이송(移送)작업할 때의 기준으로 바르지 않은 것은?

① 저울, 액면계 또는 유량계를 사용하여 과충전에 주의할 것
② 이송 전·후에 밸브의 누출유무를 점검하고 개폐는 서서히 행할 것
③ 탱크의 설계압력 이상의 압력으로 가스를 충전할 것
④ 이입(移入)작업할 때 기준에 적합하게 할 것

> **해설** 탱크의 설계압력 이상의 압력으로 가스를 충전하지 않아야 한다.

**정답** ③

**41** 고압가스 충전용기 등을 차량에 적재할 때의 주의사항으로 바르지 않은 것은?

① 차량 동요로 용기가 충돌하지 않도록 고무링을 씌우거나 적재함에 넣어서 운반한다.
② 차량에 싣고 내릴 때에는 충격완화 물품을 사용한다.
③ 차량의 최대 적재량을 초과하여 적재하지 않는다.
④ 충전용기는 세우는 것보다 가능한 한 눕혀서 적재한다.

> **해설** 고압가스 충전용기는 적재함에 넣어 세워서 운반하여야 하고, 세워서 적재하기 곤란한 경우 적재함 높이 이내로 눕혀서 적재할 수 있다.

**정답** ④

**42** 운반중인 고압가스 충전용기는 항상 몇 ℃ 이하로 유지하여야 하는가?

① 20℃ 이하
② 40℃ 이하
③ 60℃ 이하
④ 80℃ 이하

> **해설** 운반중인 고압가스 충전용기는 항상 40℃ 이하를 유지할 것

**정답** ②

**43** 고속도로 교통사고의 특성으로 바르지 않은 것은?

① 고속도로는 운행 특성상 장거리 통행이 많다.
② 다른 도로에 비해 치사율이 낮은 편이다.
③ 장거리 운행으로 인한 과로로 졸음운전이 발생할 가능성이 매우 높다.
④ 고속도로에서는 운전자 전방주시 태만과 졸음운전이 많다.

> **해설** 고속도로는 빠르게 달리는 도로의 특성상 다른 도로에 비해 치사율이 높다.

**정답** ②

**44** 다음 편도 2차로 이상의 고속도로에서 최저속도는?

① 매시 30km
② 매시 40km
③ 매시 50km
④ 매시 80km

> **해설** 편도 2차로 이상의 고속도로에서 최저속도 : 매시 50km

**정답** ③

**45** 다음 편도 2차로 이상의 고속도로에서 2차로로 통행할 수 있는 자동차는?

① 소형 승합자동차
② 모든 자동차
③ 중형 승합자동차
④ 승용자동차

> **해설** 편도 2차로 이상의 고속도로에서 2차로로 통행할 수 있는 자동차 : 모든 자동차

**정답** ②

**46** 다음  고속도로 안전운전 방법으로 바르지 않은 것은?

① 차량 총중량 4.5톤 이상 및 특수 자동차는 후부 반사판을 부착해야 한다.
② 추월이 끝나면 주행차로로 복귀한다.
③ 전 좌석 안전띠 착용은 의무사항이다.
④ 앞차의 전방까지 시야를 두면서 운전한다.

> **해설** 차량 총중량 7.5톤 이상 및 특수 자동차는 후부 반사판을 부착해야 한다.

**정답 ①**

**47** 고속도로 작업구간 중 운전자들이 전방의 교통상황 변화를 사전에 인지하여 안전운행에 미리 대비하는 구간은?

① 주의구간
② 변화구간
③ 작업구간
④ 종결구간

> **해설** 주의구간 : 운전자들이 전방의 교통상황 변화를 사전에 인지하여 안전운행에 미리 대비하는 구간으로 길어깨(갓길)에 안내표지 등이 설치된다.

**정답 ①**

**48** 고속도로 교통사고 및 고장 발생 시 대처 요령으로 옳지 않은 것은?

① 사고를 낸 운전자는 가까운 경찰관서에 신고한다.
② 2차사고의 우려가 있을 경우에는 부상자를 안전한 장소로 이동시킨다.
③ 사고 현장에 의사, 구급차 등이 도착할 때까지 부상자에게는 응급조치를 한다.
④ 고속도로 2차사고 치사율은 일반사고 보다 2배 높다.

> **해설** 고속도로 2차사고 치사율은 일반사고 보다 6배 높다.

**정답 ④**

**49** 고속도로 2차사고 예방 안전행동요령으로 옳지 않은 것은?

① 신속히 비상등을 켜고 다른 차의 소통에 방해가 되지 않도록 갓길로 차량을 이동시킨다.
② 후방에서 접근하는 차량의 운전자가 쉽게 확인할 수 있도록 고장자동차의 표지(안전삼각대)를 한다.
③ 운전자와 탑승자가 차량 내 또는 주변에 있는 것은 매우 위험하므로 어깨길로 대피한다.
④ 경찰관서(112), 소방관서(119) 또는 한국도로공사 콜센터로 연락하여 도움을 요청한다.

> **해설** 운전자와 탑승자가 차량 내 또는 주변에 있는 것은 매우 위험하므로 가드레일 밖 등 안전한 장소로 대피한다.

**정답 ③**

**50** 4톤 이하 화물차가 갓길을 주행하였을 때 과태료는?

① 6만원
② 7만원
③ 9만원
④ 10만원

> **해설** 갓길 주행 위반시 처분
>
> | 차량 | 범칙금 | 벌점 | 과태료 |
> |---|---|---|---|
> | 승용차, 4톤 이하 화물차 | 6만원 | 30점 | 9만원 |
> | 승합차, 4톤 초과 화물차 등 | 7만원 | | 10만원 |

**정답 ③**

**51** 터널내 화재 시 행동요령으로 옳지 않은 것은?

① 운전자는 차량과 함께 터널 밖으로 신속히 이동한다.
② 터널 밖으로 이동이 불가능한 경우 최대한 갓길 쪽으로 정차한다.
③ 비상벨을 누르거나 비상전화로 화재발생을 알려줘야 한다.
④ 엔진을 끈 후 키를 가지고 신속하게 하차한다.

> **해설** 엔진을 끈 후 키를 꽂아둔 채 신속하게 하차한다.

**정답 ④**

**52** 오르막표지 또는 시설물 등을 안내하는 표지는?

① 이정표지　　　　② 경계표지
③ 기타표지　　　　④ 노선표지

> **해설**　기타표지 : 오르막표지 또는 시설물 등을 안내하는 표지

**정답** ③

**53** 다음 적재 불량 차량으로 볼 수 없는 것은?

① 스페어 타이어 고정 불량
② 결속 상태가 좋은 차량
③ 견인 시 사고 차량 파손품 유포 우려가 있는 차량
④ 적재 불량으로 인하여 적재물 낙하 우려가 있는 차량

> **해설**　적재 불량 차량
> 1. 편중적재, 스페어 타이어 고정 불량
> 2. 덮개를 씌우지 않았거나 묶지 않아 결속 상태가 불량한 차량
> 3. 액체 적재물 방류차량, 견인 시 사고 차량 파손품 유포 우려가 있는 차량
> 4. 기타 적재 불량으로 인하여 적재물 낙하 우려가 있는 차량

**정답** ②

**54** 다음 과적차량 제한하는 사유로 옳지 않은 것은?

① 고속도로의 포장균열
② 타이어 파손, 전·후방 주시 곤란
③ 저속주행으로 인한 비경제적 교통환경 조성
④ 동력연결부의 잦은 고장 등 교통사고 유발

> **해설**　과적차량 제한하는 사유는 저속주행으로 인하여 교통소통에 지장을 주기 때문이다.

**정답** ③

**55** 다음 적재량 측정 방해 행위가 아닌 것은?

① 측정차로 통행 속도 기준인 5km/h를 초과하여 진입하는 행위
② 차량의 축간 거리 또는 차축 높이를 조절하는 행위
③ 적재량 측정장비 미설치 차로로 진입하는 행위
④ 압력조절장치를 이용하여 차축을 조작하는 행위

> **해설**　적재량 측정 방해 행위
> 1. 승강조작장치 또는 압력조절장치를 이용하여 차축을 조작하는 행위
> 2. 차량 바퀴의 공기압을 조절하는 행위
> 3. 차량의 축간 거리 또는 차축 높이를 조절하는 행위
> 4. 단속장비의 정해진 위치를 벗어나 차량을 운행하는 행위
> 5. 적재량 측정장비 미설치 차로로 진입하는 행위
> 6. 측정차로 통행 속도 기준인 10km/h를 초과하여 진입하는 행위

**정답** ①

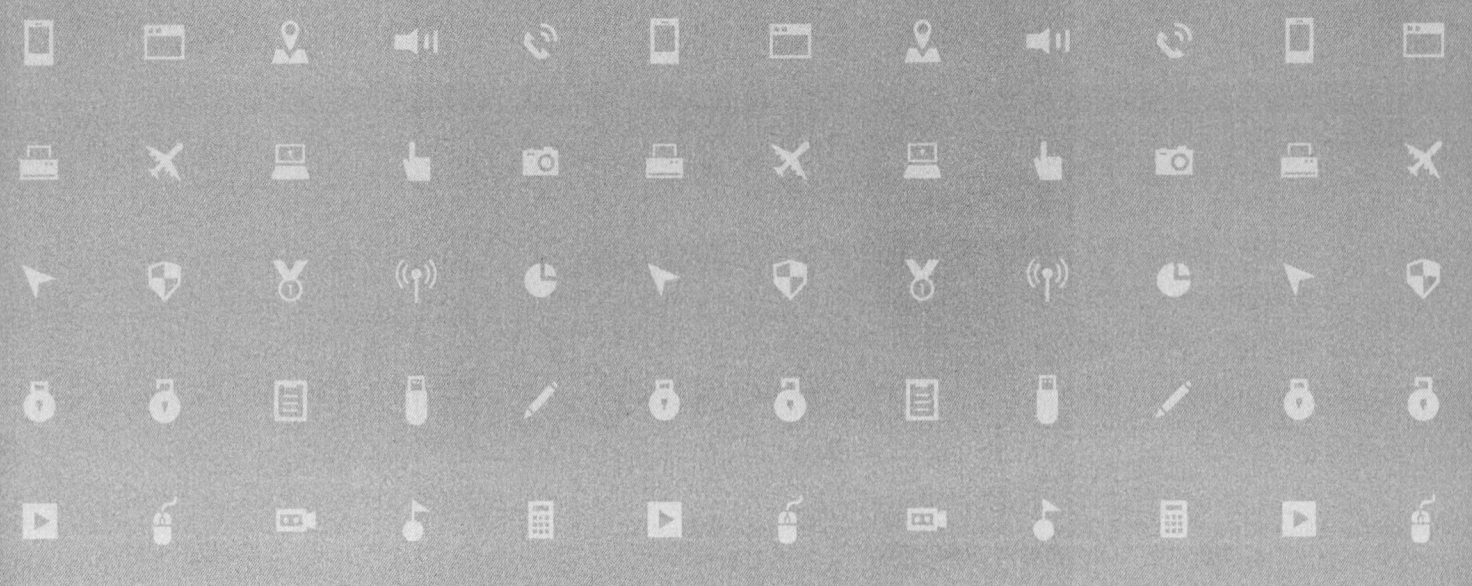

Qualification Test for Cargo Workers

PART **4**

# 운송서비스

Qualification Test for Cargo Workers

# 제 1 장 직업 운전자의 기본자세 [핵심요약]

QUALIFICATION TEST FOR CARGO WORKERS

## 1 고객만족

▩ **친절이 중요한 이유** : 한 업체에서 고객이 거래를 중단하는 이유를 조사한 결과 접점에서 종업원의 불친절(68%), 제품에 대한 불만(14%), 경쟁사의 회유(9%), 가격이나 기타(9%)로 조사되어 고객이 거래를 중단하는 가장 큰 이유는 제품에 대한 불만이 아니라 일선 종업원의 불친절에 의한 것이다.

▩ **고객의 욕구**

① 기억되기를 바란다.

② 환영받고 싶어 한다.

③ 관심을 가져주기를 바란다.

④ 중요한 사람으로 인식되기를 바란다.

⑤ 편안해지고 싶어 한다.

⑥ 칭찬받고 싶어 한다.

⑦ 기대와 욕구를 수용하여 주기를 바란다.

## 2 고객서비스

▩ 무형성 – 보이지 않는다.

▩ 동시성 – 생산과 소비가 동시에 발생한다.

▩ 인간주체(이질성) – 사람에 의존한다.

▩ 소멸성 – 즉시 사라진다.

▩ 무소유권 – 가질 수 없다.

## 3 고객만족을 위한 3요소

▩ **고객만족을 위한 서비스 품질의 분류**

① **상품품질** : 성능 및 사용방법을 구현한 하드웨어(Hardware) 품질이다.

② **영업품질** : 고객이 현장사원 등과 접하는 환경과 분위기를 고객만족으로 실현하기 위한 소프트웨어(Software) 품질이다.

③ 서비스품질 : 고객으로부터 신뢰를 획득하기 위한 휴먼웨어(Human-ware) 품질이다.

▥ **서비스 품질을 평가하는 고객의 기준** : 서비스 품질에 대한 평가는 오로지 고객에 의해서만 이루어진다. 신뢰성, 신속한 대응, 정확성, 편의성, 태도, 커뮤니케이션(Communication), 신용도, 안전성, 고객의 이해도, 환경

## 4 기본예절

▥ **기본예절**

① 상대방을 알아준다.

② 자신의 것만 챙기는 이기주의는 바람직한 인간관계 형성의 저해요소이다.

③ 약간의 어려움을 감수하는 것은 좋은 인간관계 유지를 위한 투자이다.

④ 예의란 인간관계에서 지켜야 할 도리이다.

⑤ 연장자는 사회의 선배로서 존중하고, 공·사를 구분하여 예우한다.

⑥ 상스러운 말을 하지 않는다.

⑦ 상대에게 관심을 갖는 것은 상대로 하여금 내게 호감을 갖게 한다.

⑧ 관심을 가짐으로 인간관계는 더욱 성숙된다.

⑨ 상대방의 입장을 이해하고 존중한다.

⑩ 상대방의 여건, 능력, 개인차를 인정하여 배려한다.

⑪ 상대의 결점을 지적할 때에는 진지한 충고와 격려로 한다.

⑫ 상대 존중은 돈 한 푼 들이지 않고 상대를 접대하는 효과가 있다.

⑬ 모든 인간관계는 성실을 바탕으로 한다.

⑭ 항상 변함없는 진실한 마음으로 상대를 대한다.

⑮ 성실성은 상대에게 신뢰를 주어 관계가 깊어지게 된다.

⑯ 상대방과의 신뢰관계는 이익을 창출하는 것이 아니라 상대방에게 도움이 되어야 형성된다.

## 5 고객만족 행동예절

▥ **인사** : 인사는 서비스의 첫 동작이며, 마지막 동작이다. 인사는 서로 만나거나 헤어질 때 말·태도 등으로 존경, 사랑, 우정을 표현하는 행동양식이다.

① **인사의 중요성**

㉠ 인사는 평범하고도 대단히 쉬운 행위이지만 습관화되지 않으면 실천에 옮기기 어렵다.

㉡ 인사는 애사심, 존경심, 우애, 자신의 교양과 인격의 표현이다.

㉢ 인사는 서비스의 주요 기법이다.

㉣ 인사는 고객과 만나는 첫걸음이다.

㉤ 인사는 고객에 대한 마음가짐의 표현이다.

㉥ 인사는 고객에 대한 서비스정신의 표시이다.

② **인사의 마음가짐** : 정성과 감사의 마음으로, 예절 바르고 정중하게, 밝고 상냥한 미소로, 경쾌하고 겸손한 인사말과 함께

③ **꼴불견 인사** : 얼굴을 빤히 보고하는 인사(턱을 쳐들고 눈을 치켜뜨고 하는 인사), 할까 말까 망설이면서 하는 인사, 인사말이 없거나 분명치 않거나 성의 없이 말로만 하는 인사, 무표정한 인사, 경황없이 급히 하는 인사, 뒷짐을 지고 하는 인사, 상대방의 눈을 보지 않는 인사, 자세가 흐트러진 인사, 높은 곳에서 윗사람에게 하는 인사, 머리만 까닥거리는 인사, 고개를 옆으로 돌리는 인사, 머리로 얼굴을 덮거나 바로 하기 위해 머리를 흔드는 인사

④ **올바른 인사방법**

    ㉠ 머리와 상체를 숙인다(가벼운 인사 : 15°, 보통 인사 : 30°, 정중한 인사 : 45°).

    ㉡ 머리와 상체를 직선으로 하여 상대방의 발끝이 보일 때까지 천천히 숙인다.

    ㉢ 항상 밝고 명랑한 표정의 미소를 짓는다.

    ㉣ 인사하는 지점의 상대방과의 거리는 약 2m 내외가 적당하다.

    ㉤ 턱을 지나치게 내밀지 않도록 한다.

    ㉥ 손을 주머니에 넣거나 의자에 앉아서 하는 일이 없도록 한다.

▦ **악수**

① 상대와 적당한 거리에서 손을 잡는다.

② 손은 반드시 오른손을 내민다.

③ 손이 더러울 땐 양해를 구한다.

④ 상대의 눈을 바라보며 웃는 얼굴로 악수한다.

⑤ 허리는 무례하지 않도록 자연스레 편다.(상대방에 따라 10~15°정도 굽히는 것도 좋다)

⑥ 계속 손을 잡은 채로 말하지 않는다.

⑦ 손을 너무 세게 쥐거나 또는 힘없이 잡지 않는다.

⑧ 왼손은 자연스럽게 바지 옆선에 붙이거나 오른손 팔꿈치를 받쳐준다.

▦ **호감 받는 표정관리**

① **표정** : 표정은 중요한 의미를 가진다.

② **시선** : 자연스럽고 부드러운 시선으로 상대를 본다.

③ **좋은 표정 체크사항(check-point) 하기**

④ **고객 응대 마음가짐 10가지** : 사명감, 고객의 입장, 원만하게, 긍정적으로 생각, 고객 호감, 공사 구분, 투철한 서비스 정신, 겸손, 자신감, 반성 및 개선

▦ **언어예절(대화시 유의사항)**

① 불평불만을 함부로 떠들지 않는다.

② 독선적, 독단적, 경솔한 언행을 삼간다.

③ 욕설, 독설, 험담을 삼가한다.

④ 매사 침묵으로 일관하지 않는다.

⑤ 남을 중상 모략하는 언동을 하지 않는다.

⑥ 불가피한 경우를 제외하고 논쟁을 피한다.

⑦ 쉽게 흥분하거나 감정에 치우치지 않는다.

⑧ 농담은 조심스럽게 한다.(부하직원이라 할지라도)

⑨ 매사 함부로 단정하지 않고 말한다.

⑩ 일부분을 보고 전체를 속단하여 말하지 않는다.

⑪ 도전적 언사는 가급적 자제한다.(하급자는 상급자에게 예의바른 행동)

⑫ 상대방의 약점을 지적하는 것을 피한다.

⑬ 남이 이야기하는 도중에 분별없이 차단하지 않는다.

⑭ 엉뚱한 곳을 보고 말을 듣고 말하는 버릇은 고친다.

### ▦ 흡연예절

① **흡연을 삼가야 할 곳** : 운행 중 차내에서, 보행 중, 재떨이가 없는 응접실, 혼잡한 식당 등 공공장소, 사무실내에서 다른 사람이 담배를 안 피울 때, 회의장

② **담배꽁초의 처리방법**

  ㉠ 담배꽁초는 반드시 재떨이에 버린다.

  ㉡ 자동차 밖으로 버리지 않는다.

  ㉢ 화장실 변기에 버리지 않는다.

  ㉣ 꽁초를 길에 버린 후 발로 비비지 않는다.

  ㉤ 꽁초를 손가락으로 튕겨 버리지 않는다.

### ▦ 음주예절

① 경영방법이나 특정한 인물에 대하여 비판하지 않는다.

② 상사에 대한 험담을 하지 않는다.

③ 과음하거나 지식을 장황하게 늘어놓지 않는다.

④ 술좌석을 자기자랑이나 평상시 언동의 변명의 자리로 만들지 않는다.

⑤ 상사와 합석한 술좌석은 근무의 연장이라 생각하고 예의바른 모습을 보여주어 더 큰 신뢰를 얻도록 한다.

⑥ 고객이나 상사 앞에서 취중의 실수는 영원한 오점을 남긴다.

### ▦ 운전예절

① **교통질서**

  ㉠ 교통질서의 중요성 : 제한된 공간 속에서 수많은 사람이 안전하고 자유롭게 생활하기 위해서는 상호간의 질서와 사회규범이 지켜져야 한다.

  ㉡ 질서의식의 함양 : 질서는 반드시 의식적·무의식적으로 지켜질 수 있도록 생활화되어야 한다.

② **운전자의 사명과 자세**

  ㉠ 운전자의 사명 : 남의 생명도 내 생명처럼 존중, 운전자는 '공인'이라는 자각이 필요

  ㉡ 운전자가 가져야 할 기본적 자세 : 교통법규의 이해와 준수, 여유 있고 양보하는 마음으로 운전, 주의력 집중, 심신상태의 안정, 추측 운전의 삼가, 운전기술의 과신은 금물, 저공해 등 환경보호, 소음공해 최소화 등

③ **올바른 운전예절**

  ㉠ 운전예절의 중요성 : 예절 바른 운전습관은 원활한 교통질서를 가져오며 교통사고를 예방할 뿐 아니라 교통문화를 선진화하는데 지름길이 되기 때문이다.

  ㉡ 예절바른 운전습관 : 명랑한 교통질서 유지, 교통사고의 예방, 교통문화를 정착시키는 선두주자

  ㉢ 지켜야 할 운전예절 : 과신은 금물, 횡단보도에서의 예절, 전조등 사용법, 고장자동차의 유도, 올바른 방향전환 및 차로변경, 여유 있는 교차로 통과 등

  ㉣ 삼가야 할 운전행동 : 무례한 운전 자세, 욕설이나 경쟁운전 행위, 다른 자동차의 통행을 방해하는 행위, 불안하게 하는 행위, 재촉하는 행위, 자동차 계기판 윗부분 등에 발을 올려놓고 운행하는 행위, 교통 경찰관의 단속

에 불응하고 항의하는 행위, 버스전용차로를 무단 통행하고 갓길로 주행하는 행위 등

④ 운송종사자의 서비스 자세

　　㉠ 화물운송업의 특성 : 책임은 회사의 간섭을 받지 않고 운전자의 책임, 화물과 서비스가 함께 수송되어 목적지
　　　까지 운반

　　㉡ 화물차량 운전의 직업상 어려움

　　㉢ 화물운전자의 서비스 확립자세

　　㉣ 화물운전자의 운전자세

■ 용모, 복장

① **인성과 습관의 중요성** : 운전자의 습관은 운전태도로 나타나므로 나쁜 운전습관을 개선하기 위해 노력하여야
한다.

② **운전자의 습관 형성** : 습관은 후천적으로 형성되는 조건반사 현상, 습관은 본능에 가까운 강력한 힘 발휘

③ **기본원칙** : 깨끗하게, 단정하게, 품위 있게, 규정에 맞게, 통일감 있게, 계절에 맞게, 편한 신발을 신되, 샌들이나
슬리퍼는 삼가

④ **고객에게 불쾌감을 주는 몸가짐** : 충혈된 눈, 잠잔 흔적이 남은 머릿결, 정리되지 않은 덥수룩한 수염, 길게 자란
코털, 지저분한 손톱, 무표정 등

⑤ **단정한 용모·복장의 중요성** : 첫인상, 고객과의 신뢰형성, 활기찬 직장 분위기 조성, 일의 성과, 기분전환 등

■ 운전자의 기본적 주의사항

① 법규 및 사내 교통안전 관련규정 준수

② 운행전 준비

③ 운행상 주의

④ 교통사고 발생시 조치

⑤ 신상변동 등의 보고

■ 직업관

① 직업의 4가지 의미

　　㉠ 경제적 의미 : 일터, 일자리, 경제적 가치를 창출하는 곳

　　㉡ 정신적 의미 : 직업의 사명감과 소명의식을 갖고 정성과 정열을 쏟을 수 있는 곳

　　㉢ 사회적 의미 : 자기가 맡은 역할을 수행하는 능력을 인정받는 곳

　　㉣ 철학적 의미 : 일한다는 인간의 기본적인 리듬을 갖는 곳

② **직업윤리** : 직업에는 귀천이 없다(평등), 천직의식, 감사하는 마음

③ **직업의 3가지 태도** : 애정, 긍지, 열정

■ 고객응대 예절

① 집하 시 행동방법

　　㉠ 집하는 서비스의 출발점이라는 자세로 한다.

　　㉡ 인사와 함께 밝은 표정으로 정중히 두 손으로 화물을 받는다.

　　㉢ 24시간, 48시간, 배달 불가지역에 대한 배달점소의 사정을 고려하여 집하한다.

　　㉣ 2개 이상의 화물은 반드시 분리 집하한다.(결박화물 집하금지)

　　㉤ 취급제한 물품은 그 취지를 알리고 정중히 집하를 거절한다.

　　㉥ 택배운임표를 고객에게 제시 후 운임을 수령한다.

ⓐ 운송장 및 보조송장 도착지란에 주소를 정확하게 기재하여 터미널 오분류를 방지할 수 있도록 한다.

ⓞ 송하인용 운송장을 절취하여 고객에게 두 손으로 건네준다.

ⓩ 화물 인수 후 감사의 인사를 한다.

② 배달시 행동방법

㉠ 배달은 서비스의 완성이라는 자세로 한다.

㉡ 긴급배송을 요하는 화물은 우선 처리하고, 모든 화물은 반드시 기일 내 배송한다.

㉢ 수하인 주소가 불명확할 경우 사전에 정확한 위치를 확인 후 출발한다.

㉣ 무거운 물건일 경우 손수레를 이용하여 배달한다.

㉤ 고객이 부재 시에는 "부재중 방문표"를 반드시 이용한다.

㉥ 명랑한 목소리로 인사하고 화물을 정중하게 고객이 원하는 장소에 가져다 놓는다.

㉦ 인수증 서명은 반드시 정자로 실명 기재 후 받는다.

㉧ 배달 후 돌아갈 때에는 이용해 주셔서 고맙다는 뜻을 밝히며 밝게 인사한다.

③ 고객불만 발생 시 행동방법

㉠ 고객의 감정을 상하게 하지 않도록 불만 내용을 끝까지 참고 듣는다.

㉡ 불만사항에 대하여 정중히 사과한다.

㉢ 고객의 불만, 불편사항이 더 이상 확대되지 않도록 한다.

㉣ 고객불만을 해결하기 어려운 경우 관련부서와 협의 후에 답변을 하도록 한다.

㉤ 전화를 받는 사람의 이름을 밝혀 고객을 안심시킨 후 확인 연락을 할 것을 전해준다.

㉥ 불만전화 접수 후 우선적으로 빠른 시간 내에 확인하여 고객에게 알린다.

### ▨ 고객 상담시의 대처방법

① 전화벨이 울리면 즉시 받는다(3회 이내).

② 밝고 명랑한 목소리로 받는다.

③ 집하의뢰 전화는 고객이 원하는 날, 시간 등에 맞추도록 노력한다.

④ 배송확인 문의전화는 영업사원에게 시간을 확인한 후 고객에게 답변한다.

⑤ 고객의 문의전화, 불만전화 접수 시 해당 지점이 아니더라도 확인하여 고객에게 친절히 답변한다.

⑥ 담당자가 부재중일 경우 반드시 내용을 메모하여 전달한다.

⑦ 전화가 끝나면 마지막 인사를 하고 상대편이 먼저 끊은 후 전화를 끊는다.

# 제 1 장 직업 운전자의 기본자세 [적중문제]

QUALIFICATION TEST FOR CARGO WORKERS

**01** 고객이 거래를 중단하는 이유로 가장 주된 이유는?

① 종업원의 불친절
② 제품에 대한 불만
③ 경쟁사의 회유
④ 가격

> **해설** 고객이 거래를 중단하는 이유는 종업원의 불친절 (68%), 제품에 대한 불만(14%), 경쟁사의 회유(9%), 가격이나 기타(9%) 순이다.

**정답** ①

**02** 다음 중 고객의 욕구로 적절하지 않은 것은?

① 칭찬받고 싶어 한다.
② 빨리 잊혀지기를 원한다.
③ 중요한 사람으로 인식되기를 바란다.
④ 기대와 욕구를 수용하여 주기를 바란다.

> **해설** 고객은 빨리 잊혀지기를 원하지 않고 중요한 사람으로 인식되기를 바란다.

**정답** ②

**03** 다음 서비스의 특징으로 볼 수 없는 것은?

① 즉시 사라진다.
② 생산과 소비가 동시에 발생한다.
③ 서비스는 누릴 수 있고 소유할 수도 있다.
④ 사람에 의존한다.

> **해설** 서비스는 누릴 수 있으나 소유할 수 없다.

**정답** ③

**04** 고객서비스의 특성에 대한 설명으로 맞지 않는 것은?

① 소멸성 : 즉시 사라진다.
② 무형성 : 보이지 않는다.
③ 이질성 : 사람에 의존한다.
④ 소유권 : 가질 수 없다.

> **해설** 무소유권 : 가질 수 없다.

**정답** ④

**05** 성능 및 사용방법을 구현한 하드웨어(Hardware) 품질은?

① 영업품질
② 가격품질
③ 서비스품질
④ 상품품질

> **해설** 상품품질 : 성능 및 사용방법을 구현한 하드웨어 (Hardware) 품질이다.

**정답** ④

**06** 서비스 품질을 평가하는 고객의 기준으로 옳지 않은 것은?

① 고객의 이해도
② 신뢰성
③ 가격
④ 편의성

> **해설** 서비스 품질을 평가하는 고객의 기준 : 신뢰성, 신속한 대응, 정확성, 편의성, 태도, 커뮤니케이션(Communication), 신용도, 안전성, 고객의 이해도, 환경

**정답** ③

**07** 고객에 대한 서비스 품질을 높이기 위한 행동으로 볼 수 없는 것은?

① 고객이 진정으로 요구하는 것을 안다.
② 고객의 이야기를 잘 듣는다.
③ 전문용어의 사용으로 전문성을 높인다.
④ 약속기일을 확실히 지킨다.

> **해설** 어려운 전문용어로 설명하지 않고 알기 쉽게 설명하여야 한다.

**정답** ③

**08** 서비스 품질을 평가하는 고객의 기준 중 태도와 관련이 없는 것은?

① 기다리게 하지 않는다.
② 예의 바르다.
③ 배려, 느낌이 좋다.
④ 복장이 단정하다.

해설 기다리게 하지 않는 것은 신속한 대응이다.

정답 ①

**09** 다음 고객에 대한 기본예절로 바르지 않은 것은?

① 상대방의 입장을 이해하고 존중한다.
② 연장자는 사회의 선배로서 존중한다.
③ 상대에게 업무 이외의 관심을 갖지 않는다.
④ 모든 인간관계는 성실을 바탕으로 한다.

해설 상대에게 관심을 갖는 것은 상대로 하여금 내게 호감을 갖게 한다.

정답 ③

**10** 다음 고객에 대한 기본예절로 옳지 않은 것은?

① 자신의 것만 챙기는 이기주의는 바람직한 인간관계 형성의 저해요소이다.
② 업무상 상대의 결점을 지적하지 않아야 한다.
③ 상대 존중은 돈 한 푼 들이지 않고 상대를 접대하는 효과가 있다.
④ 성실성은 상대에게 신뢰를 주어 관계가 깊어지게 된다.

해설 상대의 결점을 지적할 때에는 진지한 충고와 격려로 한다.

정답 ②

**11** 서로 만나거나 헤어질 때 말·태도 등으로 존경, 사랑, 우정을 표현하는 행동양식은?

① 태도          ② 양식
③ 친절          ④ 인사

해설 인사는 서로 만나거나 헤어질 때 말·태도 등으로 존경, 사랑, 우정을 표현하는 행동양식이다.

정답 ④

**12** 다음 인사의 중요성에 관한 설명으로 바르지 않은 것은?

① 고객에 대한 서비스정신의 표시이다.
② 실천하기가 어렵지 않다.
③ 고객에 대한 마음가짐의 표현이다.
④ 고객과 만나는 첫걸음이다.

해설 습관화되지 않으면 실천에 옮기기 어렵다.

정답 ②

**13** 다음 꼴불견 인사가 아닌 것은?

① 턱을 쳐들고 눈을 치켜뜨고 하는 인사
② 경황없이 급히 하는 인사
③ 경쾌한 인사말과 함께 하는 인사
④ 할까 말까 망설이면서 하는 인사

해설 경쾌한 인사말과 함께 인사는 올바른 인사방법이다.

정답 ③

**14** 다음 올바른 인사방법으로 바르지 않은 것은?

① 가벼운 인사는 45° 머리와 상체를 숙인다.
② 항상 밝고 명랑한 표정의 미소를 짓는다.
③ 머리와 상체를 직선으로 하여 상대방의 발끝이 보일 때까지 천천히 숙인다.
④ 손을 주머니에 넣거나 의자에 앉아서 하는 일이 없도록 한다.

해설 머리와 상체를 숙인다(가벼운 인사 : 15°, 보통 인사 : 30°, 정중한 인사 : 45°).

정답 ①

**15** 악수할 때의 예절로 바르지 않은 것은?

① 손이 더러울 땐 양해를 구한다.
② 허리는 무례하지 않도록 자연스레 편다.
③ 손을 세게 쥐어 친근함을 표시한다.
④ 계속 손을 잡은 채로 말하지 않는다.

해설 손을 너무 세게 쥐거나 또는 힘없이 잡지 않아야 한다.

정답 ③

**16** 다음 표정의 중요성에 관한 설명으로 옳지 않은 것은?

① 밝은 표정과 미소는 자신을 위하는 것이라 생각한다.
② 표정은 첫인상을 크게 좌우한다.
③ 첫인상이 좋아야 그 이후의 대면이 호감 있게 이루어질 수 있다.
④ 과묵한 표정은 좋은 인간관계의 기본이다.

해설 밝은 표정은 좋은 인간관계의 기본이 된다.

정답 ④

**17** 고객을 대하는 시선으로 바르지 않은 것은?

① 자연스럽고 부드러운 시선으로 상대를 본다.
② 눈동자는 항상 중앙에 위치하도록 한다.
③ 한 곳만을 바라보며 대화한다.
④ 가급적 고객의 눈높이와 맞춘다.

해설 한 곳만을 바라보며 대화하는 비롯은 고쳐야 한다.

정답 ③

**18** 고객 응대 마음가짐 10가지에 해당하지 않는 것은?

① 꾸준히 반성하고 개선한다.
② 긍정적 측면과 부정적 측면으로 나누어 생각한다.
③ 원만하게 대한다.
④ 고객이 호감을 갖도록 한다.

해설 고객을 대할 때에는 항상 긍정적으로 생각해야 한다.

정답 ②

**19** 다음 대화시 유의사항으로 바르지 않은 것은?

① 불평불만을 함부로 떠들지 않는다.
② 매사 침묵으로 일관하지 않는다.
③ 고객과 호응하기 위해 흥분과 감정의 정서를 이용한다.
④ 불가피한 경우를 제외하고 논쟁을 피한다.

해설 쉽게 흥분하거나 감정에 치우치지 않아야 한다.

정답 ③

**20** 다음 운전자가 가져야 할 기본적 자세로 가장 옳지 않은 것은?

① 심신 상태의 안정
② 예측과 추측을 통한 방어운전
③ 주의력 집중
④ 교통법규의 이해와 준수

해설 운전자가 가져야 할 기본적 자세 : 교통법규의 이해와 준수, 여유 있고 양보하는 마음으로 운전, 주의력 집중, 심신 상태의 안정, 추측 운전의 삼가, 운전기술의 과신은 금물, 저공해 등 환경보호, 소음공해 최소화

정답 ②

**21** 다음 올바른 운전태도라고 할 수 있는 것은?

① 가벼운 접촉사고 시 충돌위치 확인 후 도로 가장자리로 차량을 이동하는 행위
② 다툼 등의 행위를 하여 다른 자동차의 통행을 방해하는 행위
③ 도로상에서 교통사고 등으로 차량을 세워 둔 채로 시비
④ 신호등이 바뀌었는데도 머뭇거리는 차량에 대해 경음기를 울려대는 행위

해설 가벼운 접촉사고 시 충돌위치 확인 후 도로 가장자리로 차량을 이동하여야 한다. ①, ②, ④의 행위를 하지 않아야 한다.

정답 ①

**22** 다음 운전자가 삼가야 할 운전예절로 바르지 않은 것은?

① 교통 경찰관의 단속에 응하는 행위
② 갓길로 주행하는 행위
③ 다툼 등의 행위를 하여 다른 자동차의 통행을 방해하는 행위
④ 자동차 계기판 윗부분 등에 발을 올려놓고 운행하는 행위

해설 교통 경찰관의 단속에 불응하고 항의하는 행위는 운전자가 삼가야 할 운전예절이다.

정답 ①

**23** 다음 화물운전자의 운전자세로 옳지 않은 것은?

① 가장 좋은 상태로 유지하도록 건강관리를 잘한다.
② 친절하고 예의바른 서비스를 하여 고객과 불필요한 마찰을 일으키지 않는다.
③ 운전이 서툴러도 상대에게 화를 내거나 보복하지 말아야 한다.
④ 일반 운전자는 화물차의 뒤를 따라가는 것을 좋아하므로 후속차량에게 진로를 양보할 필요가 없다.

**해설** 일반 운전자는 화물차의 뒤를 따라가는 것을 싫어하고, 기회가 있으면 화물자동차의 앞으로 추월하려는 마음이 강하기 때문에 적당한 장소에서 후속차량에게 진로를 양보하는 미덕을 갖는다.

**정답** ④

**24** 고객에게 불쾌감을 주는 몸가짐으로 볼 수 없는 것은?

① 밝은 표정
② 잠잔 흔적이 남은 머릿결
③ 정리되지 않은 덥수룩한 수염
④ 지저분한 손톱

**해설** 밝은 표정은 고객에게 불쾌감을 주지 않는다.

**정답** ①

**25** 법규 및 사내 교통안전 관련규정 준수에 관한 내용으로 옳지 않은 것은?

① 승차 지시된 운전자 이외의 타인에게 대리운전 금지
② 운전에 악영향을 미치는 음주 및 약물복용 후 운전 금지
③ 급한 경사길 등에 주·정차 및 휴식
④ 난폭운전 등의 운전행위 금지

**해설** 자동차 전용도로, 급한 경사길 등에 주차와 정차 및 휴식은 하지 않아야 한다.

**정답** ③

**26** 운전자의 운행상 주의사항으로 옳지 않은 것은?

① 주·정차 후 운행을 개시하고자 할 때에는 자동차 주변의 노상취객 등을 확인 후 안전하게 운행
② 보행자, 이륜자동차, 자전거 등과 교행, 병진, 추월운행 시 서행하며 안전거리를 유지하면서 저속으로 운행
③ 노면의 적설, 빙판 시 즉시 체인을 장착한 후 안전운행
④ 내리막길에서의 풋 브레이크 장시간 사용

**해설** 내리막길에서는 풋 브레이크 장시간 사용을 삼가하고, 엔진 브레이크 등을 적절히 사용하여 안전한 운행을 한다.

**정답** ④

**27** 다음 직업의 4가지 의미의 연결이 옳지 않은 것은?

① 개별적 의미 : 일터, 일자리, 경제적 가치를 창출하는 곳
② 정신적 의미 : 직업의 사명감과 소명의식을 갖고 정성과 정열을 쏟을 수 있는 곳
③ 사회적 의미 : 자기가 맡은 역할을 수행하는 능력을 인정받는 곳
④ 철학적 의미 : 일한다는 인간의 기본적인 리듬을 갖는 곳

**해설** 경제적 의미 : 일터, 일자리, 경제적 가치를 창출하는 곳

**정답** ①

**28** 다음 직업윤리로 바르지 않은 것은?

① 천직의식         ② 이익 수단
③ 감사하는 마음   ④ 직업평등

**해설** 직업윤리 : 천직의식, 감사하는 마음, 직업평등

**정답** ②

**29** 다음 집하 시 행동방법으로 바르지 않은 것은?

① 운임을 수령한 후 택배운임표를 고객에게 제시한다.

② 인사와 함께 밝은 표정으로 정중히 두 손으로 화물을 받는다.

③ 송하인용 운송장을 절취하여 고객에게 한 손으로 건네준다.

④ 취급제한 물품은 그 취지를 알리고 정중히 집하를 거절한다.

> **해설** 택배운임표를 고객에게 제시 후 운임을 수령하여야 한다.

**정답** ①

**30** 다음 화물 배달시 행동방법으로 옳지 않은 것은?

① 배달은 서비스의 완성이라는 자세로 한다.

② 모든 화물은 반드시 기일 내 배송한다.

③ 무거운 물건일 경우 손수레를 이용하여 배달한다.

④ 인수증 서명은 임시로 기재하고 받는다.

> **해설** 인수증 서명은 반드시 정자로 실명 기재 후 받는다.

**정답** ④

**31** 고객불만 발생 시 행동방법으로 옳지 않은 것은?

① 고객의 감정을 상하게 하지 않도록 불만 내용을 끝까지 참고 듣는다.

② 불만사항에 대하여 정중히 사과한다.

③ 불만전화 접수 후 배송이 끝난 다음 고객에게 알린다.

④ 고객의 불만, 불편사항이 더 이상 확대되지 않도록 한다.

> **해설** 불만전화 접수 후 우선적으로 빠른 시간 내에 확인하여 고객에게 알린다.

**정답** ③

제 **2** 장

PART 4 운송서비스

# 물류의 이해 [핵심요약]

QUALIFICATION TEST FOR CARGO WORKERS

part
**04**
운송서비스

## 1 물류의 기초 개념

### ▓ 물류의 개념

① **물류** : 공급자로부터 생산자, 유통업자를 거쳐 최종 소비자에게 이르는 재화의 흐름을 의미한다.

② **물류정책기본법** : 물류란 재화가 공급자로부터 조달 · 생산되어 수요자에게 전달되거나 소비자로부터 회수되어 폐기될 때까지 이루어지는 운송 · 보관 · 하역 등과 이에 부가되어 가치를 창출하는 가공 · 조립 · 분류 · 수리 · 포장 · 상표부착 · 판매 · 정보통신 등을 말한다.

③ **물류시설** : 물류에 필요한 화물의 운송 · 보관 · 하역을 위한 시설, 화물의 운송 · 보관 · 하역 등에 부가되는 가공 · 조립 · 분류 · 수리 · 포장 · 상표부착 · 판매 · 정보통신 등을 위한 시설, 물류의 공동화 · 자동화 및 정보화를 위한 시설, 물류터미널 및 물류단지시설을 말한다.

### ▓ 기업경영과 물류

① **기업경영에서 본 물류관리와 로지스틱스** : 전략물자(사람, 물자, 자금, 정보, 서비스 등)를 효과적으로 활용하기 위해서 고안해낸 관리조직에서 유래하였다.

② **물류개념의 국내 도입** : 기업의 자재관리, 공급관리 및 유통관리분야에 물적유통이라는 개념을 도입하면서 본격 사용되기 시작하였다.

### ▓ 물류와 공급망관리

① **1970년대** : 경영정보시스템단계 : 창고보관 · 수송을 신속히 하여 주문처리시간을 줄이는데 초점을 둔 단계

② **1980~90년대** : 전사적 자원관리단계 : 물류단계로서 정보기술을 이용하여 수송, 제조, 구매, 주문관리기능을 포함하여 합리화하는 로지스틱스 활동이 이루어졌던 전사적 자원관리(ERP)단계이다

③ **1990년대 중반이후** : 공급망관리단계

ⓖ 이 단계는 최종고객까지 포함하여 공급망 상의 업체들이 수요, 구매정보 등을 상호 공유하는 통합 공급망관리(SCM)단계를 말한다.

ⓛ 공급망관리의 정의 : 고객 및 투자자에게 부가가치를 창출할 수 있도록 최초의 공급업체로부터 최종 소비자에게 이르기까지의 상품·서비스 및 정보의 흐름이 관련된 프로세스를 통합적으로 운영하는 경영전략이다.

ⓒ 공급망관리의 기능

ⓐ 제조업의 가치사슬은 보통 부품조달 → 조립·가공 → 판매유통으로 구성되고, 가치사슬의 주기가 단축되어야 생산성과 운영의 효율성을 증대시킬 수 있다.

ⓑ 인터넷 비즈니스에서 물류가 중시됨에 따른 인터넷유통에서의 물류원칙은 첫째 적정수요 예측, 둘째 배송기간의 최소화, 셋째 반송과 환불시스템이다.

### ▦ 물류의 역할

① 물류에 대한 개념적 관점에서의 물류의 역할

ㄱ 국민경제적 관점 : 물류비를 절감하여 소비자물가와 도매물가의 상승을 억제하고 정시배송의 실현을 통한 수요자 서비스 향상에 이바지하며, 자재와 자원의 낭비를 방지하여 자원의 효율적인 이용에 기여하고, 사회간접자본의 증강과 각종 설비투자의 필요성을 증대시켜 국민경제개발을 위한 투자기회를 부여한다.

ㄴ 사회경제적 관점 : 운송, 통신, 상업활동을 주체로 하며 이들을 지원하는 제반활동을 포함한다.

ㄷ 개별기업적 관점 : 최소의 비용으로 소비자를 만족시켜서 서비스 질의 향상을 촉진시켜 매출신장을 도모한다.

② 기업경영에 있어서 물류의 역할 : 마케팅의 절반을 차지, 판매기능 촉진, 적정재고의 유지로 재고비용 절감에 기여, 물류(物流)와 상류(商流) 분리를 통한 유통합리화에 기여 등

※ 물류관리의 기본원칙

> 1. 7R 원칙 : ① Right Quality(적절한 품질), ② Right Quantity(적절한 양), ③ Right Time(적절한 시간), ④ Right Place(적절한 장소), ⑤ Right Impression(좋은 인상), ⑥ Right Price(적절한 가격), ⑦ Right Commodity(적절한 상품)
> 2. 3S 1L 원칙 : ① 신속하게(Speedy), ② 안전하게(Safely), ③ 확실하게(Surely), ④ 저렴하게(Low)
> 3. 제3의 이익원천 : 매출증대, 원가절감에 이은 물류비절감은 이익을 높일 수 있는 세 번째 방법

### ▦ 물류의 기능

① 운송기능 : 물품을 공간적으로 이동시키는 것으로, 수송에 의해서 장소적(공간적) 효용을 창출한다.

② 포장기능 : 물품의 수 · 배송, 보관, 하역 등에 있어서 가치 및 상태를 유지하기 위해 적절한 재료, 용기 등을 이용해서 포장하여 보호하고자 하는 활동이다.

③ 보관기능 : 물품을 창고 등의 보관시설에 보관하는 활동으로, 생산과 소비와의 시간적 차이를 조정하여 시간적 효용을 창출한다.

④ 하역기능 : 수송과 보관의 양단에 걸친 물품의 취급으로 물품을 상하좌우로 이동시키는 활동이다.

⑤ 정보기능 : 물류의 각 기능은 서로 연계를 유지함에 따라 효율을 발휘하는데, 이것을 가능하게 하는 것이 정보이다.

⑥ 유통가공기능 : 단순가공, 재포장, 또는 조립 등 제품이나 상품의 부가가치를 높이기 위한 물류활동이다.

### ▦ 물류관리의 정의

① 경제재의 효용을 극대화시키기 위한 재화의 흐름에 있어서 운송, 보관, 하역, 포장, 정보, 가공 등의 모든 활동을 유기적으로 조정하여 하나의 독립된 시스템으로 관리하는 것이다.

② 물류관리는 입지관리결정, 제품설계관리, 구매계획 등은 생산관리 분야와 연결되며, 대고객서비스, 정보관리, 제품포장관리, 판매망 분석 등은 마케팅관리 분야와 연결된다.

### ▦ 물류관리의 의의

① 기업외적 물류관리 : 고도의 물류서비스를 소비자에게 제공하여 기업경영의 경쟁력을 강화

② 물류의 신속, 안전, 정확, 정시, 편리, 경제성을 고려한 고객지향적인 물류서비스를 제공

③ 기업 내적 물류관리 : 물류관리의 효율화를 통한 물류비 절감

④ 고객이 원하는 적절한 품질의 상품 적량을, 적시에, 적절한 장소에, 좋은 인상과 적절한 가격으로 공급해 주어야 함

■ **물류관리의 목표**

① 비용절감과 재화의 시간적·장소적 효용가치의 창조를 통한 시장능력의 강화

② 고객서비스 수준 향상과 물류비의 감소

③ 고객서비스 수준의 결정은 고객지향적이어야 하며, 경쟁사의 서비스 수준을 비교한 후 그 기업이 달성하고자 하는 특정한 수준의 서비스를 최소의 비용으로 고객에게 제공

■ **물류관리의 활동**

① 중앙과 지방의 재고보유 문제를 고려한 창고입지 계획, 대량·고속운송이 필요한 경우 영업운송을 이용, 말단 배송에는 자차를 이용한 운송, 고객주문을 신속하게 처리할 수 있는 보관·하역·포장활동의 성력화, 기계화, 자동화 등을 통한 물류에 있어서 시간과 장소의 효용증대를 위한 활동

② 물류예산관리제도, 물류원가계산제도, 물류기능별단가(표준원가), 물류사업부 회계제도 등을 통한 원가절감에서 프로젝트 목표의 극대화

③ 물류관리 담당자 교육, 직장간담회, 불만처리위원회, 물류의 품질관리, 무하자 운동, 안전위생관리 등을 통한 동기부여의 관리

■ **기업물류 — 중요한 주제**

① 물류체계가 개선되면 생산과 소비가 지리적으로 분리되어 각 지역간 재화의 교환을 가져온다.

② 개별기업의 물류활동이 효율적으로 이루어지는 것은 기업의 경쟁력 확보에 매우 중요하다.

③ 기업에 있어서의 물류관리는 소비자의 요구와 필요에 따라 효율적인 방법으로 재화와 서비스를 공급하는 것을 말한다.

④ **기업물류의 범위** : 물적공급과정은 원재료, 부품, 반제품, 중간재를 조달·생산하는 물류과정이며, 물적유통과정은 생산된 재화가 최종 고객이나 소비자에게까지 전달되는 물류과정을 말한다.

⑤ **기업물류의 활동** : 주활동에는 대고객서비스수준, 수송, 재고관리, 주문처리, 지원활동에는 보관, 자재관리, 구매, 포장, 생산량과 생산일정 조정, 정보관리가 포함된다.

⑥ 고객서비스 수준은 물류체계의 수준을 결정한다.

⑦ **물류의 발전방향** : 비용절감, 요구되는 수준의 서비스 제공, 기업의 성장을 위한 물류전략의 개발 등이 물류의 주된 문제로 등장

⑧ **기업물류** : 기업물류는 종전에 부분적으로 생산부서와 마케팅부서에 속해 있던 재화의 흐름과 보관기능을 기업조직 측면에서 통합하거나 기능적으로 통합하는 것이다.

⑨ **기업물류의 조직** : 기업 전체의 목표 내에서 물류관리자는 그 나름대로의 목표를 수립하여 기업 전체의 목표를 달성하는데 기여하도록 한다.

⑩ 기업물류는 생산비, 고용, 전략적인 측면에서 상당한 의미를 갖는다.

■ **물류전략과 계획** : 물류부문에 있어 의사결정사항은 창고의 입지선정, 재고정책의 설정, 주문접수, 주문접수 시스템의 설계, 수송수단의 선택 등에 있다.

① **기업전략** : 기업전략은 기업의 목적을 명확히 결정함으로써 설정되고, 이를 위해서는 기업이 추구하는 것이 이윤획득, 존속, 투자에 대한 수익, 시장점유율, 성장목표 가운데 무엇인지를 이해하는 것이 필요하다.

② **물류전략** : 비용절감, 자본절감, 서비스개선을 목표로 한다.

③ 물류계획

　　㉠ 계획수립의 단계 : 무엇을·언제·그리고 어떻게, 전략·전술·운영의 3단계, 전략적 계획은 불완전하고 정확도가 낮은 자료를 이용해서 수행, 운영계획은 정확하고 세부자료를 이용해서 수행

　　㉡ 계획수립의 주요 영역 : 고객서비스 수준, 설비의 입지, 재고의사결정, 수송의사결정

　　㉢ 계획수립의 주요 영역들은 서로 관련이 있으므로 이들 간의 트레이드오프를 고려할 필요가 있음.

　　㉣ 물류계획수립문제의 개념화

　　㉤ 물류계획수립 시점 : 물류네트워크의 평가와 감사를 위한 일반적 지침은 수요, 고객서비스, 제품 특성, 물류비용, 가격결정 정책이다.

　　㉥ 물류전략수립 지침

■ **물류관리 전략의 필요성과 중요성** : 로지스틱스(Logistics)는 가치창출을 중심으로 물류를 전쟁의 대상이 아닌 수단으로 인식하는 것이며, 물류관리가 전략적 도구가 되는 개념이다.

① **전략적 물류** : 코스트 중심, 제품효과 중심, 기능별 독립 수행, 부분 최적화 지향, 효율 중심의 개념

② **로지스틱스** : 가치창출 중심, 시장진출 중심(고객 중심), 기능의 통합화 수행, 전체 최적화 지향, 효과(성과) 중심의 개념

③ 21세기 초일류회사 → 변화관리

④ 전략적 물류관리의 필요성

⑤ 전략적 물류관리의 목표(물류전략 프로세스 혁신의 목표)

⑥ 로지스틱스 전략관리의 기본요건

　　㉠ 전문가 집단 구성 : 물류전략계획 전문가, 현업 실무관리자, 물류서비스 제공자, 물류혁신 전문가, 물류인프라 디자이너

　　㉡ 전문가의 자질

　　　ⓐ 분석력 : 최적의 물류업무 흐름 구현을 위한 분석 능력

　　　ⓑ 기획력 : 경험과 관리기술을 바탕으로 물류전략을 입안하는 능력

　　　ⓒ 창조력 : 지식이나 노하우를 바탕으로 시스템모델을 표현하는 능력

　　　ⓓ 판단력 : 물류관련 기술동향을 파악하여 선택하는 능력

　　　ⓔ 기술력 : 정보기술을 물류시스템 구축에 활용하는 능력

　　　ⓕ 행동력 : 이상적인 물류인프라 구축을 위하여 실행하는 능력

　　　ⓖ 관리력 : 신규 및 개발프로젝트를 원만히 수행하는 능력

　　　ⓗ 이해력 : 시스템 사용자의 요구(needs)를 명확히 파악하는 능력

⑦ **전략적 물류관리의 접근대상**

　　㉠ 자원소모, 원가 발생 → 원가경쟁력 확보, 자원 적정 분배

　　㉡ 활동 → 부가가치 활동 개선

　　㉢ 프로세스 → 프로세스 혁신

　　㉣ 흐름 → 흐름의 상시 감시

⑧ **물류전략의 실행구조(과정순환)** : 전략수립(Strategic) → 구조설계(Structural) → 기능정립(Functional) → 실행(Operational)

⑨ 물류전략의 8가지 핵심영역

---

(전략수립)

① 고객서비스수준 결정 : 고객서비스 수준은 물류시스템이 갖추어야 할 수준과 물류성과 수준을 결정

(구조설계)

② 공급망설계 : 고객요구 변화에 따라 경쟁 상황에 맞게 유통경로를 재구축

③ 로지스틱스 네트워크전략 구축 : 원·부자재 공급에서부터 완제품의 유통까지 흐름을 최적화

(기능정립)

④ 창고설계·운영

⑤ 수송관리

⑥ 자재관리

(실행)

⑦ 정보·기술관리

⑧ 조직·변화관리

---

## 2 제3자 물류의 이해와 기대효과

▦ 제3자 물류의 이해

① 정의

  ㉠ 제3자 물류업 : 화주기업이 고객서비스 향상, 물류비 절감 등 물류활동을 효율화할 수 있도록 공급망상의 기능 전체 혹은 일부를 대행하는 업종으로 정의되고 있다.

  ㉡ 자사물류 : 기업이 사내에 물류조직을 두고 물류업무를 직접 수행하는 경우

  ㉢ 제2자 물류(물류자회사) : 기업이 사내의 물류조직을 별도로 분리하여 자회사로 독립시키는 경우

  ㉢ 제3자 물류 : 외부의 전문물류업체에게 물류업무를 아웃소싱 하는 경우

  〈물류아웃소싱과 제3자 물류의 비교〉

| 구 분 | 물류아웃소싱 | 제3자 물류 |
|---|---|---|
| 화주와의 관계 | 거래기반, 수발주관계 | 계약기반, 전략적 제휴 |
| 관계내용 | 일시 또는 수시 | 장기(1년 이상), 협력 |
| 서비스 범위 | 기능별 개별서비스 | 통합물류서비스 |
| 정보공유여부 | 불필요 | 반드시 필요 |
| 도입결정권한 | 중간관리자 | 최고경영층 |
| 도입방법 | 수의계약 | 경쟁계약 |

② 제3자 물류의 발전동향

  ㉠ 국내 물류시장은 최근 공급자와 수요자 양 측면 모두에서 제3자 물류가 활성화될 수 있는 기본적인 여건을 형성하고 있는 중이다.

  ㉡ 물류시장의 수요기반 확충과 공급 측면에서 통합물류서비스의 확산이 맞물려 서로 상승 작용한다면 제3자 물류의 활성화는 훨씬 더 빠른 속도로 이루어질 수 있을 것이다.

▓▓ 제3자 물류의 도입이유와 기대효과

① 도입이유

　　㉠ **자가물류활동에 의한 물류효율화의 한계** : 자가물류는 경기변동과 수요 계절성에 의한 물량의 불안정, 기업 구조조정에 따른 물류경로의 변화 등에 효율적으로 대처하기 어렵다는 구조적 한계가 있다.

　　㉡ **물류자회사에 의한 물류효율화의 한계** : 물류비의 정확한 집계와 이에 따른 물류비 절감요소의 파악, 전문인력의 양성, 경제적인 투자결정 등 이점이 있는 반면에 태생적 제약으로 인한 구조적인 문제점도 다수 존재한다.

　　㉢ **제3자 물류 → 물류산업 고도화를 위한 돌파구** : 고도화된 물류산업은 자가물류와의 적절한 경쟁·보완관계에 의하여 더욱 발전할 수 있고, 이에 의하여 현 고물류비구조를 개선하는데 주도적인 역할을 할 수 있을 것이다.

　　㉣ **세계적인 조류로서 제3자 물류의 비중 확대** : 미국, 유럽 등 주요 선진국에서는 자가물류활동을 가능한 한 축소하고, 물류전문업체에 자사물류활동을 위탁하는 물류아웃소싱·제3자 물류가 활성화되어 있고, 앞으로 그 비중은 더욱 더 확대될 것으로 전망된다.

② 기대효과

　　㉠ **화주기업 측면** : 고정투자비 부담을 없애고, 경기변동, 수요계절성 등 물동량 변동, 물류경로변화에 효과적으로 대응할 수 있다.

　　㉡ **물류업체 측면** : 제3자 물류의 활성화는 물류산업의 수요기반 확대로 이어져 규모의 경제효과에 의해 효율성, 생산성 향상을 달성한다.

③ 제3자 물류에 의한 물류혁신 기대효과

　　㉠ 물류산업의 합리화에 의한 고물류비 구조를 혁신

　　㉡ 고품질 물류서비스의 제공으로 제조업체의 경쟁력 강화 지원

　　㉢ 종합물류서비스의 활성화

　　㉣ 공급망관리(SCM) 도입·확산의 촉진

## 3 제4자 물류

▓▓ 제4자 물류의 개념

① 제4자 물류의 개념은 다양한 조직들의 효과적인 연결을 목적으로 하는 통합체(single contact point)로서 공급망의 모든 활동과 계획관리를 전담하는 것이다.

② 본질적으로 제4자 물류 공급자는 광범위한 공급망의 조직을 관리하고 기술, 능력, 정보기술, 자료 등을 관리하는 공급망 통합자이다.

③ 제4자 물류란 제3자 물류의 기능에 컨설팅 업무를 추가 수행하는 것으로, 제4자 물류의 개념은 컨설팅 기능까지 수행할 수 있는 제3자 물류로 정의 내릴 수도 있다.

④ 제4자 물류(4PL)의 핵심은 고객에게 제공되는 서비스를 극대화하는 것이다.

※ **제4자 물류(4PL)의 두 가지 중요한 특징**

> 1. 제3자 물류보다 범위가 넓은 공급망의 역할을 담당
> 2. 전체적인 공급망에 영향을 주는 능력을 통하여 가치를 증식

■ **공급망관리에 있어서의 제4자 물류의 4단계** : 제4자 물류(4PL)는 공급망관리(SCM) 서비스에 있어 다음 4단계를 거친다.

① 1단계 − 재창조(Reinvention)

② 2단계 − 전환(Transformation)

③ 3단계 − 이행(Implementation)

④ 4단계 − 실행(Execution)

---

**4  물류시스템의 이해**

■ **물류시스템의 구성**

① **운송**

㉠ 물품을 장소적·공간적으로 이동시키는 것을 말한다.

※ **수배송의 개념**

| 수송 | 배송 |
|---|---|
| • 장거리 대량화물의 이동<br>• 거점 ↔ 거점간 이동<br>• 지역간 화물의 이동<br>• 1개소의 목적지에 1회에 직송 | • 단거리 소량화물의 이동<br>• 기업 ↔ 고객간 이동<br>• 지역내 화물의 이동<br>• 다수의 목적지를 순회하면서 소량 운송 |

㉡ **운송 관련 용어의 의미** : 장소적 효용을 창출하는 물리적인 행위인 운송은 흔히 수송이라는 용어로 사용된다. 이와 관련한 유사용어로서 다음과 같은 것들이 있다.

ⓐ 교통 : 현상적인 시각에서의 재화의 이동

ⓑ 운송 : 서비스 공급측면에서의 재화의 이동

ⓒ 운수 : 행정상 또는 법률상의 운송

ⓓ 운반 : 한정된 공간과 범위 내에서의 재화의 이동

ⓔ 배송 : 상거래가 성립된 후 상품을 고객이 지정하는 수하인에게 발송 및 배달하는 것으로 물류센터에서 각 점포나 소매점에 상품을 납입하기 위한 수송

ⓕ 통운 : 소화물 운송

ⓖ 간선수송 : 제조공장과 물류거점(물류센터 등)간의 장거리 수송으로 컨테이너 또는 팔레트(pallet)를 이용, 유닛화(unitization)되어 일정단위로 취합되어 수송

㉢ **선박 및 철도와 비교한 화물자동차 운송의 특징** : 원활한 기동성과 신속한 수배송, 신속하고 정확한 문전운송, 다양한 고객요구 수용, 운송단위가 소량, 에너지 다소비형의 운송기관 등

② **보관** : 물품을 저장·관리하는 것을 의미하고 시간·가격조정에 관한 기능을 수행한다.

③ **유통가공** : 보관을 위한 가공 및 동일 기능의 형태 전환을 위한 가공 등 유통단계에서 상품에 가공이 더해지는 것을 의미한다.

④ **포장** : 물품의 운송, 보관 등에 있어서 물품의 가치와 상태를 보호하는 것을 말한다.

⑤ **하역** : 운송, 보관, 포장의 전후에 부수하는 물품의 취급으로 교통기관과 물류시설에 걸쳐 행해진다.

⑥ **정보** : 이는 물류활동에 대응하여 수집되며 효율적 처리로 조직이나 개인의 물류활동을 원활하게 한다.

■ 물류 시스템화

① 물류시스템은 여러 기능의 유기적인 관련을 고려하여 6가지의 개별물류활동을 통합하고 필요한 자원을 이용하여 물류서비스를 산출하는 체계인 것이다.

② 물류시스템의 목적은 최소의 비용으로 최대의 물류서비스를 산출하기 위하여 물류서비스를 3S1L의 원칙(Speedy, Safely, Surely, Low)으로 행하는 것이다. 이를 보다 구체화시키면 다음과 같다.

   ㉠ 고객에게 상품을 적절한 납기에 맞추어 정확하게 배달하는 것

   ㉡ 고객의 주문에 대해 상품의 품절을 가능한 한 적게 하는 것

   ㉢ 물류거점을 적절하게 배치하여 배송효율을 향상시키고 상품의 적정재고량을 유지하는 것

   ㉣ 운송, 보관, 하역, 포장, 유통·가공의 작업을 합리화하는 것

   ㉤ 물류비용의 적절화·최소화 등

③ 개별 물류활동은 이를 수행하는데 필요한 비용과 서비스레벨의 트레이드오프(trade-off, 상반)관계가 성립한다는 사실이다.

④ 각 물류활동 간에는 트레이드오프 관계가 성립하므로 토털 코스트(Total cost) 접근방법의 물류시스템화가 필요하다.

⑤ 물류서비스의 수준을 향상시키면 물류비용도 상승하므로 비용과 서비스의 사이에는 수확체감의 법칙이 작용한다.

⑥ 물류의 목적은 물류에 얼마만큼의 비용을 투자하여 얼마만큼의 물류서비스를 얻을 수 있는가 하는 시스템 효율의 개념을 도입하고 나서야 올바른 이해가 가능하다.

⑦ 비용과 물류서비스간의 관계에 대하여 다음 4가지를 고려할 수 있다.

   ㉠ 물류서비스를 일정하게 하고 비용절감을 지향하는 관계이다.

   ㉡ 물류서비스를 향상시키기 위해 물류비용이 상승하여도 달리 방도가 없다는 서비스 상승, 비용 상승의 관계이다.

   ㉢ 적극적으로 물류비용을 고려하는 방법으로 물류비용 일정, 서비스 수준 향상의 관계이다.

   ㉣ 보다 낮은 물류비용으로 보다 높은 물류서비스를 실현하려는 물류비용 절감, 물류서비스 향상의 관계이다.

■ 운송 합리화 방안

① 적기 운송과 운송비 부담의 완화

② 실차율 향상을 위한 공차율의 최소화

   ※ 화물자동차 운송의 효율성 지표

     ㉠ 가동률 : 화물자동차가 일정기간(예를 들어, 1개월)에 걸쳐 실제로 가동한 일수

     ㉡ 실차율 : 주행거리에 대해 실제로 화물을 싣고 운행한 거리의 비율

     ㉢ 적재율 : 최대적재량 대비 적재된 화물의 비율

     ㉣ 공차거리율 : 주행거리에 대해 화물을 싣지 않고 운행한 거리의 비율

     ㉤ 적재율이 높은 실차상태로 가동률을 높이는 것이 트럭운송의 효율성을 최대로 하는 것이다.

③ 물류기기의 개선과 정보시스템의 정비

④ 최단 운송경로의 개발 및 최적 운송수단의 선택

⑤ 공동 수배송(공동 수배송의 장단점)

| 구분 | 공동수송 | 공동배송 |
|---|---|---|
| 장점 | • 물류시설 및 인원의 축소<br>• 발송작업의 간소화<br>• 영업용 트럭의 이용증대<br>• 입출하 활동의 계획화<br>• 운임요금의 적정화<br>• 여러 운송업체와의 복잡한 거래교섭의 감소<br>• 소량 부정기화물도 공동수송 가능 | • 수송효율 향상(적재효율, 회전율 향상)<br>• 소량화물 흔적으로 규모의 경제효과<br>• 자동차, 기사의 효율적 활용<br>• 안정된 수송시장 확보<br>• 네트워크의 경제효과<br>• 교통혼잡 완화<br>• 환경오염 방지 |
| 단점 | • 기업비밀 누출에 대한 우려<br>• 영업부문의 반대<br>• 서비스 차별화에 한계<br>• 서비스 수준의 저하 우려<br>• 수화주와의 의사소통 부족<br>• 상품특성을 살린 판매전략 제약 | • 외부 운송업체의 운임덤핑에 대처 곤란<br>• 배송순서의 조절이 어려움<br>• 출하시간 집중<br>• 물량파악이 어려움<br>• 제조업체의 산재에 따른 문제<br>• 종업원 교육, 훈련에 시간 및 경비 소요 |

part
04

운송서비스

## 5 화물운송정보시스템의 이해

■ 수·배송관리시스템은 주문상황에 대해 적기 수배송체제의 확립과 최적의 수배송계획을 수립함으로써 수송비용을 절감하려는 체제이다.

■ 화물정보시스템이란 화물이 터미널을 경유하여 수송될 때 수반되는 자료 및 정보를 신속하게 수집하여 이를 효율적으로 관리하는 동시에 화주에게 적기에 정보를 제공해주는 시스템을 의미한다.

■ 터미널화물정보시스템은 수출계약이 체결된 후 수출품이 트럭터미널을 경유하여 항만까지 수송되는 경우, 국내거래 시 한 터미널에서 다른 터미널까지 수송되어 수하인에게 이송될 때까지의 전 과정에서 발생하는 각종 정보를 전산시스템으로 수집, 관리, 공급, 처리하는 종합정보관리체제이다.

■ 수·배송활동의 각 단계(계획–실시–통제)에서의 물류정보처리 기능

① **계획** : 수송수단 선정, 수송경로 선정, 수송로트(lot) 결정, 다이어그램 시스템설계, 배송센터의 수 및 위치 선정, 배송지역 결정 등

② **실시** : 배차 수배, 화물적재 지시, 배송지시, 발송정보 착하지에의 연락, 반송화물 정보관리, 화물의 추적 파악 등

③ **통제** : 운임계산, 자동차적재효율 분석, 자동차가동률 분석, 반품운임 분석, 빈용기운임 분석, 오송 분석, 교착수송 분석, 사고분석 등

# 제2장 물류의 이해 [적중문제]

QUALIFICATION TEST FOR CARGO WORKERS

**01** 물류에 관한 개념 설명으로 옳지 않은 것은?

① 물류를 통해 부가가치는 창출되지 않는다.
② 재화의 흐름이다.
③ 물류의 개념이 점차 확대되는 경향에 있다.
④ 물류의 기능에는 포장기능, 보관기능, 하역기능 등이 있다.

> **해설** 물류란 재화가 공급자로부터 조달·생산되어 수요자에게 전달되거나 소비자로부터 회수되어 폐기될 때까지 이루어지는 운송·보관·하역 등과 이에 부가되어 가치를 창출하는 가공·조립·분류·수리·포장·상표부착·판매·정보통신 등을 말한다.

**정답** ①

**02** 생산과 소비와의 시간적 차이를 조정하여 시간적 효용을 창출하는 물류기능은?

① 정보기능
② 보관기능
③ 하역기능
④ 포장기능

> **해설** 보관기능 : 물품을 창고 등의 보관시설에 보관하는 활동으로, 생산과 소비와의 시간적 차이를 조정하여 시간적 효용 창출

**정답** ②

**03** 기업경영에 있어서 물류의 역할로 바르지 않은 것은?

① 재고비용 절감에 기여
② 생산비용의 절감
③ 물류와 상류 분리를 통한 유통합리화에 기여
④ 판매기능 촉진

> **해설** 기업경영에 있어서 물류의 역할 : 마케팅의 절반을 차지, 판매기능 촉진, 적정재고의 유지로 재고비용 절감에 기여, 물류와 상류 분리를 통한 유통합리화에 기여

**정답** ②

**04** 다음 물류관리의 기본원칙 중 3S 1L 원칙으로 바르지 않은 것은?

① 확실하게
② 안전하게
③ 올바르게
④ 저렴하게

> **해설** 3S 1L 원칙 : 신속하게(Speedy), 안전하게(Safely), 확실하게(Surely), 저렴하게(Low)

**정답** ③

**05** 생산지와 수요지와의 공간적 거리가 극복되어 상품의 장소적 효용을 창출하는 기능은?

① 유통가공기능
② 포장기능
③ 하역기능
④ 운송기능

> **해설** 운송기능 : 물품을 공간적으로 이동시키는 것으로, 수송에 의해서 생산지와 수요지와의 공간적 거리가 극복되어 상품의 장소적(공간적) 효용을 창출한다.

**정답** ④

**06** 다음 물류관리의 목표로 옳지 않은 것은?

① 재화의 시간적·장소적 효용가치의 창조를 통한 시장능력의 강화
② 고객서비스 수준 향상
③ 특정한 수준의 서비스를 최소의 비용으로 고객에게 제공
④ 물류비의 적정선 유지

> **해설** 물류관리의 목표는 고객서비스 수준 향상과 물류비의 감소이다.

**정답** ④

**07** 고객 서비스 수준과 물류체계의 수준에 관한 설명으로 옳지 않은 것은?

① 물류비용은 소비자에 대한 서비스 수준에 비례하여 증가한다.
② 물류서비스의 수준은 물류비용의 증감에 큰 영향을 끼친다.
③ 운송은 재화와 서비스의 공간적 가치를 창출한다.
④ 재고는 장소적 가치를 증가시킨다.

> **해설** 운송은 재화와 서비스의 공간적 가치를 창출하고, 재고는 시간적 가치를 증가시킨다.

**정답** ④

**08** 다음 전략적 물류관리의 내용으로 옳지 않은 것은?

① 개별 제품 중심      ② 부분 최적화 지향
③ 제품효과 중심      ④ 효율 중심의 개념

> **해설** 전략적 물류 : 코스트 중심, 제품효과 중심, 기능별 독립 수행, 부분 최적화 지향, 효율 중심의 개념

**정답** ①

**09** 다음 제3자 물류에 관한 내용으로 바르지 않은 것은?

① 화주기업이 직접 물류활동을 처리하는 자사물류가 제1자 물류이다.
② 물류자회사에 의해 처리하는 경우는 제2자 물류이다.
③ 화주기업이 자기의 모든 물류활동을 외부에 위탁하는 경우는 제3자 물류이다.
④ 제3자 물류의 발전과정은 물류자회사→자사물류→제3자 물류이다.

> **해설** 제3자 물류의 발전과정은 자사물류(1자)→물류자회사(2자)→제3자 물류라는 단순한 절차로 발전하는 경우가 많다.

**정답** ④

**10** 다음 외부의 전문물류업체에게 물류업무를 아웃소싱하는 물류는?

① 자사물류      ② 제2자 물류
③ 제3자 물류      ④ 제4자 물류

> **해설** 제3자 물류 : 외부의 전문물류업체에게 물류업무를 아웃소싱 하는 경우

**정답** ③

**11** 다음 제3자 물류의 발전동향으로 바르지 않은 것은?

① 물류시장의 경쟁구조가 감소되고 있다.
② 제3자 물류가 활성화될 수 있는 기본적인 여건을 형성하고 있는 중이다.
③ 화주기업의 물류아웃소싱이 큰 폭으로 증가하고 있다.
④ 경쟁력 제고를 위한 공급망관리(SCM)의 중요성이 크게 부각되고 있다.

> **해설** 공급자 측면에서는 최근 신규 물류업체와 외국 물류기업의 시장 참여가 늘어남에 따라 물류시장의 경쟁구조가 한층 더 심화되고 있다.

**정답** ①

**12** 제3자 물류가 발전 및 확산을 저해하는 문제점이 아닌 것은?

① 소프트 측면의 물류기반요소 미확충
② 물류 환경 변화에 부합한 물류정책
③ 물류산업 구조의 취약성
④ 물류기업의 내부역량 미흡

> **해설** 제3자 물류의 발전 및 확산을 저해하는 문제점 : 물류산업 구조의 취약성, 물류기업의 내부역량 미흡, 소프트 측면의 물류기반요소 미확충, 물류환경의 변화에 부합하지 못하는 물류정책 등

**정답** ②

**13** 화주기업이 제3자 물류를 사용하지 않는 주된 이유로 볼 수 없는 것은?

① 화주기업이 물류활동을 직접 통제하기를 원하는 경우
② 자사물류이용과 제3자 물류서비스 이용에 따른 비용을 비교하기 곤란한 경우
③ 운영시스템의 규모와 복잡성으로 인한 경우
④ 자체운영이 비효율적이라 판단하는 경우

> **해설** 화주기업이 제3자 물류를 사용하지 않는 주된 이유는 운영시스템의 규모와 복잡성으로 인해 자체운영이 효율적이라 판단할 뿐만 아니라 자사물류 인력에 대해 더 만족하기 때문이다.

**정답** ④

part 04

**14** 다음 제4자 물류에 관한 내용으로 옳지 않은 것은?

① 공급망의 모든 활동과 계획관리를 전담하는 것이다.

② 공급자는 기술, 능력, 정보기술, 자료 등을 관리하는 공급망 통합자이다.

③ 핵심은 고객에게 제공되는 서비스를 극대화하는 것이다.

④ 제3자 물류의 기능에 공급망관리(SCM)를 추가 수행하는 것이다.

**해설** 제4자 물류란 제3자 물류의 기능에 컨설팅 업무를 추가 수행하는 것으로, 제4자 물류의 개념은 컨설팅 기능까지 수행할 수 있는 제3자 물류로 정의 내릴 수도 있다.

**정답** ④

**15** 제4자 물류(4PL)의 중요한 특징을 모두 고른 것은?

㉠ 제3자 물류보다 범위가 넓은 공급망의 역할을 담당

㉡ 전체적인 공급망에 영향을 주는 능력을 통하여 가치를 증식

㉢ 종합물류서비스의 활성화

① ㉠　　　　　　　② ㉡

③ ㉠, ㉡　　　　　④ ㉠, ㉡, ㉢

**해설** 제4자 물류(4PL)의 두 가지 중요한 특징
1. 제3자 물류보다 범위가 넓은 공급망의 역할을 담당
2. 전체적인 공급망에 영향을 주는 능력을 통하여 가치를 증식

**정답** ③

**16** 다음 수송의 특징으로 옳지 않은 것은?

① 장거리 대량화물의 이동

② 기업과 고객간 이동

③ 지역간 화물의 이동

④ 1개소의 목적지에 1회에 직송

**해설** 기업과 고객간 이동은 배송의 특징이다.

**정답** ②

**17** 운송 관련 용어로 바르지 않은 것은?

① 교통 : 현상적인 시각에서의 재화의 이동

② 운수 : 소화물 운송

③ 운반 : 한정된 공간과 범위 내에서의 재화의 이동

④ 교통 : 현상적인 시각에서의 재화의 이동

**해설** 운수 : 행정상 또는 법률상의 운송
통운 : 소화물 운송

**정답** ②

**18** 물류시스템의 구성요소가 아닌 것은?

① 운송　　　　　　② 보관,

③ 금융　　　　　　④ 유통가공

**해설** 물류시스템의 구성요소 : 운송, 보관, 유통가공, 포장, 하역, 정보

**정답** ③

**19** 다음 운송 합리화 방안으로 바르지 않은 것은?

① 최적 운송수단의 선택

② 최단 운송경로의 개발

③ 물류기기의 개선과 정보시스템의 정비

④ 공차율 향상을 위한 실차율의 최소화

**해설** 실차율 향상시키고 공차율의 최소화 하여야 한다.

**정답** ④

**20** 다음 화물자동차의 효용성 지표 중 공차거리율에 해당하는 것은?

① 실제 화물을 싣고 운행한 거리의 비율

② 화물자동차가 일정기간에 걸쳐 실제로 가동한 일수

③ 최대적재량 대비 적재된 화물의 비율

④ 주행거리에 대해 화물을 싣지 않고 운행한 거리의 비율

**해설** 공차거리율 : 주행거리에 대해 화물을 싣지 않고 운행한 거리의 비율
① 실차율, ② 가동률, ③ 적재율

**21** 다음 공동배송의 장점이 아닌 것은?

① 운임요금의 적정화

② 소량화물 흔적으로 규모의 경제효과

③ 교통혼잡 완화

④ 네트워크의 경제효과

> **해설** **공동배송의 장점** : 수송효율 향상(적재효율, 회전율 향상), 소량화물 흔적으로 규모의 경제효과, 자동차와 기사의 효율적 활용, 안정된 수송시장 확보, 네트워크의 경제효과, 교통혼잡 완화, 환경오염 방지

**정답** ①

**22** 다음 수·배송관리시스템에 대한 설명으로 옳지 않은 것은?

① 최적의 수·배송계획을 통한 생산비용을 절감하려는 체제

② 주문상황에 대해 적기 수·배송체제를 확립하고자 하는 것

③ 대표적 수·배송관리시스템이 터미널 화물정보시스템

④ 컴퓨터와 통신기기를 이용하여 기계적으로 처리

> **해설** 수·배송관리시스템은 최적의 수·배송계획을 통한 물류비용을 절감하려는 체제이다.

**정답** ①

**23** 수·배송활동 단계 중 계획 단계에서의 물류정보처리 기능에 해당하지 않는 것은?

① 다이어그램 시스템설계

② 발송정보 착하지에의 연락

③ 수송경로 선정

④ 배송지역 결정

> **해설** **계획** : 수송수단 선정, 수송경로 선정, 수송로트(lot) 결정, 다이어그램 시스템설계, 배송센터의 수 및 위치 선정, 배송지역 결정 등

**정답** ②

**정답** ④

**24** 수·배송활동 단계 중 통제 단계에서의 물류정보처리 기능에 해당하지 않는 것은?

① 운임계산

② 자동차적재효율 분석

③ 자동차가동률 분석

④ 배차 수배

> **해설** **통제** : 운임계산, 자동차적재효율 분석, 자동차가동률 분석, 반품운임 분석, 빈용기운임 분석, 오송 분석, 교착수송 분석, 사고분석 등

**정답** ④

part
**04**

운송서비스

**229**

# 제**3**장 화물운송서비스의 이해 [핵심요약]

QUALIFICATION TEST FOR CARGO WORKERS

## **1** 물류의 신시대와 트럭수송의 역할

### ▥ 물류 없이는 생활할 수 없다

① 물류가 기업경영의 열쇠라고 생각하는 사람은 재미 뿐 아니라 지금까지의 물류의 중요성을 알고 있는 사람이다.

② 물류는 개선의 여지가 많고 개선하면 할수록 효과가 눈에 보일 정도로 나타나기 때문이다. 게다가 물류는 범위가 넓고 실생활에 없어서는 안되는 것이다.

③ 물류는 비용을 절감할 수 있는 엄청난 미개척 영역이 남아 있다.

### ▥ 물류를 경쟁력의 무기로

① 물류는 합리화 시대를 거쳐 혁신이 요구되고 있다.

② 트럭운송 종사자에게는 고객의 절실한 요망에 대응하여 화주에게 경쟁력 있는 물류를 무기로 제공할 의무가 있다고 하는 것이다.

### ▥ 총 물류비의 절감

① 고빈도·소량의 수송체계는 필연적으로 물류코스트의 상승을 가져온다.

② 물류부문을 오로지 생산과 영업에 대한 서비스부문으로 다루고 있는 경영조직에서는 물류코스트의 절감이나 억제는 전문업자에게 요금을 인하하거나 억누르는 것이라는 발상밖에 생겨나지 않기 때문에 근본적인 물류합리화를 기대하기는 어려운 것이다.

③ 물류전문업자가 고객에 대해 코스트의 면에서 공헌할 수 있는 것은 총 물류비의 억제나 절감에 있다.

④ 물류전문가 또는 종사자로서 기업물류의 합리화를 추진하는데 필요한 물류지식이 요구되고 있다.

### ▥ 적정요금을 품질(서비스)로 환원

① 물류의 구성요소의 하나인 수송, 보관 등의 요금을 절감한다는 필연성 이전에, 총비용에서 물류비를 절감할 수 있는 요인이 화주 측에 많이 존재하고 있다는 것은 이미 화주의 물류개선의 많은 실적에서 증명되었다는 것이다.

② 물류업무의 적정한 대가를 받고, 정당한 이익을 계상함과 동시에 노동조건의 개선에 힘쓰면서 서비스의 향상, 운송기술의 개발, 원가절감 등의 성과를 일을 통해 화주(고객)에게 환원한다고 하는 격조 높은 이념을 갖는 트럭운송산업계의 자세야말로 물류혁신시대의 화주기업과 물류전문업계 및 종사자의 새로운 파트너십이라고 할 것이다.

### ▥ 혁신과 트럭운송

① **기업존속 결정의 조건**

㉠ 사업의 존속을 결정하는 조건은 "매상을 올릴 수 있는가", "코스트를 내릴 수 있는가?" 라는 2가지이다.

㉡ 코스트를 줄이는 것도 이익의 원천이 된다고 하는 것이다.

② **기업의 유지관리와 혁신**

㉠ 기업경영은 기업고유의 전통과 실적을 계승하여 유지·관리하는 것이고, 기업의 전통과 현상을 부정하여 새로운 기업체질을 창조하는 것이다.

ⓛ 새로운 이익의 원천을 구하는 길을 경영혁신이라고 한다.

③ 기술혁신과 트럭운송사업

　　㉠ 성숙기의 포화된 경제환경 하에서 거시적 시각의 새로운 이익원천에는 인구의 증가, 영토의 확대, 기술의 혁신 등 3가지가 있다.

　　㉡ 경영혁신의 분야에서는 새로운 시장의 개척, 새로운 상품이나 서비스의 개발에 의한 수요의 창조, 경영의 다각화, 기업의 합병·계열화, 경영효과·생산성의 향상, 기업체질의 개선 등이 공통적 사항이다.

　　　　ⓐ 고객인 화주기업의 시장개척의 일부를 담당할 수 있는가.

　　　　ⓑ 소비자가 참가하는 물류의 신경쟁시대에 무엇을 무기로 하여 싸울 것인가.

　　　　ⓒ 고도정보화시대, 그리고 살아남기 위한 진정한 협업화에 참가할 수 있는가.

　　　　ⓓ 트럭이 새로운 운송기술을 개발할 수 있는가.

　　　　ⓔ 의사결정에 필요한 정보를 적시에 수집할 수 있는가 등

④ 수입확대와 원가절감

⑤ 운송사업의 존속과 번영을 위한 변혁의 외부적 요인과 내부적 요인

　　㉠ 운송사업의 존속과 번영을 위해서는 다음 사항을 명심해야 할 것이다.

　　　　ⓐ 경쟁에 이겨 살아남지 않으면 안 된다.

　　　　ⓑ 살아남기 위해서는 조직은 물론 자신의 문제점을 정확히 파악할 필요가 있다.

　　　　ⓒ 문제를 알았으면 그 해결방법을 발견해야만 한다.

　　　　ⓓ 문제를 해결한다고 하는 것은 현상을 타파하고 변화를 불러일으키는 것이다.

　　　　ⓔ 모든 방책 중에 최선의 방법을 선택하여 결정해야 한다.

　　　　ⓕ 새로운 과제, 새로운 변화, 새로운 위험, 새로운 선택과 결정을 맞이하여 끊임없이 전진해 나가는 것이다.

　　㉡ 조직이든 개인이든 변혁을 일으키지 않으면 안되는 이유로는 외부적 요인과 내부적 요인의 두 가지가 있다.

　　　　ⓐ 외부적 요인 : 조직이나 개인을 둘러싼 환경의 변화, 특히 고객의 욕구행동의 변화에 대응하지 못하는 조직이나 개인은 언젠가는 붕괴하게 된다.

　　　　ⓑ 내부적 요인 : 조직이든 개인이든 환경에 대한 오픈시스템으로 부단히 변화하는 것이다.

　　㉢ 현상의 부정, 타파, 변혁이라는 추상적인 용어를 이해하기 힘들므로 현상의 변혁에 필요한 4가지 요소를 들어보면 다음과 같다.

　　　　ⓐ 조직이나 개인의 전통, 실적의 연장선상에 존재하는 타성을 버리고 새로운 질서를 이룩하는 것이다.

　　　　ⓑ 유행에 휩쓸리지 않고 독자적이고 창조적인 발상을 가지고 새로운 체질을 만드는 것이다.

　　　　ⓒ 형식적인 변혁이 아니라 실제로 생산성 향상에 공헌할 수 있도록 일의 본질에서부터 변혁이 이루어져야 한다.

　　　　ⓓ 전통적인 체질은 좋든 나쁘든 견고하다.

⑥ 현상의 변혁에 성공하는 비결 : 현상의 변혁에 성공하는 비결은 개혁을 적시에 착수하는 것이다.

⑦ 트럭운송을 통한 새로운 가치 창출

　　㉠ 트럭운송은 사회의 공유물이다.

　　㉡ 화물운송종사업무는 새로운 가치를 창출하고 사회에 무엇인가 공헌을 하고 있다는 데에 존재의의가 있으며, 운송행위와 관련 있는 모든 사람들의 다면적인 욕구를 충족시킨다는 사회로서의 사명을 가지고 있다.

## 2 신 물류서비스 기법의 이해

### ■ 공급망관리(SCM ; Supply Chain Management)

① 공급망관리의 개념

ㄱ 공급망관리란 최종고객의 욕구를 충족시키기 위하여 원료공급자로부터 최종소비자에 이르기까지 공급망 내의 각 기업간에 긴밀한 협력을 통해 공급망인 전체의 물자의 흐름을 원활하게 하는 공동전략을 말한다.

ㄴ 공급망은 상류(商流)와 하류(荷流)를 연결시키는, 즉 최종소비자의 손에 상품과 서비스 형태의 가치를 가져다 주는 여러 가지 다른 과정과 활동을 포함하는 조직의 네트워크를 말한다.

② 물류 → 로지스틱스(Logistics) → 공급망관리(SCM)로의 발전

| 구분 | 물류 | Logistics | SCM |
|---|---|---|---|
| 시기 | 1970~1985년 | 1986~1997년 | 1998년 |
| 목적 | 물류부문내 효율화 | 기업내 물류 효율화 | 공급망 전체 효율화 |
| 대상 | 수송, 보관, 하역, 포장 | 생산, 물류, 판매 | 공급자, 메이커, 도소매, 고객 |
| 수단 | 물류부문내 시스템<br>기계화, 자동화 | 기업내 정보시스템<br>POS, VAN, EDI | 기업간 정보시스템 파트너관계, ERP, SCM |
| 주제 | 효율화(전문화, 분업화) | 물류코스트＋서비스대행<br>다품종수량, JIT, MRP | ECR, ERP, 3PL, APS 재고소멸 |
| 표방 | 무인 도전 | 토탈물류 | 종합물류 |

### ■ 전사적 품질관리(TQC ; Total Quality Control)

① 기업경영에 있어서 전사적 품질관리 : 제품이나 서비스를 만드는 모든 작업자가 품질에 대한 책임을 나누어 갖는 다는 개념이다.

② 물류현상 정량화 : 물류서비스의 품질관리를 보다 효율적으로 하기 위해서는 물류현상을 정량화하는 것이 중요하다.

### ■ 제3자 물류(TPL 또는 3PL ; Third-party logistics)

① 1980년대에는 기업내 물류기능간 통합관리를 강조한 통합물류관리가 중시되었고, 1990년대 이후는 기업간 물류 기능의 외연적 통합을 통해 물류효율성을 제고하기 위한 공급망관리의 개념이 본격적으로 확산된 시기라고 볼 수 있다.

② 1990년대부터는 공급망 전체의 물류효율성 증대를 위한 관련주체간의 파트너십 또는 제휴의 형성이 매우 중요하게 되었다.

③ 제조업체와 유통업체간의 전략적 제휴라는 형태로 나타난 것이 신속대응(QR ; quick response), 효율적 고객대응 (ECR ; efficient customer response)이라면 제조업체, 유통업체 등의 화주와 물류서비스 제공업체간의 제휴라는 형태로 나타난 것이 제3자 물류이다.

④ 제3자(third-party)란 물류채널 내의 다른 주체와의 일시적이거나 장기적인 관계를 가지고 있는 물류채널 내의 대행자 또는 매개자를 의미하여, 화주와 단일 혹은 복수의 제3자 물류 또는 계약물류(contract logistics)이다.

⑤ 제3자 물류의 개념은 첫째, 기업이 사내에서 직접 수행하던 물류업무를 외부의 전문물류업체에게 아웃소싱한다는 관점이며, 둘째, 전문물류업체와의 전략적 제휴를 통해 물류시스템 전체의 효율성을 제고하려는 전략의 일환으로 보는 관점이다.

### ■ 신속대응(QR ; Quick Response)

① 신속대응 전략이란 생산·유통기간의 단축, 재고의 감소, 반품손실 감소 등 생산·유통의 각 단계에서 효율화를 실현하고 그 성과를 생산자, 유통관계자, 소비자에게 골고루 돌아가게 하는 기법을 말한다.

② 신속대응(QR)을 활용함으로써 소매업자는 유지비용의 절감, 고객서비스의 제고, 높은 상품회전율, 매출과 이익증 대 등의 혜택을 볼 수 있다.

■ **효율적 고객대응(ECR ; Efficient Consumer Response)** : 효율적 고객대응(ECR) 전략이란 소비자 만족에 초점을 둔 공급망 관리의 효율성을 극대화하기 위한 모델로서, 제품의 생산단계에서부터 도매·소매에 이르기까지 전 과정을 하나의 프로세스로 보아 관련기업들의 긴밀한 협력을 통해 전체로서의 효율 극대화를 추구하는 효율적 고객대응기법이다.

■ **주파수 공용통신(TRS ; Trunked Radio System)**

① **주파수 공용통신(TRS)의 개념** : 중계국에 할당된 여러 개의 채널을 공동으로 사용하는 무전기시스템으로서 이동자동차나 선박 등 운송수단에 탑재하여 이동간의 정보를 리얼타임(real-time)으로 송수신할 수 있는 통신서비스로서 현재 꿈의 로지스틱스의 실현이라고 부를 정도로 혁신적인 화물추적통신망시스템으로서 주로 물류관리에 많이 이용된다.

② **주파수 공용통신(TRS)의 도입 효과**

㉠ **업무분야별 효과**

ⓐ 자동차운행 측면 : 사전배차계획 수립과 배차계획 수정이 가능해지며, 자동차의 위치추적기능의 활용으로 도착시간의 정확한 추정이 가능해진다.

ⓑ 집배송 측면 : 화물추적기능 활용으로 지연사유 분석이 가능해져 표준운행시간 작성에 도움을 줄 수 있다.

ⓒ 자동차 및 운전자관리 측면 : TRS를 통해 고장자동차에 대응한 자동차 재배치나 지연사유 분석이 가능해진다.

㉡ **기능별 효과** : 자동차의 운행정보 입수와 본부에서 자동차로 정보전달이 용이해지고 자동차에서 접수한 정보의 실시간 처리가 가능해지며, 화주의 수요에 신속히 대응할 수 있다는 점이며 또한 화주의 화물추적이 용이해진다.

■ **범지구측위시스템(GPS ; Global Positioning System)**

① **GPS 통신망의 개념** : 관성항법과 더불어 어두운 밤에도 목적지에 유도하는 측위(測衛)통신망으로서 그 유도기술의 핵심이 되는 것은 인공위성을 이용한 범지구측위시스템(GPS)이며 주로 자동차위치추적을 통한 물류관리에 이용되는 통신망이다.

② **GPS의 도입 효과** : GPS를 도입하면 각종 자연재해로부터 사전대비를 통해 재해를 회피할 수 있고, 토지조성공사에도 작업자가 건설용지를 돌면서 지반침하와 침하량을 측정하여 리얼 타임으로 신속하게 대응할 수 있다.

■ **통합판매·물류·생산시스템(CALS ; Computer Aided Logistics Support)**

① **CALS의 개념**

㉠ 통합판매·물류·생산시스템이란 첫째, 무기체제의 설계, 제작, 군수 유통체계지원을 위해 디지털기술의 통합과 정보공유를 통한 신속한 자료처리 환경을 구축하는 것이며, 둘째, 제품설계에서 폐기에 이르는 모든 활동을 디지털 정보기술의 통합을 통해 구현하는 산업화전략이며, 셋째, 컴퓨터에 의한 통합생산이나 경영과 유통의 재설계 등을 총칭한다.

㉡ 통합판매·물류·생산시스템(CALS)는 컴퓨터 네트워크를 사용하여 전 과정을 단시간에 처리할 수 있어 기업으로서는 품질향상, 비용절감 및 신속처리에 큰 효과를 거둘 수 있다.

㉢ 통합판매·물류·생산시스템(CALS)의 목표는 설계, 제조 및 유통과정과 보급·조달 등 물류지원과정을 첫째는 비즈니스 리엔지니어링을 통해 조정하고, 둘째는 동시공학적 업무처리과정으로 연계하며, 셋째는 다양한 정보를 디지털화하여 통합데이타베이스에 저장하고 활용하는 것이다.

② **통합판매, 물류, 생산시스템(CALS)의 중요성과 적용범주**

㉠ 정보화 시대의 기업경영에 필수적인 산업정보화

㉡ 방위산업뿐 아니라 중공업, 조선, 항공, 섬유, 전자, 물류 등 제조업과 정보통신산업에서 중요한 정보전략화

ⓒ 과다서류와 기술자료의 중복 축소, 업무처리절차 축소, 소요시간 단축, 비용절감

ⓔ 기존의 전자데이타정보(EDI)에서 영상, 이미지 등 전자상거래(e-Commerce)로 그 범위를 확대하고 궁극적으로 멀티미디어 환경을 지원하는 시스템으로 발전

ⓜ 동시공정, 에러검출, 순환관리 자동활용을 포함한 품질관리와 경영혁신 구현 등

③ **통합판매 · 물류 · 생산시스템(CALS)의 도입 효과**

ⓖ 패러다임의 변화에 따른 새로운 생산시스템, 첨단생산시스템, 고객요구에 신속하게 대응하는 고객만족시스템, 규모경제를 시간경제로 변화, 정보인프라로 광역대 ISDN(B-ISDN)으로써 그 효과를 나타내고 있다.

ⓛ 정보화시대를 맞이하여 기업경영에 필수적인 산업정보화전략이라고 요약할 수 있다.

ⓒ 특이한 CALS/EC의 도입효과로는 CALS/EC가 기업통합과 가상기업을 실현할 수 있을 것이란 점이다.

ⓔ 가상기업이란 급변하는 상황에 민첩하게 대응키 위한 전략적 기업제휴를 의미한다.

## 01 다음 물류에 관한 내용으로 바르지 않은 것은?

① 물류는 범위가 넓고 실생활에 없어서는 안되는 것이다.

② 물류는 비용을 절감할 수 있는 엄청난 미개척 영역이 남아 있다.

③ 물류는 개선의 여지가 많고 개선하면 할수록 효과가 눈에 보인다.

④ 물류혁신은 화주업체를 중심으로 이뤄질 것으로 전망하고 있다.

> **해설** 물류혁신은 전문 물류업체를 중심으로 이뤄질 것으로 전망하고 있다.

**정답** ④

## 02 트럭운송업계가 당면하고 있는 영역으로 바르지 않은 것은?

① 트럭이 새로운 운송기술을 개발할 수 있는가.

② 소비자가 잠가하는 물류의 신경쟁시내에 무잇을 무기로 하여 싸울 것인가.

③ 트럭이 새로운 이익의 원천을 개발할 수 있는가.

④ 고도정보화시대, 그리고 살아남기 위한 진정한 협업화에 참가할 수 있는가.

> **해설** 트럭운송업계가 당면하고 있는 영역
> 1. 고객인 화주기업의 시장개척의 일부를 담당할 수 있는가.
> 2. 소비자가 참가하는 물류의 신경쟁시대에 무엇을 무기로 하여 싸울 것인가.
> 3. 고도정보화시대, 그리고 살아남기 위한 진정한 협업화에 참가할 수 있는가.
> 4. 트럭이 새로운 운송기술을 개발할 수 있는가.
> 5. 의사결정에 필요한 정보를 적시에 수집할 수 있는가 등

**정답** ③

## 03 다음 운송사업의 존속과 번영을 위해서 명심해야 할 사항이 아닌 것은?

① 문제를 해결한다는 것은 현상을 유지하는 것이다.

② 문제를 알면 해결방법을 발견해야만 한다.

③ 모든 방책 중에 최선의 방법을 선택하여 결정해야 한다.

④ 경쟁에 이겨 살아남지 않으면 안 된다.

> **해설** 문제를 해결한다는 것은 현상을 개선하고 변화를 불러 일으키는 것이다.

**정답** ①

## 04 운송사업의 존속과 번영을 위해서 명심해야 할 사항이 아닌 것은?

① 경쟁에 이겨 살아남지 않으면 안 된다.

② 모든 방책 중에 과거의 방법을 선택하여 결정해야 한다.

③ 살아남기 위해서는 조직은 물론 자신의 문제점을 정확히 파악할 필요가 있다.

④ 문제를 알았으면 그 해결방법을 발견해야만 한다.

> **해설** 운송사업의 존속과 번영을 위해서 명심해야 할 사항은 모든 방책 중에 최선의 방법을 선택하여 결정해야 한다.

**정답** ②

## 05 다음 공급망관리에 관한 내용으로 옳은 것은?

① 공급망관리에 있어서 각 조직을 수직계열화 하는 것이다.

② 공급망 내의 각 기업은 상호 협력하여 공급망 프로세스를 재구축한다.

③ 공급망 내의 각 기업은 업무협약을 맺으며, 공동전략을 구사하게 된다.

④ 공급망인 전체의 물자의 흐름을 원활하게 하는 공동전략을 말한다.

**해설** 공급망관리에 있어서 각 조직은 긴밀한 협조관계를 형성하게 되고, 공급망관리는 기업간 수평적 협력을 배경으로 한다.

**정답** ①

**06** 1988년 이후 기업간 정보시스템, ERP 등을 통한 공급망 전체의 효율화를 목적으로 하였던 물류서비스 기법은?

① 토탈물류
② 로지스틱스(Logistics)
③ 공급망관리(SCM)
④ 물류

**해설** 공급망관리(SCM)는 기업간 정보시스템, ERP 등을 통한 공급망 전체의 효율화를 목적으로 하였다.

**정답** ③

**07** 다음 제3자 물류에 관한 내용으로 옳지 않은 것은?

① 기업이 사내에서 직접 수행하던 물류업무를 외부의 전문물류업체에게 아웃소싱한다는 것
② 전문물류업체와의 전략적 제휴를 통해 물류시스템 전체의 효율성을 제고하려는 전략의 일환으로 보는 것
③ 화주와 물류서비스 제공업체의 관계가 중장기적인 파트너십 관계로 발전된다는 것
④ 물류아웃소싱이란 기업이 사내에서 수행하던 물류업무를 화주업체에 위탁하는 것

**해설** 물류아웃소싱 : 기업이 사내에서 수행하던 물류업무를 전문업체에 위탁하는 것을 의미한다.

**정답** ④

**08** 다음 신속대응(QR)을 활용함으로써 소매업자가 얻을 수 있는 혜택이 아닌 것은?

① 높은 상품회전율
② 매출과 이익증대
③ 고객서비스의 제고
④ 유지비용의 증가

**해설** 신속대응(QR)을 활용함으로써 소매업자는 유지비용의 절감, 고객서비스의 제고, 높은 상품회전율, 매출과 이익증대 등의 혜택을 볼 수 있다.

**정답** ④

**09** 다음 관성항법과 더불어 어두운 밤에도 목적지에 유도하는 측위통신망은?

① GPS
② TRS
③ CALS
④ SCM

**해설** GPS는 관성항법과 더불어 어두운 밤에도 목적지에 유도하는 측위(測衛)통신망으로서 그 유도기술의 핵심이 되는 것은 인공위성을 이용한 범지구측위시스템(GPS)이며 주로 자동차위치추적을 통한 물류관리에 이용되는 통신망이다.
② 주파수 공용통신, ③ 통합판매·물류·생산시스템, ④ 통합 공급망관리

**정답** ①

**10** 다음 GPS의 도입 효과로 바르지 않은 것은?

① 자동차위치추적을 통한 물류관리에 이용되는 통신망이다.
② 실시간으로 자기위치와 타인의 위치를 확인할 수 있다.
③ 위치확인은 이동체로부터 메시지가 오지 않아도 확인될 수 있다.
④ 밤낮으로 운행하는 운송차량 추적시스템을 GPS로 완벽하게 관리 및 통제할 수 있다.

**해설** 이동체의 위치정보는 발신자에 의해 지도가 해독되어 통제센터 메시지로 바뀌어 보내어지지만 위치확인은 이동체로부터 메시지가 와야만 확인될 수 있다.

**정답** ③

**11** 통합판매, 물류, 생산시스템(CALS)의 중요성과 적용 범주로 옳지 않은 것은?

① 대도시의 교통혼잡시에 자동차에서 행선지 지도와 도로 사정 파악
② 중공업, 조선, 항공, 섬유, 전자, 물류 등 제조업과 정보통신산업에서 중요한 정보전략화
③ 과다서류와 기술자료의 중복 축소, 업무처리절차 축소, 소요시간 단축, 비용절감
④ 정보화 시대의 기업경영에 필수적인 산업정보화

**해설** 대도시의 교통혼잡시에 자동차에서 행선지 지도와 도로 사정 파악은 GPS의 도입 효과이다.

**정답** ①

제**4**장

# 화물운송서비스와 문제점 [핵심요약]

QUALIFICATION TEST FOR CARGO WORKERS

## 1 물류고객서비스

### ▧ 물류부문 고객서비스의 개념

① 어떤 기업이 제공하는 고객서비스의 수준은 기존의 고객이 고객으로서 계속 남을 것인가 말 것인가를 결정할 뿐만 아니라 얼마만큼의 잠재고객이 고객으로 바뀔 것인가를 결정하게 된다.

② 어떠한 고객서비스의 주요 목적도 고객 유치를 증대시키지 않으면 안 된다.

③ 물류부문의 고객서비스에는 먼저 기존고객과의 계속적인 거래관계를 유지, 확보하는 수단으로서의 의의가 있다.

④ 잠재적 고객이나 신규고객을 획득하는 수단이라는 의의도 존재한다.

⑤ 물류 부문의 고객서비스에는 기존 고객의 유지 확보를 도모하고 잠재적 고객이나 신규고객의 획득을 도모하기 위한 수단이라는 의의가 있다.

⑥ 물류고객서비스의 정의는 주문처리, 송장작성 내지는 고객의 고충처리와 같은 것을 관리해야 하는 활동, 수취한 주문을 48시간 이내에 배송할 수 있는 능력과 같은 성과척도, 하나의 활동 내지는 일련의 성과척도라기보다는 전체적인 기업철학의 한 요소 등 3가지를 말한다.

⑦ 물류부문의 고객서비스란 제조업자나 유통업자가 그 물류활동의 수행을 통하여 고객에게 발주·구매한 제품에 관하여 단순하게 물류서비스를 제공하는 것이 아니라 그 물류활동을 보다 확실하게 효율적으로, 보다 정확하게 수행함으로써 보다 나은 물류서비스를 제공하여 고객만족을 향상시켜 나갈 때의 문제가 되는 것이다.

### ▧ 물류고객서비스의 요소

① 아이템의 이용가능성, A/S와 백업, 발주와 문의에 대한 효율적인 전화처리, 발주의 편의성, 유능한 기술담당자, 배송시간, 신뢰성, 기기성능 시범, 출판물의 이용 가능성 등

② 발주 사이클 시간, 재고의 이용가능성, 발주 사이즈의 제한, 발주의 편리성, 배송빈도, 배송의 신뢰성, 서류의 품질, 클레임 처리, 주문의 달성, 기술지원, 발주상황 정보

③ 주문처리시간, 주문품의 상품구색시간, 납기, 재고신뢰성, 주문량의 제약, 혼재

④ 거래 전·거래 시·거래 후 요소

ㄱ 거래 전 요소 : 문서화된 고객서비스 정책 및 고객에 대한 제공, 접근가능성, 조직구조, 시스템의 유연성, 매니지먼트 서비스

ㄴ 거래 시 요소 : 재고품절 수준, 발주 정보, 주문사이클, 배송촉진, 환적, 시스템의 정확성, 발주의 편리성, 대체제품, 주문상황 정보

ㄷ 거래 후 요소 : 설치, 보증, 변경, 수리, 부품, 제품의 추적, 고객의 클레임, 고충·반품처리, 제품의 일시적 교체, 예비품의 이용가능성

▨ **고객서비스전략의 구축**

① 수익의 관점에서 고객서비스의 내용이 물류기업의 매출에 미치는 영향의 크기는 상식인 것이다.

② 폭넓은 서비스 내용은 고객 스스로가 구매문제에 직면하여 "무엇이 필요한 서비스인가?"에 관하여 다방면에 걸쳐 관심을 가질 때 비로소 정밀하게 조사가 가능하다.

③ 고객이 만족하여야만 하는 서비스정책은 무엇인가 라는 것에 초점을 맞추는 적극적인 자세가 중요하다.

④ 서비스 수준의 향상은 수주부터 도착까지의 리드타임 단축, 소량출하체제, 긴급출하 대응실시, 수주마감시간 연장 등을 목표로 정하고 있다.

## ② 택배운송서비스

▨ **고객의 불만사항**

① 약속시간을 지키지 않는다(특히 집하요청시).

② 전화도 없이 불쑥 나타난다.

③ 임의로 다른 사람에게 맡기고 간다.

④ 너무 바빠서 질문을 해도 도망치듯 가버린다.

⑤ 불친절하다.

　　㉠ 인사를 잘 하지 않는다.

　　㉡ 용모가 단정치 못하다.

　　㉢ 빨리 사인(배달확인)이나 해달라고 윽박지르듯 한다.

⑥ 사람이 있는데도 경비실에 맡기고 간다.

⑦ 화물을 함부로 다룬다.

　　㉠ 담장 안으로 던져놓는다.

　　㉡ 화물을 발로 밟고 작업한다.

　　㉢ 화물을 발로 차면서 들어온다.

　　㉣ 적재상태가 뒤죽박죽이다.

　　㉤ 화물이 파손되어 배달된다.

⑧ 화물을 무단으로 방치해 놓고 간다.

⑨ 전화로 불러낸다.

⑩ 길거리에서 화물을 건네준다.

⑪ 배달이 지연된다.

⑫ 기타

　　㉠ 잔돈이 준비되어 있지 않다.

　　㉡ 포장이 되지 않았다고 그냥 간다.

　　㉢ 운송장을 고객에게 작성하라고 한다.

　　㉣ 전화 응대가 불친절하다.(통화중, 여러 사람 연결)

　　㉤ 사고배상 지연 등

■ 고객요구 사항

① 할인 요구

② 포장불비로 화물 포장 요구

③ 착불요구(확실한 배달을 위해)

④ 냉동화물 우선 배달

⑤ 판매용 화물 오전 배달

⑥ 규격 초과화물, 박스화되지 않은 화물 인수 요구

■ 택배종사자의 서비스 자세

① 애로사항이 있더라도 극복하고 고객만족을 위하여 최선을 다한다.

　　㉠ 송하인, 수하인, 화물의 종류, 집하시간, 배달시간 등이 모두 달라 서비스의 표준화가 어렵다. (그럼에도 불구하고 수많은 고객을 만족시켜야 한다)

　　㉡ 특히 개인고객의 경우 어려움이 많다. (고객 부재, 지나치게 까다로운 고객, 주소불명, 산간오지·고지대 등)

② 진정한 택배종사자로서 대접받을 수 있도록 행동한다. 단정한 용모, 반듯한 언행, 대고객 약속 준수 등

③ 상품을 판매하고 있다고 생각한다.

　　㉠ 많은 화물이 통신판매나 기타 판매된 상품을 배달하는 경우가 많다.

　　㉡ 배달이 불량하면 판매에 영향을 준다.

　　㉢ 내가 판매한 상품을 배달하고 있다고 생각하면서 배달한다.

④ 택배종사자의 용모와 복장

　　㉠ 복장과 용모, 언행을 통제한다.

　　㉡ 고객도 복장과 용모에 따라 대한다.

　　㉢ 신분확인을 위해 명찰을 패용한다.

　　㉣ 선글라스는 강도, 깡패로 오인할 수 있다.

　　㉤ 슬리퍼는 혐오감을 준다.

　　㉥ 항상 웃는 얼굴로 서비스 한다.

⑤ 안전운행과 자동차관리

　　㉠ 사고와 난폭운전은 회사와 자신의 이미지 실추 → 이용 기피

　　㉡ 골목길 처마, 간판주의

　　㉢ 어린이, 노인 주의

　　㉣ 후진 주의(반드시 뒤로 돌아 탈 것)

　　㉤ 골목길 네거리 주의 통과

　　㉥ 후문은 확실히 잠그고 출발(과속방지턱 통과 시 뒷문이 열려 사고발생)

　　㉦ 골목길 난폭운전은 고객들의 이미지 손상

　　㉧ 자동차의 외관은 항상 청결하게 관리

⑥ 택배화물의 배달방법

　　㉠ 배달 순서 계획

　　　　ⓐ 관내 상세지도를 보유한다.(비닐코팅)

　　　　ⓑ 배달표에 나타난 주소대로 배달할 것을 표시한다.

　　　　ⓒ 우선적으로 배달해야 할 고객의 위치 표시

ⓓ 배달과 집하 순서표시(루트 표시)

ⓔ 순서에 입각하여 배달표 정리

ⓛ 개인고객에 대한 전화

ⓐ 전화를 100% 하고 배달할 의무는 없다.

ⓑ 전화는 해도 불만, 안해도 불만을 초래할 수 있다. 그러나 전화를 하는 것이 더 좋다.(약속은 변경 가능)

ⓒ 위치 파악, 방문예정 시간 통보, 착불요금 준비를 위해 방문예정시간은 2시간 정도의 여유를 갖고 약속한다.

ⓓ 전화를 안 받는다고 화물을 안 가지고가면 안 된다.

ⓔ 주소, 전화번호가 맞아도 그런 사람이 없다고 할 때가 있다.(며느리 이름)

ⓕ 방문예정시간에 수하인 부재중일 경우 반드시 대리 인수자를 지명받아 그 사람에게 인계해야 한다.(인계용이, 착불요금, 화물안전 확보)

ⓖ 약속시간을 지키지 못할 경우에는 재차 전화하여 예정시간 정정한다.

ⓒ 수하인 문전 행동방법

ⓐ 배달의 개념 : 가정이나 사무실에 배달

ⓑ 인사방법 : 초인종을 누른 후 인사한다. 사람이 안나온다고 문을 쾅쾅 두드리거나 발로 차지 않는다.(용변중, 통화중, 샤워중, 장애인 등)

ⓒ 화물인계방법 : ○○○한테서 또는 ○○에서 소포가 왔습니다. 판매상품인 경우는 ○○회사의 상품을 배달하러 왔습니다. 겉포장의 이상 유무를 확인한 후 인계한다.

ⓓ 배달표 수령인 날인 확보 : 반드시 정자 이름과 사인(또는 날인)을 동시에 받는다. 가족 또는 대리인이 인수할 때는 관계를 반드시 확인한다.

ⓔ 고객의 문의 사항이 있을시 : 집하 이용, 반품 등을 문의할 때는 성실히 답변한다. 조립방법, 사용방법, 입어 보이기 등은 정중히 거절한다.

ⓕ 불필요한 말과 행동을 하지 말 것(오해 소지) : 배달과 관계없는 말은 하지 않는다.

ⓖ 화물에 이상이 있을시 인계방법

• 약간의 문제가 있을 시는 잘 설명하여 이용하도록 한다.

• 완전히 파손, 변질 시에는 진심으로 사과하고 회수 후 변상하고, 내품에 이상이 있을 시는 전화할 곳과 절차를 알려준다.

• 배달완료 후 파손, 기타 이상이 있다는 배상 요청 시 반드시 현장 확인을 해야 한다.(책임을 전가 받는 경우 발생)

ⓗ 반드시 약속 시간(기간)내에 배달해야 할 화물 : 모든 배달품은 약속 시간(기간)내에 배달되어야 하며 특히 한약, 병원조제약, 식품, 학생들 기숙사 용품, 채소류, 과일, 생선, 판매용 식품(특히 명절 전), 서류 등은 약속 시간(기간)내에 좀 더 신속히 배달되도록 한다.

ⓘ 과도한 서비스 요청 시 : 설치 요구, 방안까지 운반, 제품 이상 유무 확인까지 요청 시 정중히 거절한다. 노인, 장애인 등이 요구할 때는 방안까지 운반

ⓙ 엉뚱한 집에 배달할 경우도 생기므로 주의한다. 아파트 등에서 너무 바쁘게 배달하다보면 동을 잘못 알거나 호수를 착각하여 배달하는 경우가 있다.(인계전 동, 호수, 성명 확인)

ⓡ 대리 인계 시 방법

ⓐ 인수자 지정 : 전화로 사전에 대리 인수자를 지정(원활한 인수, 파손·분실 문제 책임, 요금수수)받는다. 반드시 이름과 서명을 받고 관계를 기록한다. 서명을 거부할 때는 시간, 상호, 기타 특징을 기록한다.

ⓑ 임의 대리 인계 : 수하인이 부재중인 경우 외에는 대리 인계를 절대 해서는 안 된다. 불가피하게 대리 인계를 할 때는 확실한 곳에 인계해야 한다.

ⓜ 고객부재시 방법

ⓐ 부재안내표의 작성 및 투입 : 반드시 방문시간, 송하인, 화물명, 연락처 등을 기록하여 문안에 투입(문밖에 부착은 절대 금지)한다. 대리인 인수 시는 인수처 명기하여 찾도록 해야 한다.

ⓑ 대리인 인계가 되었을 때는 귀점 중 다시 전화로 확인 및 귀점 후 재확인한다.

ⓒ 밖으로 불러냈을 때의 방법 : 반드시 죄송하다는 인사를 한다. 소형화물 외에는 집까지 배달한다.(길거리 인계는 안됨)

ⓑ 기타 배달시 주의 사항

ⓐ 화물에 부착된 운송장의 기록을 잘 보아야 한다.(특기사항)

ⓑ 중량초과화물 배달시 정중한 조력 요청

ⓒ 손전등 준비(초기 야간 배달)

ⓢ 미배달화물에 대한 조치 : 미배달 사유를 기록하여 관리자에게 제출하고 화물은 재입고(주소불명, 전화불통, 장기부재, 인수거부, 수하인 불명)한다.

⑦ 택배 집하 방법

㉠ 집하의 중요성

ⓐ 집하는 택배사업의 기본

ⓑ 집하가 배달보다 우선되어야 한다.

ⓒ 배달 있는 곳에 집하가 있다.

ⓓ 집하를 잘 해야 고객불만이 감소한다.

㉡ 방문 집하 방법

ⓐ 방문 약속시간의 준수 : 고객 부재 상태에서는 집하 곤란. 약속시간이 늦으면 불만 가중(사전 전화)

ⓑ 기업화물 집하 시 행동 : 화물이 준비되지 않았다고 운전석에 앉아있거나 빈둥거리지 말 것(작업을 도와주어야 함), 출하담당자와 친구가 되도록 할 것.

ⓒ 운송장 기록의 중요성 : 운송장 기록을 정확하게 기재하지 않고 부실하게 기재하면 오도착, 배달불가, 배상금액 확대, 화물파손 등의 문제점 발생.

※ 정확히 기재해야 할 사항 : 수하인 전화번호(주소는 정확해도 전화번호가 부정확하면 배달 곤란). 정확한 화물명(포장의 안전성 판단기준, 사고 시 배상기준, 화물수탁 여부 판단기준, 화물취급요령). 화물가격(사고 시 배상기준, 화물수탁 여부 판단기준, 할증여부 판단기준)

ⓓ 포장의 확인 : 화물종류에 따른 포장의 안전성 판단. 안전하지 못할 경우에는 보완 요구 또는 귀점 후 보완하여 발송. 포장에 대한 사항은 미리 전화하여 부탁해야 한다.

---

**3  운송서비스의 사업용·자가용 특징 비교**

▦ 철도와 선박과 비교한 트럭 수송의 장단점

① 장점 : 문전에서 문전으로 배송서비스를 탄력적으로 행할 수 있고 중간 하역이 불필요하며 포장의 간소화·간략화가 가능할 뿐만 아니라 다른 수송기관과 연동하지 않고서도 일관된 서비스를 할 수가 있어 싣고 부리는 횟수가 적어도 된다는 점 등이 있다.

② **단점** : 수송 단위가 작고 연료비나 인건비(장거리의 경우) 등 수송단가가 높다는 점 등이다.

③ **기타** : 택배운송의 전국 네트워크화의 확립 등에 의해 트럭수송 분담률은 가일층 커지고, 상대적으로 트럭 의존도가 높아지고 있는 것은 부인할 수 없는 사실이다.

▥ **사업용(영업용) 트럭운송의 장단점**

① **장점**

ㄱ 수송비가 저렴하다.

ㄴ 물동량의 변동에 대응한 안정수송이 가능하다.

ㄷ 수송 능력이 높다.

ㄹ 융통성이 높다.

ㅁ 설비투자가 필요 없다.

ㅂ 인적투자가 필요 없다.

ㅅ 변동비 처리가 가능하다.

② **단점**

ㄱ 운임의 안정화가 곤란하다.

ㄴ 관리기능이 저해된다.

ㄷ 기동성이 부족하다.

ㄹ 시스템의 일관성이 없다.

ㅁ 인터페이스가 약하다.

ㅂ 마케팅 사고가 희박하다.

▥ **자가용 트럭운송의 장단점**

① **장점**

ㄱ 높은 신뢰성이 확보된다.

ㄴ 상거래에 기여한다.

ㄷ 작업의 기동성이 높다.

ㄹ 안정적 공급이 가능하다.

ㅁ 시스템의 일관성이 유지된다.

ㅂ 리스크가 낮다.(위험부담도가 낮다)

ㅅ 인적 교육이 가능하다.

② **단점**

ㄱ 수송량의 변동에 대응하기가 어렵다.

ㄴ 비용의 고정비화

ㄷ 설비투자가 필요하다.

ㄹ 인적 투자가 필요하다.

ㅁ 수송능력에 한계가 있다.

ㅂ 사용하는 차종, 차량에 한계가 있다.

▥ **트럭운송의 전망** : 트럭 운송은 국내 운송의 대부분을 차지하고 있다. 이것은 첫째, 트럭 수송의 기동성이 산업계의 요청에 적합한 때문이고, 둘째, 트럭 수송의 경쟁자인 철도수송에서는 국철의 화물수송이 독립적으로 시장을 지배해 왔던 관계로 경쟁원리가 작용하지 않게 되고 그 지위가 낮은 때문이며, 셋째, 고속도로의 건설 등과 같은 도로시설에

대한 공공투자가 철도시설에 비해 적극적으로 이루어져 왔다는 사실에 기인하고 있다. 나아가서 넷째, 오늘날에는 소비의 다양화, 소량화가 현저해지고, 종래의 제2차 산업 의존형에서 제3차 산업으로의 전환이 강해지고, 그 결과 한 층 더 트럭 수송이 중요한 위치를 차지하게 되었다는 사실을 지적할 수가 있을 것이다.

① 고효율화

② 왕복실차율을 높인다.

③ 트레일러 수송과 도킹시스템화

④ 바꿔 태우기 수송과 이어타기 수송

⑤ 컨테이너 및 팔레트 수송의 강화

⑥ 집배 수송용자동차의 개발과 이용

⑦ 트럭터미널의 복합화 및 시스템화

## 4 국내 화주기업 물류의 문제점

▩ 국내 화주기업 물류의 문제점은 ① 각 업체의 독자적 물류기능 보유(합리화 장애), ② 제3자 물류(3PL) 기능의 약화(제안적·변형적 형태), ③ 시설간·업체간 표준화 미약, ④ 제조·물류 업체간 협조성 미비, ⑤ 물류 전문업체의 물류 인프라 활용도 미약 등이다.

▩ 각 업체의 독자적 물류기능 보유(합리화 장애) : 대기업은 대기업대로, 중소기업은 중소기업대로 진행해온 물류시스템에 대한 개선이 더디고 자체적으로 또는 주선이나 운송업체를 대상으로 일부분만 아웃소싱되는 물류체계가 아직도 많다.

▩ 제3자 물류기능의 약화(제한적·변형적 형태) : 제3자 물류가 부분적 또는 제한적으로 이뤄진다는 것은 화주기업이 물류아웃소싱을 한다고는 하나 자회사 형태로 운영하면서 기존의 물류시스템과 크게 다르지 않게 운영하는 등 아웃소싱만을 내세우는 변형적인 것을 말한다. 전문 업체에 의뢰하는 경향이 늘고 있으나 전체적으로는 아직도 저고, 사실상 문제(개선을 위한 다른 시스템을 접목하는 비용이 들어야만 하는 문제)만 복잡하게 하는 것으로 나타난다.

▩ 시설간·업체간 표준화 미약 : 표준화, 정보화가 이뤄져야만 물류절감을 도모할 수 있는 기본적인 체계를 갖추게 되나 단일물량(소수물량)을 처리하면서 막대한 비용이 들어가는 시스템의 설치는 한계가 있다.

▩ 제조·물류업체간 협조성 미비 : 제조업체와 물류업체가 상호협력을 하지 못하는 가장 큰 이유는 신뢰성의 문제이며 두 번째는 물류에 대한 통제력, 세 번째가 비용부문인 것으로 나타나고 있다.

▩ 물류 전문업체의 물류인프라 활용도 미약

① 자사차량에, 자사물류시스템에, 자사관리인력에 물류인프라가 부족한 것이 원인이 되기도 하지만 과당경쟁이나 물류처리에 대한 이해부족, 지나친 욕심 등으로 물류시스템의 흐름에 역행하는 사례가 있다.

② 운송에 차질이 없도록 기존 운송체계를 개선, 최적화를 이루도록 하고 지역별 보관시스템을 활용, 화주의 요구(needs)에 즉각 대응할 수 있도록 하는 한편 전문화된 관리인력을 배치해 고객불만 처리나 물류장애 요인을 제거하는 등 제조업체와 물류업체가 공생할 수 있는 방안을 만들어야 한다.

# 제4장 화물운송서비스와 문제점 [적중문제]

CBT 대비 필기문제

QUALIFICATION TEST FOR CARGO WORKERS

**01** 물류부문 고객서비스의 개념으로 바르지 않은 것은?

① 목적은 고객 유치를 증대시키는 것이다.
② 기존고객과의 거래관계를 유지, 확보하는 수단이기도 하다.
③ 신규고객을 획득하는데 일정한 역할을 한다.
④ 물류부문의 고객서비스는 물류시스템의 투입이라고 할 수 있다.

> **해설** 물류부문의 고객서비스는 물류시스템의 산출이다.

**정답** ④

**02** 물류고객서비스의 거래 전 요소로 바르지 않은 것은?

① 시스템의 유연성　② 접근가능성
③ 주문주기　④ 조직구조

> **해설** 거래 전 요소 : 문서화된 고객서비스 정책 및 고객에 대한 제공, 접근가능성, 조직구조, 시스템의 유연성, 매니지먼트 서비스

**정답** ③

**03** 물류고객서비스의 거래 시 요소로 옳지 않은 것은?

① 시스템의 유연성　② 주문상황 정보
③ 시스템의 정확성　④ 주문사이클

> **해설** 거래 시 요소 : 재고품절 수준, 발주 정보, 주문사이클, 배송촉진, 환적, 시스템의 정확성, 발주의 편리성, 대체 제품, 주문상황 정보

**정답** ①

**04** 다음 택배고객의 불만사항으로 보기 어려운 것은?

① 전화도 없이 불쑥 나타난다.
② 임의로 다른 사람에게 맡기고 간다.
③ 너무 바빠서 질문을 해도 도망치듯 가버린다.
④ 약속시간에 맞추어 기다린다.

> **해설** 약속시간에 맞추어 기다리는 것은 불만사항이 아니다.

**정답** ④

**05** 다음 화물을 함부로 다루는 사례가 아닌 것은?

① 적재상태가 뒤죽박죽이다.
② 화물을 발로 밟고 작업한다.
③ 화물을 두 손으로 주고 간다.
④ 화물을 발로 차면서 들어온다.

> **해설** 화물을 함부로 다루는 사례
> 1. 담장 안으로 던져놓는다.
> 2. 화물을 발로 밟고 작업한다.
> 3. 화물을 발로 차면서 들어온다.
> 4. 적재상태가 뒤죽박죽이다.
> 5. 화물이 파손되어 배달된다.

**정답** ③

**06** 다음 택배고객의 요구 사항으로 바르지 않은 것은?

① 요금 할증 요구
② 냉동화물 우선 배달
③ 판매용 화물 오전 배달
④ 박스화되지 않은 화물 인수 요구

> **해설** 택배고객의 요구 사항 : 요금 할인 요구, 포장불비로 화물 포장 요구, 착불요구(확실한 배달을 위해), 냉동화물 우선 배달, 판매용 화물 오전 배달, 규격 초과화물이나 박스화되지 않은 화물 인수 요구

**정답** ①

**07** 택배종사자의 올바른 서비스 자세에 관한 설명으로 바르지 않은 것은?

① 고객만족을 위하여 최선을 다한다.
② 고객이 부재중일 경우 영업소로 찾아오도록 한다.
③ 단정한 용모, 반듯한 언행으로 대한다.
④ 항상 웃는 얼굴로 서비스 한다.

> **해설** 고객 부재시에는 부재 안내표를 작성하여 문안에 투입하고 대리인에게 인계할 경우 확실한 곳에 인계해야 한다.

**정답** ②

**08** 택배종사자의 안전운행과 자동차관리에 관한 내용으로 옳지 않은 것은?

① 골목길, 네거리는 주의해서 통과한다.
② 사고와 난폭운전은 회사와 자신의 이미지 실추시킨다.
③ 골목길 난폭운전은 고객들의 이미지에 손상을 준다.
④ 후문은 빠른 작업을 위해 열어두고 출발한다.

> **해설** 후문은 확실히 잠그고 출발하도록 한다.

> **정답** ④

**09** 다음 택배화물의 수하인 문전에서 전달할 때 행동방법으로 옳지 않은 것은?

① 가정이나 사무실에 배달한다.
② 겉포장의 이상 유무를 확인한 후 인계한다.
③ 배달과 관계없는 말이라도 고객유지를 위해 자주 한다.
④ 사람이 안나온다고 문을 쾅쾅 두드리거나 발로 차지 않는다.

> **해설** 배달과 관계없는 말은 되도록 하지 않는 것이 좋다.

> **정답** ③

**10** 다음 고객부재시 방법으로 바르지 않은 것은?

① 문밖에 부착은 절대 금지한다.
② 대리인 인수 시는 인수처를 명기하여 찾도록 해야 한다.
③ 화물명, 연락처 등을 기록하여 문안에 투입한다.
④ 긴급 시 밖으로 불러내어 길거리에서 인계한다.

> **해설** 길거리 인계는 하지 않아야 한다.

> **정답** ④

**11** 다음 집하의 중요성으로 옳지 않은 것은?

① 집하는 택배사업의 기본이다.
② 배달 있는 곳에 집하가 있다.
③ 배달이 집하보다 우선되어야 한다.
④ 집하를 잘 해야 고객불만이 감소한다.

> **해설** 집하가 배달보다 우선되어야 한다.

> **정답** ③

**12** 철도와 선박과 비교한 트럭 수송의 장점으로 볼 수 없는 것은?

① 싣고 부리는 횟수가 적어도 된다.
② 다른 수송기관과 연동하지 않고서도 일관된 서비스를 할 수가 있다.
③ 문전에서 문전으로 배송서비스를 탄력적으로 행할 수 있다.
④ 연료비가 적게 든다.

> **해설** 연료비, 인건비가 많이 든다.

> **정답** ④

**13** 다음 트럭 수송에 관한 내용으로 바르지 않은 것은?

① 택배운송에서 트럭수송 분담률이 커지고 있다.
② 트럭운송에는 도로망의 정비·유지가 필요하다.
③ 수송기관 싱호간 인터페이스가 차단되어야 한다.
④ 트럭 터미널, 정보를 비롯한 트럭수송 관계의 공공투자가 필요하다.

> **해설** 택배운송은 전국 트레일러 네트워크의 확립을 축으로, 수송기관 상호간 인터페이스의 원활화를 급속히 실현하여야 할 것이다.

> **정답** ③

**14** 영업용 트럭운송의 장점으로 옳지 않은 것은?

① 인적투자가 필요 없다.
② 수송비가 저렴하다.
③ 수송 능력이 낮다.
④ 설비투자가 필요 없다.

> **해설** 트럭운송은 수송 능력이 높다.

> **정답** ③

**15** 다음 중 자가용 화물차에 비하여 영업용 화물차를 이용할 때 화주에게 해당되는 단점은?

① 운임의 안정화가 곤란하다.
② 수송비가 비싸다.
③ 차량 등 설비투자가 필요하다.
④ 인적 투자가 필요하다.

> **해설** 기후, 연료 등의 변화에 따른 운임의 변동가능성이 있어 운임의 안정화가 어렵다.

> **정답** ①

**16** 자가용 트럭운송의 장점으로 옳지 않은 것은?

① 안정적 공급이 어렵다.

② 리스크가 낮다.

③ 위험부담도가 낮다.

④ 높은 신뢰성이 확보된다.

> **해설** 자가용 트럭운송은 안정적 공급이 가능하다.

**정답** ①

**17** 국내 트럭운송에 관한 내용으로 바르지 않은 것은?

① 국내 운송의 일부분을 차지하고 있다.

② 트럭 수송의 기동성이 산업계의 요청에 적합하다.

③ 도로시설에 대한 공공투자가 적극적으로 이루어져 오고 있다.

④ 소비의 다양화, 소량화에 따른 트럭 수송이 중요한 위치를 차지하게 되었다.

> **해설** 트럭운송은 국내 운송의 대부분을 차지하고 있다.

**정답** ①

**18** 트럭 화물운송의 효율을 높이기 위한 내용으로 바르지 않은 것은?

① 왕복실차율을 낮춘다.

② 에너지효용을 높이고 하역과 주행의 최적화를 도모한다.

③ 공차로 운행하지 않도록 효율적인 운송시스템을 확립한다.

④ 노동집약적 업무의 합리화를 추구한다.

> **해설** 화물운송의 효율을 높이기 위한 것에는 왕복실차율을 높이고, 하역과 주행의 최적화를 도모하며, 효율적인 운송시스템을 확립하는 것이다.

**정답** ①

**19** 다음 국내 화주기업 물류의 문제점으로 바르지 않은 것은?

① 화주업체의 통합적 물류기능 보유

② 물류 전문업체의 물류 인프라 활용도 미약

③ 각 업체의 독자적 물류기능 보유

④ 제조·물류 업체간 협조성 미비

> **해설** 국내 화주기업 물류의 문제점
> 1. 각 업체의 독자적 물류기능 보유(합리화 장애)
> 2. 제3자 물류(3PL) 기능의 약화(제안적·변형적 형태)
> 3. 시설간·업체간 표준화 미약
> 4. 제조·물류 업체간 협조성 미비
> 5. 물류 전문업체의 물류 인프라 활용도 미약

**정답** ①

**20** 제조업체와 물류업체가 상호협력을 하지 못하는 가장 큰 이유는?

① 신뢰성　　　　② 물류에 대한 통제력

③ 비용　　　　　④ 인력

> **해설** 제조업체와 물류업체가 상호협력을 하지 못하는 가장 큰 이유는 신뢰성의 문제이며 두 번째는 물류에 대한 통제력, 세 번째가 비용부문인 것으로 나타나고 있다.

**정답** ①